冶金工业出版社

普通高等教育"十四五"规划教材

资源循环科学与工程专业系列教材　薛向欣　主编

绿色再制造工程基础

杨松陶　编

北　京
冶金工业出版社
2024

内 容 提 要

　　本书为"资源循环科学与工程专业系列教材"之一,主要介绍了绿色再制造的基础理论和应用,包括绿色再制造概念、流程、设计、质量控制等,以及绿色再制造在环保和资源节约方面的重要意义。

　　本书为资源循环科学与工程、冶金工程、材料科学与工程及化工等相关专业本科生和研究生的专业课程教材,也可作为从事各类再制造工程的科学研究、设计、生产和应用的科研人员和工程技术人员的参考资料。

图书在版编目(CIP)数据

绿色再制造工程基础/杨松陶编.—北京:冶金工业出版社,2024.1
普通高等教育"十四五"规划教材
ISBN 978-7-5024-9740-8

Ⅰ.①绿… Ⅱ.①杨… Ⅲ.①制造工业—无污染技术—高等学校—教材 Ⅳ.①T

中国国家版本馆 CIP 数据核字(2024)第 040864 号

绿色再制造工程基础

出版发行	冶金工业出版社	电　　话	(010)64027926
地　　址	北京市东城区嵩祝院北巷 39 号	邮　　编	100009
网　　址	www.mip1953.com	电子信箱	service@ mip1953.com

责任编辑　刘小峰　王恬君　美术编辑　彭子赫　版式设计　郑小利
责任校对　葛新霞　责任印制　禹　蕊
三河市双峰印刷装订有限公司印刷
2024 年 1 月第 1 版, 2024 年 1 月第 1 次印刷
787mm×1092mm　1/16; 16.75 印张; 408 千字; 254 页
定价 **49.00** 元

投稿电话　(010)64027932　投稿信箱　tougao@cnmip.com.cn
营销中心电话　(010)64044283
冶金工业出版社天猫旗舰店　yjgycbs.tmall.com
(本书如有印装质量问题,本社营销中心负责退换)

序

人类的生存与发展、社会的演化与进步，均与自然资源消费息息相关。人类通过对自然界的不断索取，获取了创造财富所必需的大量资源，同时也因认识的局限性、资源利用技术选择的时效性，对自然环境造成了无法弥补的影响。由此产生大量的"废弃物"，为人类社会与自然界的和谐共生及可持续发展敲响了警钟。有限的自然资源是被动的，而人类无限的需求却是主动的。二者之间，人类只有一个选择，那就是必须敬畏自然，必须遵从自然规律，必须与自然界和谐共生。因此，只有主动地树立"新的自然资源观"，建立像自然生态一样的"循环经济发展模式"，才有可能破解矛盾。也就是说，必须采用新方法、新技术，改变传统的"资源—产品—废弃物"的线性经济模式，形成"资源—产品—循环—再生资源"的物质闭环增长模式，将人类生存和社会发展中产生的废弃物重新纳入生产、生活的循环利用过程，并转化为有用的物质财富。当然，站在资源高效利用与环境友好的界面上考虑问题，物质再生循环并不是目的，而只是一种减少自然资源消耗、降低环境负荷、提高整体资源利用率的有效工具。只有充分利用此工具，才能维持人类社会的可持续发展。

"没有绝对的废弃物，只有放错了位置的资源。"此言极富哲理，即若有效利用废弃物，则可将其变为"二次资源"。既然是二次资源，则必然与自然资源（一次资源）自身具有的特点和地域性、资源系统与环境的整体性、系统复杂性和特殊性密切相关，或者说自然资源的特点也决定了废弃物再资源化科学研究与技术开发的区域性、综合性和多样性。自然资源和废弃物间有严格的区分和界限，但互相并不对立。我国自然资源禀赋特殊，故与之相关的二次资源自然具备了类似特点：能耗高，尾矿和弃渣的排放量大，环境问题突出；同类自然资源的利用工艺差异甚大，故二次资源的利用也是如此；虽是二次资源，但同时又是具有废弃物和污染物属性的特殊资源，绝不能忽视再利用过程的污染转移。因此，站在资源高效利用与环境友好的界面上考虑再利用的原理和技术，不能单纯地把废弃物作为获得某种产品的原料，而应结合具体二次资源考虑整体化、功能化的利用。在考虑科学、技术、环境和经济四者统一原则下，遵从只有科学原理简单，技术才能简单的逻辑，尽可能低投入、低消耗、低污染和高效率地利用二次资源。

2008 年起，国家提出社会经济增长方式向"循环经济""可持续发展"转变。在这个战略转变中，人才培养是重中之重。2010 年，教育部首次批准南开大学、山东大学、东北大学、华东理工大学、福建师范大学、西安建筑科技大学、北京工业大学、湖南师范大学、山东理工大学等十所高校，设立战略性新兴产业学科"资源循环科学与工程"，并于 2011 年在全国招收了首届本科生。教育部又陆续批准了多所高校设立该专业。至今，全国已有三十多所高校开设了资源循环科学与工程本科专业，某些高校还设立了硕士和博士点。该专业的开创，满足了我国战略性新兴产业的培育与发展对高素质人才的迫切需求，也得到了学生和企业的认可和欢迎，展现出极强的学科生命力。

"工欲善其事，必先利其器"。根据人才培养目标和社会对人才知识结构的需求，东北大学薛向欣团队编写了《资源循环科学与工程专业系列教材》。系列教材目前包括《有色金属资源循环利用（上、下册)》《钢铁冶金资源循环利用》《污水处理与水资源循环利用》《无机非金属资源循环利用》《土地资源保护与综合利用》《城市垃圾安全处理与资源化利用》《废旧高分子材料循环利用》《绿色再制造工程基础》8 个分册，内容涉及的专业范围较为广泛，反映了作者们对各自领域的深刻认识和缜密思考，读者可从中全面了解资源循环领域的历史、现状及相关政策和技术发展趋势。系列教材不仅可用于本科生课堂教学，更适合从事资源循环利用相关工作的人员学习，以提升专业认识水平。

资源循环科学与工程专业尚在发展阶段，专业研发人才队伍亟待壮大，相关产业发展方兴未艾，尤其是随着社会进步及国家发展模式转变所引发的相关产业的新变化。系列教材作为一种积极的探索，其出版有助于我国资源循环领域的科学发展，有助于正确引导广大民众对资源进行循环利用，必将对我国资源循环利用领域产生积极的促进作用和深远影响。对系列教材的出版表示祝贺，向薛向欣作者团队的辛勤劳动和无私奉献表示敬佩！

中国工程院院士

2018 年 8 月

主 编 的 话

众所周知，谁占有了资源，谁就赢得了未来！但资源是有限的，为了可持续发展，人们不可能无休止地掠夺式地消耗自然资源而不顾及子孙后代。而自然界周而复始，是生态的和谐循环，也因此而使人类生生不息繁衍至今。那么，面对当今世界资源短缺、环境恶化的现实，人们在向自然大量索取资源创造当今财富的同时，是否也可以将消耗资源的工业过程像自然界那样循环起来？若能如此，岂不既节约了自然资源，又减轻了环境负荷；既实现了可持续性发展，又荫福子孙后代？

工业生态学的概念是 1989 年通用汽车研究实验室的 R. Frosch 和 N. E. Gallopoulouszai 在 "Scientific American" 杂志上提出的，他们认为 "为何我们的工业行为不能像生态系统那样，在自然生态系统中一个物种的废物也许就是另一个物种的资源，而为何一种工业的废物就不能成为另一种资源？如果工业也能像自然生态系统一样，就可以大幅减少原材料需要和环境污染并能节约废物垃圾的处理过程"。从此，开启了一个新的研究人类社会生产活动与自然互动的系统科学，同时也引导了当代工业体系向生态化发展。工业生态学的核心就是像自然生态那样，实现工业体系中相关资源的各种循环，最终目的就是要提高资源利用率，减轻环境负荷，实现人与自然的和谐共处。谈到工业循环，一定涉及一次资源（自然资源）和二次资源（工业废弃物等），如何将二次资源合理定位、科学划分、细致分类，并尽可能地进入现有的一次资源加工利用过程，或跨界跨行业循环利用，或开发新的循环工艺技术，这些将是资源循环科学与工程学科的重要内容和相关产业的发展方向。

我国的相关研究几乎与世界同步，但工业体系的实现相对迟缓。2008 年我国政府号召转变经济发展方式，各行业已开始注重资源的循环利用。教育部响应国家号召首批批准了十所高校设立资源循环科学与工程本科专业，东北大学也在其中，目前已有30 所学校开设了此专业。资源循环科学与工程专业不仅涉及环境工程、化学工程与工艺、应用化学、材料工程、机械制造及其自动化、电子信息工程等专业，还涉及人文、经济、管理、法律等多个学科；与原有资源工程专业的不同之处在于，要在资源工程的基础上，讲清楚资源循环以及相应的工程和管理。

通过总结十年来的教学与科研经验，东北大学资源与环境研究所终于完成了《资源循环科学与工程专业系列教材》的编写。系列教材的编写思路如下：

（1）专门针对资源循环科学与工程专业本科教学参考之用，还可以为相关专业的研究生以及资源循环领域的工程技术人员和管理决策人员提供参考。

（2）探讨资源循环科学与工程学科与冶金工业的关系，希望利用冶金工业为资源循环科学与工程学科和产业做更多的事情。

（3）作为探索性教材，考虑到学科范围，教材内容的选择是有限的，但应考虑那些量大面广的循环物质，同时兼顾与冶金相关的领域。因此，系列教材包括水、钢铁材料、有色金属、硅酸盐、高分子材料、城市固废和与矿业废弃物堆放有关的土壤问题以及绿色再制造，共 8 个分册。其中，绿色再制造分册是在完成前 7 册规划后增加的，再制造是循环经济、再利用的高级形式。但这种划分只能是一种尝试，比如水资源循环部分不可能只写冶金过程的问题；高分子材料的循环大部分也不是在冶金领域；城市固废的处理量也很少在冶金过程消纳掉；即使是钢铁和有色金属冶金部分也不可能在教材中概全，等等。这些也恰恰给教材的续写改编及其他从事该领域的同仁留下想象与创造的空间和机会。

如果将系列教材比作一块抛砖引玉的"砖"，那么我们更希望引出资源能源高效利用和减少环境负荷之"玉"。俗话说"众人拾柴火焰高"，我们真诚地希望，更多的同仁参与到资源循环利用的教学、科研和开发领域中来，为国家解忧，为后代造福。

系列教材是东北大学资源与环境研究所所有同事的共同成果，李勇、胡恩柱、马兴冠、吴畏、曹晓舟、杨合、程功金和杨松陶 8 位博士分别主持了 8 个分册的编写工作，他们付出的辛勤劳动一定会结出硕果。

中国工程院黄小卫院士为系列教材欣然作序！冶金工业出版社为系列教材做了大量细致、专业的编辑工作！我的母校东北大学为系列教材的出版给予了大力支持！作为系列教材的主编，本人在此一并致以衷心谢意！

东北大学资源与环境研究所

2018 年 9 月

前　　言

　　环境、资源、人口是当今人类社会面临的三大主要问题。20 世纪人类所创造的财富是历史上任何时期都无法相比的，然而对生态环境和自然资源所造成的破坏也是最为严重的。工业生产为世界经济的发展和人类生活质量的提高做出了巨大的贡献，但它给人类带来财富和文明的同时，也带来了负效应。以高投入、高消耗来求得增长，造成的结果是物耗大、浪费大、污染也大。地球生态环境遭到了前所未有的破坏，环境污染和生态破坏已成为当今世界的主要危机之一，成为制约世界经济发展、威胁人民健康的主要因素之一。保持生态平衡、实现可持续发展，已成为全人类共同关心的目标。世界各国都在制定自己的发展战略，环境保护战略开始了一个新的转折。资源利用合理化、废物产生少量化、对环境无污染或少污染的方向发展成为世界共识，全球范围内掀起了一股可持续发展的"绿色浪潮"。

　　我国在实施可持续发展战略方面仍面临着诸多矛盾和问题。制约我国可持续发展的突出矛盾主要是：经济快速增长与资源大量消耗、生态破坏之间的矛盾，经济发展水平的提高与社会发展相对滞后之间的矛盾，区域之间经济社会发展不平衡的矛盾，人口众多与资源相对短缺的矛盾等。我国最突出的国情就是人口多，人均资源拥有量少，最经受不起资源的浪费；我国还有一个最基本的国情，那就是生态基础十分脆弱，环境危机深重，所以更是承受不住大量垃圾的污染和破坏。从以上任何角度看，解决资源大量消耗、生态破坏的问题都是非常紧迫、不容延宕的。因此，具有可持续发展的绿色再制造工程势在必行。

　　如何最有效地利用资源和最低限度地产生废弃物，已成为解决环境和资源问题的治本之道。绿色再制造工程（简称再制造工程）是解决资源浪费、环境污染和废旧设备翻新改造的最佳方法和有效途径，是符合国家可持续发展战略的一项绿色系统工程。绿色再制造工程运用先进表面技术、复合表面技术等多种高新技术、产业化生产方式、严格的产品质量管理和市场管理模式，使废旧产品得以高质量地再生和利用。再制造工程技术属绿色先进制造技术，是对先进制造技术的补充和发展。从本质上讲，再制造过程本身应是无污染、对健康无伤害、节省资源的，即是绿色的；从再制造的作用和效果上说，再制造工程也是绿色的。研究与发展再制造工程，对于保护生态环境，贯彻可持续发展策略具有深远的意义。

本书针对高等学校资源循环科学与工程专业的课程特点，结合循环经济发展和资源高效利用的发展内容，阐述了绿色再制造工程的相关概念、体系框架及发展与挑战。本书共分 9 章，重点论述了再制造性设计与评价、再制造生产工艺技术、绿色再制造成形技术、再制造升级、再制造工程管理与服务、智能化再制造技术以及绿色再制造工程典型应用等。力求使学生全面了解、掌握绿色再制造工程的科学原理与技术状况，为其未来从事资源综合利用工作打下扎实的专业基础。

本书可作为高等学校资源循环科学与工程、环境科学与工程、资源与环境等专业本科教材和参考书，可作为相关专业研究生参考书，可供相关行业工程技术人员参考。也可作为绿色制造与再制造企业或相关主管部门进行再制造学习或培训的教材或参考书，还可作为废旧产品再制造领域的研究及管理人员的参考用书。

由于作者水平所限，书中不足之处，敬请读者批评指正！

编　者

2023 年 9 月

目　　录

1　绪论 ··· 1

1.1　循环经济及其内涵 ·· 1

1.1.1　循环经济的定义 ······································ 1

1.1.2　循环经济的内涵 ······································ 1

1.2　绿色制造及其目的和意义 ·································· 2

1.2.1　绿色制造的目的 ······································ 2

1.2.2　绿色制造的意义 ······································ 3

1.3　再制造的基本内涵及工程体系 ······························ 5

1.3.1　再制造的基本内涵 ···································· 5

1.3.2　绿色再制造工程体系 ·································· 7

1.3.3　再制造的实现基础 ···································· 8

1.3.4　再制造与制造的关系 ································· 11

本章小结 ··· 14

习题 ··· 15

2　再制造工程理论基础 ······································ 16

2.1　再制造的概念与特征 ······································ 16

2.1.1　再制造的概念 ·· 16

2.1.2　再制造的特征 ·· 16

2.2　再制造的关键技术 ·· 17

2.3　再制造的国内外发展现状及挑战 ···························· 19

2.3.1　国外发展与应用 ······································ 19

2.3.2　国内发展与应用 ······································ 20

2.3.3　再制造发展面临的技术挑战 ···························· 22

2.3.4　再制造工程发展趋势 ·································· 23

本章小结 ··· 25

习题 ··· 26

3　再制造性设计与评价 ······································ 27

3.1　再制造性基础 ·· 27

3.1.1　基本概念 ·· 27

3.1.2　再制造性函数 ·· 29

3.1.3　再制造性参数 ……………………………………………… 30

3.1.4　再制造技术性设计要求 …………………………………… 32

3.2　再制造性设计技术与方法 ……………………………………… 33

3.2.1　再制造性分析 ……………………………………………… 33

3.2.2　再制造性建模 ……………………………………………… 34

3.2.3　再制造性分配 ……………………………………………… 38

3.2.4　再制造性预计 ……………………………………………… 41

3.2.5　再制造性试验与评定方法 ………………………………… 44

3.3　面向再制造的产品材料设计与评价 …………………………… 46

3.3.1　面向再制造的材料设计因素 ……………………………… 46

3.3.2　专家分析评估法及应用 …………………………………… 48

3.4　废旧产品再制造性评价方法 …………………………………… 49

3.4.1　再制造性影响因素分析 …………………………………… 49

3.4.2　再制造性的定性评价 ……………………………………… 50

3.4.3　再制造性的定量评价 ……………………………………… 51

本章小结 …………………………………………………………… 58

习题 ………………………………………………………………… 59

4　绿色再制造生产工艺技术 ………………………………………… 60

4.1　再制造拆解技术 ………………………………………………… 60

4.1.1　再制造拆解内涵 …………………………………………… 60

4.1.2　再制造拆解方法 …………………………………………… 61

4.1.3　再制造拆解关键技术及研究目标 ………………………… 62

4.2　再制造清洗技术 ………………………………………………… 66

4.2.1　再制造清洗概念及要求 …………………………………… 66

4.2.2　再制造清洗内容 …………………………………………… 67

4.2.3　再制造清洗关键技术及研究目标 ………………………… 68

4.3　再制造检测技术 ………………………………………………… 78

4.3.1　再制造检测概念及要求 …………………………………… 78

4.3.2　再制造毛坯检测的内容 …………………………………… 79

4.3.3　再制造检测技术方法 ……………………………………… 79

4.3.4　无损再制造检测技术 ……………………………………… 80

4.4　失效件再制造加工技术 ………………………………………… 82

4.4.1　再制造加工技术概述 ……………………………………… 82

4.4.2　机械加工法再制造恢复技术 ……………………………… 83

4.4.3　典型尺寸恢复法再制造技术 ……………………………… 86

4.5　再制造产品装配技术方法 ……………………………………… 94

4.5.1　再制造装配概念及要求 …………………………………… 94

4.5.2　再制造装配内容与方法 …………………………………… 96

4.5.3　再制造装配工艺的制订步骤 ·················· 97

4.5.4　再制造装配技术发展趋势 ·················· 98

4.6　再制造后处理技术 ·················· 99

4.6.1　再制造产品油漆涂装方法 ·················· 99

4.6.2　再制造产品包装技术 ·················· 100

本章小结 ·················· 102

习题 ·················· 104

5　绿色再制造成形技术 ·················· 105

5.1　概述 ·················· 105

5.1.1　绿色再制造成形技术体系 ·················· 105

5.1.2　再制造成形技术内容 ·················· 105

5.1.3　再制造成形技术应用发展 ·················· 108

5.2　再制造成形材料技术 ·················· 109

5.2.1　冶金结合材料体系 ·················· 110

5.2.2　机械-冶金结合材料体系 ·················· 111

5.2.3　镀覆成形材料体系 ·················· 114

5.2.4　气相沉积成形材料体系 ·················· 117

5.3　纳米复合再制造成形技术 ·················· 120

5.3.1　纳米复合电刷镀技术 ·················· 120

5.3.2　纳米热喷涂技术 ·················· 123

5.3.3　纳米表面损伤自修复技术 ·················· 124

5.4　能束能场再制造成形技术 ·················· 125

5.4.1　激光再制造成形技术 ·················· 125

5.4.2　高速电弧喷涂再制造技术 ·················· 127

5.5　智能化再制造成形技术和现场应急再制造成形技术 ·················· 128

5.5.1　智能化再制造成形技术 ·················· 128

5.5.2　现场应急再制造成形技术 ·················· 132

5.6　再制造加工技术 ·················· 133

5.6.1　以铣削、车削及磨削为主的再制造加工技术 ·················· 133

5.6.2　切削-滚压复合再制造加工技术 ·················· 134

5.6.3　增减材一体化智能再制造加工技术 ·················· 135

5.6.4　砂带磨削再制造加工技术 ·················· 137

5.6.5　低应力电解再制造加工技术 ·················· 138

本章小结 ·················· 138

习题 ·················· 140

6　绿色再制造工程管理技术与方法 ·················· 141

6.1　面向再制造全过程的管理内容与方法 ·················· 141

6.1.1　基本概念 ……………………………………………… 141

6.1.2　再制造管理影响因素分析 ………………………… 141

6.1.3　再制造管理主要内容 ………………………………… 142

6.1.4　再制造工程管理体系 ………………………………… 144

6.2　基于再制造的多寿命周期管理技术 ……………………… 144

6.2.1　基本概念 ……………………………………………… 144

6.2.2　产品多寿命周期管理的发展基础 …………………… 145

6.2.3　基于再制造的产品多寿命周期管理基础 …………… 146

6.2.4　基于再制造的产品多寿命周期关键技术 …………… 147

6.3　精益再制造生产管理方法 ………………………………… 150

6.3.1　基本概念 ……………………………………………… 150

6.3.2　再制造中的精益生产模式应用 ……………………… 150

6.4　成组再制造生产管理技术方法 …………………………… 152

6.4.1　基本概念 ……………………………………………… 152

6.4.2　成组技术在再制造生产中的应用 …………………… 152

6.5　清洁再制造生产管理方法 ………………………………… 154

6.5.1　基本概念 ……………………………………………… 154

6.5.2　再制造过程的清洁生产应用 ………………………… 154

6.6　再制造资源计划管理方法 ………………………………… 156

6.6.1　基本概念 ……………………………………………… 156

6.6.2　现代化再制造生产对 MRP-II 的需求 ……………… 157

6.6.3　再制造的生产资源管理 ……………………………… 157

6.6.4　再制造的生产过程管理方法 ………………………… 159

6.7　再制造质量管理技术方法 ………………………………… 160

6.7.1　基本概念 ……………………………………………… 160

6.7.2　再制造质量管理方法 ………………………………… 160

6.7.3　再制造工序的质量管理 ……………………………… 160

6.7.4　再制造质量控制技术方法 …………………………… 161

本章小结 …………………………………………………………… 166

习题 ………………………………………………………………… 168

7　再制造升级 ……………………………………………………… 169

7.1　再制造升级的内涵 ………………………………………… 169

7.1.1　再制造升级的发展背景 ……………………………… 169

7.1.2　基本概念 ……………………………………………… 170

7.1.3　本质属性 ……………………………………………… 170

7.1.4　概念辨析 ……………………………………………… 171

7.1.5　再制造升级发展需求 ………………………………… 172

7.2　机床数控化再制造升级综合分析 ………………………… 172

7.2.1　机床数控化再制造升级概念 ……………………………… 172

7.2.2　机床再制造升级的总体设计及路线 ………………………… 173

7.2.3　机床数控化再制造升级实施技术方案 ……………………… 174

7.2.4　机床数控化再制造升级方案评价 …………………………… 180

7.2.5　机床数控化再制造升级辅助决策信息系统 ………………… 181

7.2.6　机床数控化再制造升级效益分析 …………………………… 183

7.2.7　老旧机床再制造升级性评估 ………………………………… 188

本章小结 ……………………………………………………………… 190

习题 …………………………………………………………………… 191

8　智能化再制造技术 ………………………………………………… 192

8.1　虚拟再制造及其关键技术 …………………………………… 192

8.1.1　基本定义及特点 ……………………………………………… 192

8.1.2　虚拟再制造系统的开发环境 ………………………………… 193

8.1.3　虚拟再制造系统的体系结构 ………………………………… 194

8.1.4　虚拟再制造的关键技术 ……………………………………… 194

8.1.5　虚拟再制造的应用 …………………………………………… 195

8.2　柔性再制造及其关键技术 …………………………………… 196

8.2.1　基本概念及特点 ……………………………………………… 196

8.2.2　柔性再制造系统的组成 ……………………………………… 197

8.2.3　柔性再制造系统的技术模块 ………………………………… 198

8.2.4　柔性再制造的关键技术 ……………………………………… 198

8.2.5　柔性再制造系统的应用 ……………………………………… 199

8.3　网络化再制造及其关键技术 ………………………………… 200

8.3.1　基本概念 ……………………………………………………… 200

8.3.2　网络化再制造的重要特性 …………………………………… 201

8.3.3　网络化再制造的系统模型 …………………………………… 202

8.3.4　网络化再制造的关键技术 …………………………………… 203

8.4　快速响应再制造及其关键技术 ……………………………… 204

8.4.1　基本概念 ……………………………………………………… 204

8.4.2　快速响应再制造的作用 ……………………………………… 204

8.4.3　快速响应再制造的关键技术 ………………………………… 205

8.5　快速再制造成形系统及其技术 ……………………………… 206

8.5.1　发展背景及概念 ……………………………………………… 206

8.5.2　快速再制造成形技术思路 …………………………………… 207

8.5.3　系统工作原理及程序 ………………………………………… 207

8.5.4　机器人 MIG 堆焊再制造成形系统设计 ……………………… 209

8.6　信息化再制造升级及其方法 ………………………………… 214

8.6.1　概述 …………………………………………………………… 214

8.6.2　信息化再制造升级的类型 ······························· 214

8.6.3　装备信息化再制造升级改造的特点 ·············· 214

8.6.4　信息化再制造升级方法 ································ 215

本章小结 ·· 216

习题 ·· 218

9　绿色再制造工程典型应用 ······································· 219

9.1　高端再制造典型应用 ··· 219

9.1.1　隧道掘进机再制造 ······························· 219

9.1.2　重载车辆再制造 ································· 226

9.2　在役再制造典型应用 ··· 232

9.2.1　油田储罐再制造 ································· 232

9.2.2　发酵罐内壁再制造 ······························· 233

9.2.3　绞吸挖泥船绞刀片再制造 ························ 234

9.3　智能再制造典型应用 ··· 237

9.3.1　复印机再制造 ································· 237

9.3.2　计算机再制造与资源化 ·························· 239

9.4　恢复再制造典型应用 ··· 242

9.4.1　发动机再制造 ································· 243

9.4.2　齿轮变速箱再制造 ······························· 250

本章小结 ·· 251

习题 ·· 252

参考文献 ··· 253

1 绪　　论

本章提要：介绍循环经济的定义和内涵；介绍绿色再制造提出的目的和意义；介绍再制造提出的背景和基本内涵，概述再制造的工程体系及实现基础，辨析再制造与制造的关系。

《中国制造 2025》提出坚持绿色发展，推行绿色制造是制造业转型升级的关键举措。再制造是面向全生命周期绿色制造的发展和延伸，是实现循环经济发展和资源高效利用的重要方式。以机电产品为主的再制造产业符合"科技含量高、经济效益好、资源消耗低、环境污染少"的新型工业化特点。发展再制造产业有利于形成新的经济增长点，成为"中国制造"升级转型的一个重要突破方向。

1.1　循环经济及其内涵

1.1.1　循环经济的定义

循环经济（Circular Economy，CE），即物质循环流动型经济，是指在人、自然资源和科学技术的大系统内，在资源投入、企业生产、产品消费及其废弃的全过程中，把传统的依赖资源消耗的线性增长的经济，转变为依靠生态型资源循环发展的经济。

本质上讲，循环经济是一种生态经济，已经成为国际社会推进可持续发展战略的一种全新的经济运行模式。表现为"资源-产品-再生资源-再生产品"的持续循环增长方式，做到生产和消费"资源能源消耗减量化、污染排放最小化、废弃物再生资源化和无害化"，以最小发展成本获得最大经济效益、社会效益和生态效益，尤其强调最有效利用资源和保护环境。循环经济从追求产品利润最大化向遵循生态可持续发展能力永续建设的根本转变，是一种系统性的产业变革。

1.1.2　循环经济的内涵

（1）以资源循环利用为客观基础。循环经济归根结底是为了实现资源的循环利用。循环经济产业链的形成也正是建立在资源循环利用的基础之上。如何以科学、有效的方式实现资源的循环利用，成为循环经济系统形成的根本。资源循环利用既是量化经济系统存在的基础，也是循环经济发展的内在动力。

（2）以法人与政府机构为主要行为主体。循环经济系统的行为主体是指直接参与组织或从事生产要素加工、处理的企业、组织或机构。企业是生产要素加工、处理的主要行为主体，是循环经济的主体，大多数微观循环经济活动都是由企业或公司承担完成。政府机构在区域经济合作中发挥中介和服务作用。在市场经济条件下，循环经济系统的主体主要是企业和政府机构，在市场机制引导下，企业和政府机构进行经济合作活动。

（3）以资源、环境、生态与经济和谐发展为发展方向。资源循环利用是循环经济存在的基础，资源、环境、生态与经济的和谐发展则是循环经济为之努力的目标。循环经济发展的目的，就是寻求资源可持续利用、环境保护、生态恢复与经济发展的平衡点。人类经济的增长既不能建立在对资源的肆意浪费与对环境的破坏的基础上，也不能为了资源、环境、生态的保护而不发展经济，如何在它们之间寻求平衡点是循环经济实现的发展方向。

可见，由循环经济的内涵可以归纳出三点基本评价原则：减量化、再利用、再循环，即 3R（Reduction，Reproduction，Recirculation）原则。减量化、再利用、再循环在循环经济中的重要性并不是平行的。循环经济并不是简单地通过循环利用实现废弃物再生资源化，而是强调在优先减少资源能源消耗和减少废物产生的基础上，综合运用 3R 原则。

3R 原则的优先顺序是：减量化→再利用→再循环。因此，循环经济是以"减量化、再利用、再循环"为原则，运用制度和技术手段，实现一定资源环境约束条件下经济增长为目的的新的经济增长方式。其本体是生产、生活系统。落实循环经济需经由主体的行为调整，提高资源使用率，降低废物直接排放量，逐步实现生产、生活与生态共赢的和谐发展。

1.2　绿色制造及其目的和意义

绿色制造（Green Manufacturing，GM），又称环境意识制造（Environmentally Conscious Manufacturing，ECM）或面向环境的制造（manufacturing for environment）等。它是一个综合考虑环境影响和资源效益的现代化制造模式，其目标是使产品从设计、制造、包装、运输、使用到报废处理的整个产品生命周期中，对环境的影响（副作用）最小，资源利用率最高，并使企业经济效益和社会效益协调优化。绿色制造这种现代化制造模式，是人类可持续发展战略在现代制造业中的体现。绿色制造有关内容的研究可追溯到 20 世纪 80 年代，但比较系统地提出绿色制造的概念、内涵和主要内容的文献是美国制造工程师学会（American Society of Mechanical Engineering，SME）1996 年发表的关于绿色制造的专门蓝皮书"Gree Manufracturing"。1998 年，SME 又在国际互联网上发表了关于绿色制造的发展趋势的主题报告，对绿色制造研究的重要性和有关问题作了进一步的介绍。

1.2.1　绿色制造的目的

机电产品在生产和使用的同时，产生大量的工业废液、废气、固体废弃物（三废）等污染。目前，我国的机械制造业仍采用高投入的粗放型发展模式，资源和能源消耗大，效益低。"三废"排放量大，环境污染严重。同时，在我国加入世界贸易组织（World Trade Organization，WTO）后，在机械制造业，除了面临着产品质量和成本等方面的竞争外，还存在着如何突破"绿色壁垒"这个更加严峻的挑战。在国际贸易中，不符合环境标准的商品被禁止出口已成为一项国际准则。国际标准化组织（International Organization for Standardization，ISO）提出了关于环境管理的 14000 系列标准后，推动了绿色制造研究的发展。绿色制造研究的浪潮正在全球兴起。我们国内企业的设计、制造也应该紧跟步伐，合理利用资源、能源，进行洁净化生产，减少环境的污染，走可持续发展道路。运用绿色设计的思想所制造出的产品可以更好地适应国际标准，使我国的绿色产品能进入更广泛的国际市场，增强产品在国际市场上的竞争力。因此，绿色设计与制造是"清洁化生产"出"绿色产品"的重要手段。

1.2.2 绿色制造的意义

（1）绿色制造是实施制造业环境污染源头控制的关键途径，是 21 世纪制造业实现可持续发展的必由之路。

解决制造业的环境污染问题有两大途径：末端治理和源头控制。但是通过数十年的实践发现，仅着眼于控制排污口（末端），使排放的污染物通过治理达标排放的办法，虽在一定时期内或在局部地区起到一定的作用，但是，工业污染并未从绿色制造的理论与技术方面得到解决。其原因在于以下几点。

1）随着生产的发展和产品品种的不断增加，以及人们环境意识的提高，对工业生产所排污染物的种类检测越来越多，规定控制污染物（特别是有毒有害污染物）的排放标准也越来越严格，从而对污染治理与控制的要求也越来越高。为达到排放的要求，企业要花费大量的资金，大大提高了治理费用，即便如此，一些要求仍然难以达标。

2）由于污染治理技术有限，治理污染实质上很难达到彻底消除污染的目的。一般末端治理污染的办法是先通过必要的预处理，再进行生化处理后排放，而有些污染物是不能生物降解的污染物，只是稀释排放，不仅污染环境，而且治理不当甚至会造成二次污染；有的治理只是将污染物转移，废气变废水，废水变废渣，废渣堆放填埋，污染土壤和地下水，形成恶性循环，破坏生态环境。

3）只着眼于末端处理的办法，不仅需要投资，而且使一些可以回收的资源（包含未反应的原料）得不到有效的回收利用而流失，致使企业原材料消耗增高，产品成本增加，经济效益下降，从而影响企业治理污染的积极性和主动性。

4）预防优于治理。根据日本环境厅 1991 年的报告："从经济上计算，在污染前采取防治对策比在污染后采取措施治理更为节省。"例如，就整个日本的硫氧化物造成的大气污染而言，排放后不采取对策所产生的受害损失是现在预防这种危害所需费用的 10 倍。据美国环境保护署（U. S. Environmental Protection Agency，EPA）统计，美国用于空气、水和土壤等环境介质污染控制总费用（包括投资和运行费），1972 年为 260 亿美元（占GNP 的 1%），1987 年猛增至 850 亿美元，80 年代末达到 1200 亿美元（占 GNP 的 2.8%）。如杜邦公司每磅废物的处理费用以每年 20%～30%的速率增加，焚烧一桶危险废物可能要花费 300～1500 美元。即使付出如此高的经济代价，仍未能达到预期的污染控制目标，末端处理在经济上已不堪重负。

综上所述，发达国家通过治理污染的实践，逐步认识到防治工业污染不能只依靠治理排污口（末端）的污染。要从根本上解决工业污染问题，必须以"预防为主"，实施源头控制，将污染物消除在生产过程之初（产品设计阶段），实行工业生产全生命周期控制。20 世纪 70 年代末以来，不少工业发达国家的政府和各大企业都纷纷研究开发少废、无废技术，开辟污染预防的新途径，把推行绿色制造、清洁生产及其他面向环境的设计和制造技术作为经济和环境协调发展的一项战略措施。

（2）绿色制造是 21 世纪国际制造业的重要发展趋势。

绿色制造是可持续发展战略思想在制造业中的体现，致力于改善人类技术革新和生产力发展与自然环境的协调关系，符合时代可持续发展的主题。美国政府已经意识到绿色制造将成为下一轮技术创新高潮，并可能引起新的产业革命。1999—2001 年，在美国国家自然科学基金（United States National Science Foundation，NSF）和美国能源部（United States Department of Energy，DOE）的资助下，美国世界技术评估中心（World Technology Evaluation，WTE）成立了专门的"环境友好制造（即绿色制造）"技术评估委员会，对欧洲及日本有关企业、研究机构、高校在绿色制造方面的技术研发、企业实施和政策法规等的现状进行了实地调查和分析，并与美国的情况进行对比分析，指出了美国在多方面已经落后的事实，提出了绿色制造发展的战略措施和亟待攻关的关键技术。

在我国，绿色制造被列为《国家中长期科学和技术发展规划纲要（2006—2020 年）》明确的制造业领域发展的三大思路之一，纲要中规定积极发展绿色制造，加快相关技术在材料与产品开发设计、加工制造、销售服务及回收利用等产品全生命周期中的应用，形成高效、节能、环保和可循环的新型制造工艺。制造业资源消耗、环境负荷水平进入国际先进行列。

（3）绿色制造是实现国民经济可持续发展战略目标的重要技术途径之一。

党的二十大报告指出"中国式现代化是人与自然和谐共生的现代化。人与自然是生命共同体，无止境地向自然索取甚至破坏自然必然会遭到大自然的报复。我们坚持可持续发展，坚持节约优先、保护优先、自然恢复为主的方针，像保护眼睛一样保护自然和生态环境，坚定不移走生产发展、生活富裕、生态良好的文明发展道路，实现中华民族永续发展。"因此，绿色制造是实现国民经济可持续发展战略目标的重要技术途径之一。另外，根据 WTE 的《环境友好制造最终报告》显示，衡量一个国家国民经济发展所造成的环境负荷总量时，可以参考式（1-1）进行分析。

$$环境负荷 = 人口 × 人均 GDP × 单位 GDP 的环境负荷 \quad\quad (1\text{-}1)$$

国内生产总值（Gross Domestic Product，GDP）是指一个国家或地区范围内的所有常住单位，在一定时期内生产最终产品和提供劳务价值的总和。式（1-1）中，"人口"为国民数量；"人均 GDP"反映人民生活水平；"单位 GDP 的环境负荷"反映了创造单位 GDP 价值给环境带来的负荷。根据"三步走战略"的远景发展目标战略规划，从 20 世纪末进入小康社会后，国民经济将分 2010 年、2020 年、2050 年三个发展阶段，逐步达到现代化的目标。国内生产总值将继续保持 7% 左右的增长速度，到 2010 年翻一番；人口总量到 2000 年、2010 年、2020 年和 2050 年分别控制在 13 亿、14 亿、15 亿和 16 亿。因此，以 200 年为基准并维持环境负荷总量的不变，根据式（1-1）可以计算出 2010 年、2020 年和 2050 年的单位 GDP 的环境负荷的递减情况，如表 1-1 所示。

表 1-1 2000—2050 年的单位 GDP 环境负荷递减情况

年　份	2000 年	2010 年	2020 年	2050 年
人口增长倍数	1	1.077	1.154	1.231
人均 GDP 增长倍数	1	1.827	3.354	23.937
单位 GDP 的环境负荷递减倍数	1	0.508	0.258	0.034

因此，如果维持国民经济发展所造成的资源消耗和环境影响不变，即与 2000 年持平，那么到 2050 年，我们国家单位 GDP 的环境负荷要降到现在的 1/30。以汽车制造为例，到 2010 年、2020 年、2050 年，生产一辆汽车所消耗的资源、能源和对环境的污染应减为现在环境负荷的 0.508（约 1/2）、0.258（约 1/4）、0.034（约 1/30），其压力是非常大的。因此，为了改善我国国民经济的发展质量，实现国家可持续发展战略，实施绿色制造，减少制造业资源消耗和环境污染已势在必行。

（4）绿色制造将带动一批新兴产业，形成新的经济增长点。

绿色制造的实施将导致一大批新兴产业的形成，如绿色产品制造业。制造业不断研究、设计和开发各种绿色产品以取代传统的资源消耗和环境影响较大的产品，将使这方面的产业持续兴旺发展。

1）实施绿色制造的软件产业。企业实施绿色制造，需要大量实施工具和软件产品，如产品生命周期评估系统、计算机辅助绿色设计系统、绿色工艺规划系统、绿色制造的决策支撑系统、ISO 14000 国际认证的支撑系统等，这将会推动一批新兴产业软件的形成。

2）废弃产品回收处理产业。随着汽车、空调、计算机、冰箱、传统车床设备等产品的老化报废，一大批具有良好回收利用价值的废弃产品需要进行回收处理、再利用或者再制造，因此，将导致新兴的废弃物物流和废弃产品回收处理产业。回收处理产业通过回收利用、处理，将废弃产品再资源化，节约了资源与能源，并可以减少这些产品对环境的压力。

1.3 再制造的基本内涵及工程体系

1.3.1 再制造的基本内涵

1.3.1.1 再制造的定义

再制造于第二次世界大战期间发展起来后，各国都对其给予了很大的关注。国外学者将再制造定义为"将废旧产品制造成如新品一样好的再循环过程"，并且认为再制造是再循环的最佳形式。再制造在英文中有多种名词表示方法，如 Rebuilding、Refurbishing、Reconditioning、Overhauling，这些都是常用的再制造术语。然而，在越来越多的关于再制造的文献中，Remanufacturing 已逐渐成为一个国际通用的再制造学术名词，这个单词可以用来描述将废旧但还可再利用的产品恢复到如新品一样状态的工艺过程。

再制造是指对再制造毛坯进行专业化修复或升级改造，使其质量特性不低于原型新品水平的过程。再制造是制造产业链的延伸，也是先进制造和绿色制造的重要组成部分。再制造产品在功能、技术性能、绿色性和经济性等质量特性方面不低于原型新品，而成本仅是新品的 50% 左右，可实现节能 60%、节材 70%，同时污染物排放量降低 80%，经济效益、社会效益和生态效益显著。再制造工程主要包括以下两个部分：

（1）再制造恢复加工——主要针对达到物理寿命和经济寿命而报废的产品，在失效分析和寿命评估的基础上，把有剩余寿命的废旧零部件作为再制造毛坯，采用表面工程等先进技术进行加工，使其性能恢复到新品水平。

（2）再制造升级——主要针对已达到技术寿命的产品，或是不符合可持续发展要求的产品，通过技术改造、局部更新，特别是通过使用新材料、新技术、新工艺等在再制造过程中的应用来提升产品功能或性能、延长使用寿命、减少环境污染，从而满足市场需求。

1.3.1.2　再制造的活动内容

再制造工程包括对废旧（报废或过时）产品的修复或改造，是产品全生命周期中的重要内容，存在于产品全生命周期中的每一个阶段，并都占据了重要地位，发挥着重要作用。再制造在产品全生命周期中的活动内容如图 1-1 所示。

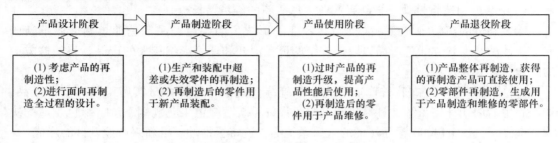

图 1-1　再制造在产品全生命周期中的活动内容

在产品设计阶段的再制造主要是指将产品的再制造性考虑进产品设计中，以使产品有利于再制造。

在产品制造阶段主要是保证再制造性的实现，另外还可利用产品末端再制造获得的零件参与新产品的装配制造，也可通过表面工程等再制造技术将产品加工和装配过程中出现的超差或损坏零件恢复到零件的设计标准后重新使用。

在产品使用阶段的再制造既包括对产品及其零件的批量化修复和升级，又包括使用再制造后的零件应用于维修，以恢复或提高产品的性能，实现产品使用寿命及性能的不断提升。

在产品退役阶段主要是对有剩余价值的产品或零部件进行再制造，直接生产出的再制造产品用于重新使用，生产出再制造零部件用于新产品或再制造产品的生产。

1.3.1.3　再制造模式

多年以来，欧美国家的再制造产业是在原型产品制造工业基础上发展起来的，目前主要以"尺寸修理法"和"换件修理法"为主。随着科技的迅速发展，这种再制造模式存在以下三方面的问题：一是由于许多体积损伤件无法进行尺寸修理，采用换件修理会导致旧件再制造利用率低，节能节材的效果较差；二是因为并没有对旧零件进行材料及性能的改变，所以难以提升再制造产品的性能，经常会造成再制造产品的使用寿命低于原设备的使用寿命；三是尺寸修理导致原件属于非标准尺寸零件，为产品的换件维修带来困难。

中国特色的再制造工程是在维修工程和表面工程的基础上发展起来的，主要基于复合表面工程技术、纳米表面工程技术和自动化表面工程技术，实现了产品的尺寸恢复和性能提升，而这些先进的表面工程技术是国外再制造时所不曾采用的。先进的表面工程技术在再制造中的应用，可将旧件再制造率提高到 90%，使零件的尺寸精度达到原型新品水平，再制造的零件质量性能标准不低于原型新品水平，而且在耐磨、耐蚀、抗疲劳等性能方面达到原型新品水平，并最终确保再制造产品零部件的性能质量达到甚至超过原型新品，受到国际同行的高度关注和广泛认同。

1.3.2 绿色再制造工程体系

1.3.2.1 工程体系框架

再制造工程以装备的全生命周期理论为基础，以装备后半生中报废或改造等环节为主要研究对象，以如何开发并应用高新技术翻新和提升装备性能为研究内容，从而保障装备后半生的高性能、低投入和环境友好，为装备后半生注入新的活力。装备再制造工程学科是在装备维修工程和表面工程等学科交叉、综合的基础上建立和发展起来的新兴学科。按照新兴学科的建设和发展规律，装备再制造工程以其特定的研究对象、坚实的理论基础、独立的研究内容、具有特色的研究方法与关键技术、国家级重点实验室的建立及其广阔的应用前景和潜在的巨大效益构成了相对完整的学科体系，体现了先进生产力的发展要求，这也是装备再制造工程形成新兴学科的重要标志。装备再制造工程的学科体系框架如图1-2所示。

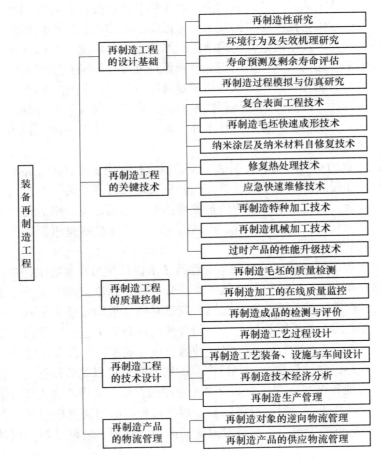

图 1-2 装备再制造工程的学科体系框架

1.3.2.2 再制造工程重点研究内容

再制造工程是通过多学科综合、交叉和复合并系统化后形成的一门新兴学科，它包含的内容十分广泛，涉及机械工程、材料科学与工程、信息科学与工程以及环境科学与工程等多种学科的知识和研究成果。再制造工程融汇上述学科的基础理论，结合再制造工程实际，逐步形成了废旧产品的失效分析理论、剩余寿命预测和评估理论、再制造产品的全生命周期评价基础以及再制造过程的模拟与仿真基础等。此外，还要通过对废旧产品恢复性能时的技术、经济和环境三要素的综合分析，完成对废旧产品或其典型零部件的再制造性评估。

（1）再制造工程的关键技术。废旧产品的再制造工程是通过各种高新技术来实现的。在这些再制造技术中，有很多是及时吸取最新科学技术成果的关键技术，如复合表面工程技术、纳米涂层及纳米材料自修复技术、修复热处理技术、再制造毛坯快速成形技术及过时产品的性能升级技术等。

再制造工程的关键技术所包含的种类十分广泛，其中主要技术是复合表面工程技术，主要用来修复和强化废旧零部件的失效表面。由于废旧零部件的磨损和腐蚀等主要发生在表面，因而各种各样的表面涂敷技术应用得最多。纳米涂层及纳米材料自修复技术是以纳米材料为基础，通过特定涂敷工艺对表面进行高性能强化和改性，或应用摩擦化学等理论在摩擦损伤表面原位形成自修复膜层的技术，可以解决许多再制造中的难题，并使其性能大幅度提高。修复热处理技术通过恢复内部组织结构来恢复零部件整体性能。再制造毛坯快速成形技术根据零件几何信息，采用积分堆积原理和激光同轴扫描等方法进行金属的熔融堆积。过时产品的性能升级技术不仅包括通过再制造使产品强化、延寿的各种方法，而且包括产品的改装设计，特别是引进高新技术或嵌入先进的部（组）件使产品性能获得升级的各种方法。除了上述这些有特色的技术外，通用的再制造机械加工技术和再制造特种加工技术也被经常使用。

（2）再制造工程的质量控制。再制造工程的质量控制中，毛坯的质量检测是检测废旧零部件的内部和外部损伤，从技术和经济方面分析决定其再制造的可行性及经济性。为确保再制造产品的质量，要建立起全面的质量管理体系，尤其是要严格进行再制造过程的在线质量监控和再制造成品的检测与评价。再制造工程的质量控制是再制造产品性能等同于或优于原型新品的重要保证。

（3）再制造工程的技术设计。再制造工程的技术设计包括再制造工艺过程设计，再制造工艺装备、设施和车间设计，再制造技术经济分析和再制造生产管理等多方面内容。其中，再制造工艺过程设计是关键，需要根据再制造对象（废旧零件）的运行环境状况提出技术要求，选择合适的工艺手段和材料，编制合理的再制造工艺，并提出再制造产品的质量检测标准等。再制造工程的技术设计是一种恢复或提高零件二次服役性能的技术设计。

（4）再制造产品的物流管理。再制造产品的物流管理可以简单概括为再制造对象的逆向（回收）物流管理和再制造产品的供应物流管理两方面。合理的物流管理能够提高再制造产品生产效率、降低成本、提高经济效益。再制造产品的物流管理也是控制假冒伪劣产品冒充再制造产品的重要手段。再制造对象的逆向物流管理不规范是当前制约再制造产业发展的瓶颈。

1.3.3　再制造的实现基础

1.3.3.1　物质基础

退役产品零部件寿命的不平衡性和分散性为再制造提供了物质基础。

虽然产品设计时要求采用等寿命设计，即产品报废时要求各个零件都达到相同的使用寿命，但实际上这种理想状态是无法达到的。实际制造后的产品，其零件寿命有两个特点，即异名零件寿命的不平衡性和同名零件寿命的分散性。在机械设备中，每个零件的设计、材料、结构和工作条件各不相同，使其实际使用寿命相差很大，形成了异名零件寿命的不平衡性。提高了一部分零件的寿命，而其他零件的寿命又相对缩短了，因此异名零件寿命的不平衡是绝对的，平衡只是暂时和相对的。对于同名零件，由于客观上的材质差异、加工与装配的误差、使用与维修的差别和工作环境的不同，也会造成其使用寿命的长短不同，分布成正态曲线，形成同名零件寿命的分散性。这种分散性可设法减小，但不能消除，因此，它是绝对的。同名零件寿命的分散性又扩大了异名零件寿命的不平衡性。零件寿命的这两个特性完全适用于部件、总成和机械设备。

产品零部件寿命的不平衡性和分散性是废旧产品再制造的物质基础。退役产品并不是所有的零件都达到了使用寿命极限，实际上大部分零件都可以继续使用，只是剩余寿命长短不同，有的可以继续使用一个寿命周期，有的不足一个寿命周期。例如，通常退役设备中固定件的使用寿命长，如箱体、支架和轴承座等；而运转件的使用寿命短，如活塞环和轴瓦等。在运转件中，承担扭矩传递的主体部分使用寿命长，而摩擦表面使用寿命短；不与腐蚀介质接触的表面使用寿命长，而与腐蚀介质直接接触的表面使用寿命短。这种退役产品各零部件的不等寿命性和零件各工作表面的不等寿命性，造成了产品中因部分零件以及零件上局部表面失效而使整个产品性能劣化，可靠性降低。通过再制造加工，可对达到寿命极限可以再制造的废旧件进行再制造加工，恢复其原制造中的配合尺寸和性能，并对部分剩余寿命不足产品下一个寿命周期的零件进行再制造，恢复其原制造中的配合尺寸和性能，延长其寿命超过下一个寿命周期，满足再制造产品的性能要求。

1.3.3.2 理论基础

产品性能劣化的木桶理论为再制造提供了理论基础。

产品的性能符合木桶理论，即一只木桶若要盛满水，则必须每块木板都一样平齐且无破损，如果这只桶的木板中有一块不齐或者某块木板下面有破洞，那么这只木桶就无法盛满水。也就是说一只木桶能盛多少水，并不取决于最长的那块木板，而是取决于最短的那块木板，这种现象也可称为短板效应。

产品的性能劣化是导致产品报废的主要原因，而产品性能的劣化符合木桶理论，即退役产品并不是所有零件的性能都劣化了，而往往是关键零部件的磨损等失效原因导致了产品总体性能的下降，最终无法满足使用要求而退役。这些关键零部件就成了影响产品性能中的最短木板，那么只要将影响产品性能的这些关键短板修复，就可能提高产品的整体性能。再制造就是基于这样的理念，着力于修复退役产品中的关键零部件，通过恢复其性能来恢复产品的综合性能。

1.3.3.3 技术基础

再制造过程的后发优势为再制造提供了技术基础。

再制造时间滞后于制造时间的客观特性决定了再制造生产中能不断吸纳最先进的各种科学技术，恢复或提升再制造产品性能，降低再制造成本，节约资源和保护环境。通常机电产品设计定型以后，制造技术工艺则相对固定，很少吸纳新材料、新技术和新工艺等方面的成果，生产的产品要若干时间后才退役报废，而这期间科学技术的迅速发展，新材料、新技术和新工艺的不断涌现，使得对废旧产品进行再制造时可以吸纳最新的技术成果，既可以提高易损零件和易损表面的使用寿命，又可以解决产品在使用过程中暴露的问题，对原产品进行技术改造，提升产品整体性能。这种原始制造与再制造的技术差别是再制造产品的性能可以达到甚至超过新品的主要原因。

现在表面工程技术发展非常迅速，已在传统的单一表面工程技术的基础上发展了复合表面工程技术，进而又发展到以纳米材料、纳米技术与传统表面工程技术相结合的纳米表面工程技术阶段，纳米表面工程中的纳米电刷镀、纳米等离子喷涂、微纳米减摩自修复添加剂、纳米固体润滑膜和纳米粘涂技术等在再制造产品中的应用使零件表面的耐磨性、耐蚀性、抗高温氧化性、减摩性和抗疲劳损伤性等力学性能大幅度提高，这些技术为退役产品再制造提供了技术基础。废旧产品再制造中大量采用了先进的表面工程技术，而这些技术大多在新品制造过程中没有使用过。通过这些先进的表面工程技术可以恢复并强化产品关键零部件配合表面的力学性能，增强其耐磨性和耐蚀性，从而使再制造后零部件的使用寿命达到或超过原型新品的使用寿命，满足再制造产品的性能要求。

1.3.3.4　经济基础

废旧产品蕴含的高附加值为再制造提供了经济基础。

产品及其零部件制造时的成本是由原材料成本、制造活动中的劳动力成本、能源消耗成本和设备工具损耗成本等构成的。其中，后三项成本称为相对于原材料成本的产品附加值（图1-3）。除了最简单的耐用品外，蕴含在已制造后的产品中的附加值都远远高于原材料的成本。例如：玻璃瓶基本原材料的成本不超过产品成本的5%，另外的95%则是产品的附加值；汽车发动机原材料的成本只占产品成本的15%，而产品附加值却高达85%。发动机再制造过程中由于充分利用了废旧产品中的附加值，因此能源消耗不到新品制造的50%，劳动力消耗只是新品制造的67%，原材料消耗只是新品制造的11%～20%。所以，达到新机性能的再制造发动机的销售价格相当于新机的50%，为其赢得了巨大的市场和利润空间。

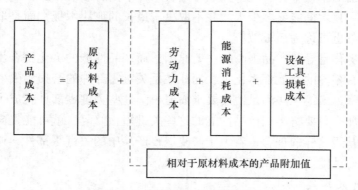

图1-3　制造后产品成本分析

1.3.3.5　市场基础

产品需求的多样性为再制造发展提供了市场基础。

任何国家都存在着区域发展水平的不平衡性，即发展水平的高低是相对的，这种地区的不平衡性和人们的经济能力造成了产品需求的多样性。再制造产品在性能不低于新品的情况下，价格一般为新品的一半左右，这为其销售提供了巨大的市场空间。而且在某地因性能而淘汰的产品，经过再制造后完全可以到另外一地继续销售使用。即使在同一地区，因人们消费能力的不同，也为价廉物美的再制造产品提供了广阔的市场空间。而且从市场趋势发展来看，人们更愿意花更少的费用获得同样的产品性能，更支持绿色产品的生产销售。这些现状和发展趋势都为再制造产品的营销提供了市场基础。

1.3.3.6　社会基础

再制造的环保效益为再制造发展提供了社会基础。

再制造过程能够显著地回收废旧资源，节约产品生产的能源消耗，降低污染排放和对人体健康的威胁，增加社会就业和经济收入，提高再制造产品使用者的生活水平，进而提高人们的生活质量，实现社会的可持续发展，具有重大的社会效益，是支撑和谐社会建设的有效技术手段。2008 年 8 月 29 日通过并于 2009 年 1 月 1 日起施行的《中华人民共和国循环经济促进法》中第四十条指出，国家支持企业开展机动车零部件、工程机械、机床等产品的再制造和轮胎翻新。销售的再制造产品和翻新产品的质量必须符合国家规定的标准，并在显著位置标识为再制造产品或翻新产品。所以绿色再制造的发展符合政府的执政理念，受到了诸多政策法规的支持，为其进一步的发展提供了坚实的社会基础。

1.3.4　再制造与制造的关系

1.3.4.1　再制造在制造中的定位

（1）再制造与制造的生产本质相同。制造是将原材料加工成适用的产品，其本质是生成满足人们生产或生活需要的产品的过程。传统的制造过程包括原材料生产、合格零件加工和产品装配等过程。而再制造是以废旧产品作为生产毛坯，通过专业化修复或升级改造来使其性能不低于原型新品水平的制造过程。其本质也是生成满足人们生产或生活需要的产品的过程，也包括废旧产品毛坯获取、合格零件加工及产品装配过程，具备了制造的本质特征，具有工程的完整性、复制性和可操作性。所以，再制造从属于制造，是绿色制造和先进制造的重要组成部分。

（2）再制造是制造发展的必然产物。人类不断追求物质极大丰富的属性决定了人类会不断地研发新产品并进行大批量的生产，以满足人类日益增多的需求。在一定的历史条件下，这必然导致大量的资源消耗和环境污染。而地球资源的有限性和人类发展需求的无限性是一对矛盾，短期内的需求急剧膨胀和资源大量消耗必然会带来巨大的环境污染，这对人类生存造成了严重威胁。为了应对制造的巨大负面影响，人们提出了绿色制造的方法，并不断研发先进制造技术，以减少资源消耗和环境污染为目标，对制造全过程进行优化协调。但人类需求的巨大膨胀带来的大批量产品生产使用，必然会带来全生命周期末端大批量废旧产品的退役报废，如何处理这些退役的巨量废旧产品的问题，一直困扰着制造业。若仅是通过材料循环的方式回收原材料，则存在着技术效益低、环境污染大、资源浪费多的问题。正是在此背景下，人们采用创新性的逆向思维方法，通过再制造过程，以最少的资源投入实现废旧产品的变废为宝，重新生成能够满足人类需要的产品，不但解决了巨量退役产品的处理困境，还实现了已有资源的高效益重用，形成了显著的综合效益。所以，再制造是制造业发展到一定阶段的必然产物。

（3）再制造是制造的补充完善。广义上的制造过程，不但包括产品的设计与制造，还包括了产品的使用、维修与退役过程的全生命周期。但制造过程生产的产品，经过传统的生命周期设计、制造、使用过程后，通过传统的报废过程而实现原来资源的绝大部分泯灭，这造成了一个开环的产品生命周期过程。通过对废旧产品的再制造过程，可以实现大部分零件的重新利用，最大化重新循环利用在制造过程注入的材料、能源和劳动成本等大部分资源。再制造的出现，可以将传统的单生命周期开环使用过程转变为大部分资源的多生命周期闭环使用。再制造延伸了产品的制造过程，拓展了产品制造过程的全生命周期，形成了产品的多生命周期循环使用过程，达到了制造效益的最大化可持续发展，是对传统制造过程的补充完善。

（4）再制造契合了《中国制造2025》的发展要求。《中国制造2025》中提出要由低成本竞争优势向质量效益竞争优势转变，由资源消耗大、污染物排放多的粗放制造向绿色制造转变，由生产型制造向服务型制造转变。再制造本身是一种高效益的废旧产品利用方式，在保证与原型新品质量相当的情况下，具有可观的资源、环境和经济效益，在市场上具有质量效益竞争优势；同时，再制造利用废旧产品生产，其资源消耗少，既减少了废旧产品本身的环境污染，又降低了产品生产过程的污染排放，属于典型的绿色制造模式。再制造商既可以为产品的维修服务提供再制造备件，又可以使用再制造产品直接为消费者提供服务。例如，将给消费者销售再制造复印机产品转变为利用复印机给消费者提供复印功能服务，还可以通过再设计为消费者提供定制化服务制造。所以，再制造契合了《中国制造2025》发展战略，也必将是推进中国向制造强国发展的支撑措施。

1.3.4.2　再制造与制造的不同之处

作为制造的重要内容，再制造在生成产品的目标与生成产品的主要实施步骤方面与制造过程相同，但在生成产品的具体实施工艺方面，传统的制造并不能完全涵盖再制造的生产模式，其具有明显不同于传统制造的以下几个方面的特征：

（1）生产毛坯品质不同。传统制造过程中生成零件的毛坯多是性能稳定的材料，或是通过铸、锻、焊等方式形成的毛坯件，一般供应渠道清晰，毛坯材料供应质量稳定可靠，利于制造形成大批量质量合格的产品。而再制造的毛坯是经过服役后达到寿命末端的废旧产品或其零部件，由于退役或过时产品的服役时间、环境及过程的不同，导致再制造所用废旧产品的品质具有不确定性，同名零部件的状况千差万别，这给再制造的统一生产和质量保证带来了难题，需要对毛坯进行剩余寿命检测评估等独特的再制造工艺。

（2）生产技术工艺不同。传统的产品制造过程主要包括合格零件的生产获取过程，对零件的逐级装配过程和对生成产品的质量检测过程等，其合格零件生产主要是针对棒料等毛坯件，通过铸造、锻造、焊接或机械加工等制造技术手段来完成的，生产中采用的毛坯材料一般性能稳定，通常不用进行检测即可进行加工并使用。而再制造生产中，除了与新品制造拥有一样的装配过程和生成产品的质量检测过程外，在合格零件的获取上明显不同于制造过程。再制造产品的大部分零件来源于拆解后的废旧产品，对于检测尺寸达到新品零件要求的旧件，还需要利用剩余生命评估技术；检测其能否满足再制造产品生命周期要求；对于失效零件，主要是通过以表面工程为主的修复技术来实现原来失效零件的性能和几何恢复。因此，再制造生产技术工艺主要以剩余寿命检测评估和零件失效修复技术为主来获得合格零件。另外，再制造过程所采用的大量的拆解、清洗、检测工艺也是其所独有的技术工艺。

（3）生产组织方式不同。首先，再制造的生产组织需要从废旧产品的回收开始，而废旧产品集中分散于各地的用户手中，每个用户对废旧产品供应存在数量唯一、品质不定、时间不定等特点，造成了再制造毛坯数量、品质及获取时间的不确定性，而制造企业所购买的材料等毛坯一般是由企业生产，可以实现批量化供应，时间和品质相对确定，所以在毛坯获取上，两者需要不同的组织方式。其次，再制造中的拆解、清洗、检测和失效件修复等步骤，都不是传统制造过程中所拥有的，需要特殊的生产组织方式，例如对不同失效件修复技术方法的决策及其实施管理等都具有个性化的管理，不适合大批量的刚性制造生产组织方式。最后，再制造产品因为国家法律及相关专利等制度的约束，其销售与应用不同于新品的制造销售，需要特别的服务推广网络。例如，部分企业采用的以旧换新、产品功能销售等营销组织模式，都不同于传统的新品销售组织方式。

这些与传统制造过程的显著不同，确定了再制造不可作为传统的制造过程进行对待，需要将其作为绿色制造的一个重要发展方向和分支，研究其关键问题，指导再制造生产实践。

1.3.4.3　再制造能够促进制造的新发展

（1）促进制造理念的新发展。人们的制造理念是一个不断发展完善的过程，从最原始的石器时代简单石器的制造，到当前复杂系统的制造，尤其是信息时代柔性制造、敏捷制造和计算机集成制造等理念的出现，使人们对制造的理解继续建构。但无论哪种方式，传统的制造理念均是以原材料作为产品的生产毛坯，并通过各种技术对其进行不断的加工，持续注入新的能源、技术、材料和劳动等，是一个价值由零逐渐梯度累加的过程，并在废弃后采用了原有价值的耗散或泯灭的方式。而再制造则能够充分利用原制造过程中积累的大部分价值，不以毛坯材料作为制造的起点，而以最优化的可靠产品作为终点，是制造理念的新发展。

（2）促进制造技术的新发展。再制造的出现及发展促进了制造技术的发展。例如，传统的制造过程以原材料作为零件生产的主要毛坯，并因为原材料生产工艺相对成熟规范，一般不需要对毛坯性能进行特殊检测。但因再制造采用老旧产品的零部件作为毛坯，服役过的零部件其剩余寿命能否满足再制造产品的服役要求，在其他学科并没有成体系的现成的技术可供使用，因此需要通过再制造的质量检测需求，来推进零件剩余寿命检测与评估。目前已经发展了面向再制造毛坯剩余寿命的涡流/磁记忆综合检测技术、超声波检测评估技术等。

面向失效零件恢复的柔性增量再制造技术，也与增量制造具有显著的不同点。增量制造直接通过 CAD 模型分层和路径规划即可成形，而增量再制造则需要经过缺损零件的反求建模、与标准 CAD 配准与对比、再制造建模分层和路径规划等步骤才可完成，其成形过程更加复杂；虽然都采用逐层堆积的方式进行，但增量制造一般都采用同一种熔敷工艺对同质材料进行加工，而柔性增量再制造大多属于异质成形，需要根据成形材料、性能要求等选用激光、等离子和电弧等多种熔敷工艺；增量制造都是用于制造新品，大多采用三维坐标操作机，而柔性增量再制造主要对缺损零件进行修复再制造，因此需要采用智能机器人进行成形控制，其成形过程更加柔性，可面向现场多维约束条件下的装备零部件再制造，也用于一些大型零部件或难拆卸部件的在线在位再制造。

另外，再制造中面临着的产品拆解和清洗等工序技术，对再制造中的自动化拆解技术和高效绿色清洗技术等的研究，都能够促进先进制造技术的发展。所以，再制造中需要用到的部分技术，都是传统的制造过程中所没有，或者很少使用的，通过发展这些再制造技术，可以促进制造技术的发展。

（3）促进设计方法的新发展。产品出现之初，主要是满足人们使用的功能需求，进而对使用中出现的故障提出了产品的维修需求，促使人们在产品设计过程中不但要满足产品的功能需求，还要满足可靠性、维修性和测试性等设计特性需求。同样，随着废旧产品再制造的需求，也需要在产品设计过程中，采用再制造性设计方法，改变传统的产品等寿命设计理念，研究采用面向再制造的产品零部件梯度寿命设计方法，提高产品的易拆解性、易检测性、易修复性和再装配性等，保证产品在末端时易于再制造。另一方面，也需要考虑面向再制造生产过程的再制造资源规划设计，传统制造过程一般按照订单式制造生产，制造资源明确，但再制造过程中所需要的毛坯获取时间、地点、品质和数量等具有不确定性，再制造产品需求变化较快，一般需要对再制造资源、生产目标等内容进行规划设计，这些再制造所特有的再制造性设计与再制造资源规划设计方法的研究应用，可以促进制造设计方法的发展。

（4）促进管理模式的新发展。相对于制造过程的生产资源和生产目标的明确性来讲，再制造物流过程及资源规划的模糊性，使得再制造管理相对制造过程具有独特的难度，需要研究不确定因素下再制造产品的生产组织方法和管理模式。另外，通过再制造可以实现产品的多生命周期过程，需要促进对产品多生命周期过程的管理研究。再制造产品的营销模式也可以不同于其他的新品销售，可以提供功能销售的模式，即通过提供再制造产品来满足用户所需要的功能，使用户实现从购买产品到购买功能的转变。再制造工程领域中诸多特点鲜明的管理模式的研究应用，可以促进制造管理模式的发展。

———— 本 章 小 结 ————

再制造作为面向全生命周期绿色制造的延伸和发展，是实现循环经济和资源高效利用的重要方式。再制造产业特别适合以机电产品为主，符合新型工业化的特点，即科技含量高、经济效益好、资源消耗低、环境污染少。发展再制造产业将成为推动中国制造升级转型的重要突破。

循环经济是指在资源投入、企业生产、产品消费及其废弃的全过程中，通过资源循环利用，实现"资源能源消耗减量化、污染排放最小化、废弃物再生资源化和无害化"的经济运行模式。循环经济的内涵包括以资源循环利用为客观基础，以法人与政府机构为主要行为主体，以资源、环境、生态与经济和谐发展为发展方向。

绿色制造是一个综合考虑环境影响和资源效益的现代化制造模式，旨在降低产品对环境的影响，提高资源利用率，并使企业经济效益和社会效益协调优化。绿色制造的目的是实现制造业环境污染源头控制、推动可持续发展、实现国民经济可持续发展战略目标，并为新兴产业和经济增长提供动力。

再制造是将废旧产品制造成如新品一样好的再循环过程。再制造工程包括再制造恢复加工和再制造升级两个部分。再制造工程的重点研究内容包括失效分析、寿命预测、再制造产品的评价和再制造过程的模拟与仿真。再制造工程是一个多学科综合的新兴学科，包括机械工程、材料科学与工程、信息科学与工程和环境科学与工程等领域的知识和研究成果。再制造的实现基础包括物质基础、理论基础、技术基础、经济基础、市场基础和社会基础。再制造在制造中的定位是实现资源的高效利用和环境保护，与传统制造相比有一些不同之处，如注重产品的再生和循环利用，以及采用先进的表面工程技术等。再制造能够促进制造业的新发展，带动新兴产业的形成，成为推动中国制造升级转型的重要手段。

习　题

1-1　什么叫循环经济？
1-2　绿色制造的目的和意义是什么？
1-3　再制造的定义是什么？
1-4　再制造的实现基础是什么？
1-5　再制造与制造是什么关系？

2 再制造工程理论基础

本章提要： 介绍再制造的概念与特征，概述再制造的关键技术（再制造的关键技术包括再制造设计、再制造系统规划、拆卸与清洗、损伤评价与寿命评估、再制造成形加工、标准体系等）；介绍再制造的国内外发展现状及挑战，展望再制造工程发展趋势。

2.1 再制造的概念与特征

2.1.1 再制造的概念

再制造是循环经济、再利用的高级形式，是绿色制造技术研究领域的学术热点之一，受到了国内、外学术界和业界的广泛关注。国内外的一些学者对再制造做出定义，并对其内涵和特征进行了阐述。

1984 年，再制造研究的先驱、美国波士顿大学制造工程学教授 Robert T. Lund 首次在世界上提出了"再制造"（Remanufacture）概念，将其定义为："再制造是将耗损的耐用产品恢复到既能用又经济，经过拆卸分解、清洗检查、整修加工、重新装配、调整测试的全生产过程。"

Daniel Guide Jr 博士的定义为："将一个旧产品恢复到'新'状态，使其具有和原产品一样的使用性能和寿命，这样的过程叫再制造"。

我国学术界普遍采用的定义是："以产品全生命周期设计和管理为指导，以优质、高效、节能、节材、环保为准则，以先进技术和产业化生产为手段，来修复改造废旧产品的一系列技术措施或工程活动的总称。"

2.1.2 再制造的特征

再制造将废旧产品作为起点，其生产流程不同于传统制造，增加了废旧产品的回收、拆解、清洗、废旧零部件质量检测及寿命评估、再制造加工、再装配等工序。再制造是把没有损坏的零件继续使用，把局部损坏的零件采用先进的表面工程技术等手段进行再制造加工后继续使用，并针对不同的失效原因采用相应的措施使其寿命延长，挖掘废旧产品潜藏的价值。

再制造的出现，完善了全寿命周期的内涵，使得产品在全寿命周期的结尾，即报废阶段，不再"一扔了之"成为固体垃圾。再制造不仅可使废旧产品获得新生，还可很好地解决资本节约和环境污染问题。因此，再制造是对产品全寿命周期的延伸和拓展，赋予了废旧产品新的寿命，形成了产品的多寿命周期循环。

随着数控化、自动化、绿色化、信息化等高新技术的不断发展，以及市场竞争的不断加剧，再制造的内涵也应与时俱进，即由"与新产品一样好的再制造"（as good as new）逐渐上升到"区别于新产品、有竞争力的再制造"，才能更好地适应多样化、个性化的客户需求及快速多变的市场。

再制造的重要特征是：再制造产品的质量和性能不低于原型新品，成本为新品的50%、节能60%、节材70%，对环境的不良影响显著降低。再制造可以实现废旧产品或零部件的循环利用，有效缓解资源短缺和废弃产品对环境的污染问题，是我国加快发展循环经济及建设节约型社会的有效途径。

再制造与传统的维修、翻新不同，在对象、技术手段、产品质量等方面具有显著区别（表2-1）。

表 2-1　再制造与维修、翻新的区别

项目	再制造	维修	翻新
对象	废旧产品	故障产品	废旧产品
过程	完全拆卸	故障诊断	部分拆卸
	清洗所有部件	故障部件拆卸	部分清洗
	零件分类与检测整机再设计	故障部件修理或更换新零件	检测
	废旧零部件再加工或更换新零件	零件重新安装	旧件翻新处理或更换新零件
	产品再装配		零件重新安装
特点	达到甚至超过原新品的性能	恢复到故障前状态	基本达到原机标准
	产业化、规模化	单件、小批量零件维修	小批量翻新
	执行最新技术标准	保持原有技术标准	无法达到新品标准
	整机质量担保	维修部分质量担保	—

（1）维修对象是有故障的产品，在产品的使用阶段使其恢复良好的状况和使用功能，多以换件为主，辅以单个或小批量的零部件修复，常具有随机性、原位性和应急性。维修的设备和技术一般相对落后，而且难以形成批量生产；维修后的产品多数在质量、性能上难以达到原机新品的水平。

（2）翻新对象是废旧的产品，仅是经过一定程度的拆解、清洗、检测、翻新处理和再装配等过程，没有应用高新技术对废旧产品进行性能提升，因此在技术水平上和产品质量上都无法达到新品的标准。

（3）再制造对象是废旧的产品，经过完全拆卸、清洗、分类、检测、评估后，根据客户的需求进行再设计，将有较高剩余附加值的零部件作为再制造毛坯，利用先进的表面工程技术，经数控化、自动化等高新技术对其进行产业化的再制造，使其性能升级，达到甚至超过原新品的性能，且执行新产品的验收标准。

此外，再制造是规模化的生产模式，它有利于实现自动化和产品的在线质量监控，有利于降低成本、降低资源和能源消耗及减少环境污染，还能以最小的投入获得最大的经济效益。

2.2　再制造的关键技术

再制造技术是实现再制造产业化的重要支撑，是一个国家再制造业的核心竞争力所在，因此国内外对再制造关键技术的研发高度重视。欧美国家的再制造已经形成了巨大的产业，2005 年全球再制造业产值已超过 1000 亿美元，美国的再制造产业规模最大，已达到 750 亿美元，其中汽车和工程机械再制造占 2/3 以上，约 500 亿美元。

目前，欧、美、日等发达国家和地区的再制造技术已基本成熟，主要体现在两个方面：

（1）再制造设计：针对重要设计要素进行研究，如拆卸性能、零件材料种类、设计结构与紧固方式等。

（2）再制造加工：对于机械产品，主要通过换件修理法和尺寸修理法来恢复零部件的性能。

从现有的国内、外文献与专利报道来看，大多数再制造技术是在原创技术基础上结合再制造产品的特点和要求，经过改进和调整的衍生技术。兼顾各类技术的重要性和典型性，主要有 11 项国内、外重点研究的再制造技术，包括激光熔覆、等离子熔覆、堆焊熔覆、感应熔覆、高速电弧喷涂、等离子喷涂、火焰喷涂、纳米复合电刷镀、表面喷丸强化、超声清洗、无损检测等技术。其中，修复成形与加工技术又可分为熔覆层、涂层和镀层三大类。

面向 2030 年，再制造发展在技术层面将满足更高的要求，再制造技术呈现五大发展趋势："绿色、优质、高效、智能、服务"。未来将要重点发展的再制造关键技术主要包括六个方面：再制造设计技术、再制造系统规划技术、再制造拆卸与清洗技术、再制造损伤评价与寿命评估技术、再制造成形加工技术、再制造标准体系技术等（图 2-1）。

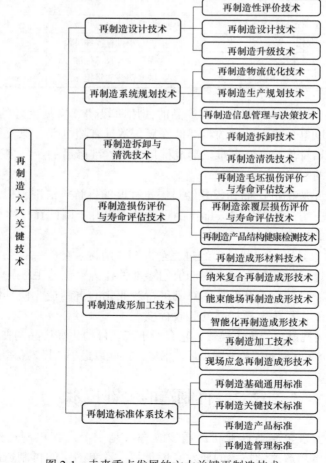

图 2-1　未来重点发展的六大关键再制造技术

2.3 再制造的国内外发展现状及挑战

2.3.1 国外发展与应用

美国、欧洲和日本的再制造产业起步较早，再制造产业发展水平较高，目前已形成了较为成熟的市场环境和运作模式，在再制造设备、生产工艺、技术标准、销售和售后服务等方面建立了完善的再制造体系。但其再制造发展模式各有差异，美国再制造产业以市场为主导，欧洲主要以企业为主导，而日本则主要由政府立法主导。

美国再制造产业已有100多年的历史，目前已经发展成熟，为美国经济、就业做出了重要贡献，尤其是汽车产品再制造，已成为汽车工业不可缺少的组成部分。美国再制造产业拥有完善的废旧零部件回收网络体系，并以严格的环境保护政策作为支撑，可通过自由交易形式，依靠市场的自我调节实现报废产品的回收和再制造。

2009—2011年间，美国再制造产值以15%的增速增长，2011年达到了430亿美元，提供了18万个工作岗位，其中航空航天、重型装备和非道路车辆（HDOR）、汽车零部件再制造产品约占美国再制造产品总额的63%，见表2-2。中小型再制造企业在美国再制造产品和贸易中占有重要份额，2011年，中小型再制造企业的产品占美国再制造产品总额的25%（约108亿美元），占美国出口再制造产品的17%（约20亿美元）。截至2017年，美国再制造产业估值达1000亿美元，再制造已深入美国工程机械、电子电器设备、汽车零部件、航天航空、医疗器械、办公设备、餐饮用具、重型设备以及旧轮胎等十多个领域，产业规模稳居全球之首。

表 2-2　2011 年美国再制造产值情况

行业（按产值分配）	产值/亿美元	就业岗位/个	出口/亿美元	进口/亿美元	行业比例[①]/%
航空航天	130.5	35201	25.9	18.7	2.6
重型装备和非道路车辆	77.7	20870	24.5	14.9	3.8
汽车零部件	62.1	30653	5.8	14.8	1.1
机械	58.0	26843	13.5	2.7	1.0
产品	26.8	15442	2.6	27.6	0.4
医疗器械	14.6	4117	4.9	1.1	0.5
翻新轮胎	14.0	4880	0.2	0.1	2.9
消费者产品	6.6	7613	0.2	3.6	0.1
其他[②]	39.7	22999	2.2	0.4	1.3
批发商	③	10891	37.5	18.7	[③]
总额	430.0	179509	117.3	102.6	2.0

①再制造产品占行业内所有产品总销售额的比例。

②包括再制造电器、机车、办公室家具、餐厅设备等。

③批发商不生产再制造产品，而是销售或贸易（出口和进口）。

欧洲地区再制造产业呈现以企业为主导的发展模式。在欧洲，俄罗斯对再制造产品没有直接的法律限制，但报关申请和流程复杂，旧件流通成本较高，致使俄罗斯再制造发展缓慢。欧盟非常重视再制造产业的发展，据欧盟再制造联盟（European Remanufacturing Network，ERN）估计，2015年欧洲再制造产值约170亿欧元，提供了19万个就业岗位，预计到2030年，欧洲再制造产值将达到300亿欧元，并能提供60万个就业岗位，再制造成为欧盟未来制造业发展的重要组成部分。

德国是再制造产业最为成熟的国家之一。德国再制造产业涉及汽车零部件、工程机械、铁路机车、电子电器和医疗器械等多个领域，其再制造发展主要以企业为主导。德国再制造绝大多数为大型企业控制，旧件回收则由企业自身承担。以大众（Volkswagen）再制造公司为例，其再制造工艺技术水平高，再制造产品质量好，某种型号的发动机停止批量生产一定时间后，便停止供应新的配件发动机，转而为用户更换再制造发动机。如此一来，一方面主机厂不必为老产品的售后服务保留产量有限的配件生产线；另一方面又提高了废旧产品的回收利用率，促进了再制造产业的发展，从而形成新产品与再制造产品之间相互依存、取长补短、共同发展的良性循环。宝马公司（Bayerische Motoren Werke AG）建立了一套完善的旧件回收网络体系。旧发动机经再制造后，成本仅为新机的50%~80%，而发动机再制造过程中，94%被修复，5.5%被熔化再生产，只有0.5%被填埋处理，产生的经济效益显著。大型企业控制的再制造体系整体效率和质量保证更加完善，虽然发展受到企业意愿影响，但是有利于产业结构的优化组合。

日本主要通过制定法律引导再制造产业发展。1970年，日本颁布了《废弃物处理法》，旨在促进报废汽车和家用电器等的循环利用，对非法抛弃有用废旧物采取罚款和征税等惩戒措施。1991年，日本国会修订了《废弃物处理法》（该法此后共修订超过20次），并通过了《资源有效利用促进法》，确定了报废汽车和家用电器等的循环利用必须进行基准判断、事前评估和信息提供等。2000年，日本颁布了《建立循环型社会基本法》，规定汽车用户若将废旧汽车零部件交给再制造企业，则可免除缴纳废弃物处理费。2002年，日本国会审议通过了《汽车回收利用法》，并于2005年1月1日正式实施，这是全球第一部针对汽车业全面回收的法规，对汽车再制造行业加大整治力度，实行严格的资格许可制度，并设立配套基金，对废旧汽车回收处理进行补贴。政府部门通过完善法律规定，统筹和规范再制造企业的生产、销售、回收等各个环节。2013年日本公布《第3次循环型社会形成推进基本计划》，制定了打造高质量综合性的低碳循环型社会的发展目标。2018年发布的《第4次循环型社会形成推进基本计划》明确表示在打造高质量综合型低碳循环型社会的基础上强化再制造产业在回收和资源再生领域中的作用，并将再制造技术作为日本循环型社会中长期建设的关键技术之一。

2.3.2　国内发展与应用

我国的再制造产业发展经历了产业萌生、科学论证和政府推进三个阶段。第一阶段是再制造产业萌生阶段。自20世纪90年代初开始，我国相继出现了一些再制造企业，主要开展重型卡车发动机、轿车发动机和车用电动机等的再制造，产品均按国际标准进行再制造，质量符合再制造的要求。第二阶段是学术研究、科学论证阶段。1999年6月，徐滨士院士在西安召开的"先进制造技术国际会议"上发表了《表面工程与再制造技术》的会议论文，在国内首次提出了再制造的概念。2000年3月，徐滨士院士在瑞典哥德堡召开的第15届欧洲维修国际会议上发表了题为《面向21世纪的再制造工程》的会议论文，这是我国学者在国际学术会议上首次发表再制造方面的论文。2000年12月，徐滨士院士在中国工程院咨询报告《绿色再制造工程在我国应用的前景》中，对再制造工程的技术内涵、设计基础和关键技术等进行了系统、全面的论述。2006年12月，中国工程院咨询报告《建设节约型社会战略研究》中把机电产品回收利用与再制造列为建设节约型社会17项重点工程之一。通过上述多角度的深入论证，为政府决策提供了科学依据。第三阶段是国家颁布法律、政府全力推进阶段。2005年至今，再制造发展非常迅速，一系列政策相继出台，为再制造的发展注入了强大动力，我国已进入到以国家目标推动再制造产业发展为中心内容的新阶段，国内再制造的发展呈现出前所未有的良好发展态势，全国再制造产值在"十四五"期间实现2000亿元。在鼓励高端化、智能化探索方面，积极推进再制造相关产业政策的研究制订，探索建立有效的智能再制造行业政策管理机制。《高端智能再制造行动计划（2018—2020年）》明确了以再制造全产业链建设为核心，以信息化、互联网技术应用为突破，全面构建高端智能再制造技术、管理和服务体系的发展战略。

我国再制造产业保持了持续稳定发展，得到了国家政策的支撑与法律法规的有效规范。从2005年国务院颁发的《国务院关于做好建设节约型社会近期重点工作的通知》（国发〔2005〕21号）和《国务院关于加快发展循环经济的若干意见》（国发〔2005〕22号）文件中首次提出支持废旧机电产品再制造，到2015年，国家层面上制定了近50项再制造方面的法律法规，其中国家再制造专项政策法规20余项。2015年5月，国务院发布《中国制造2025》（国发〔2015〕28号），全面推行绿色制造，大力发展再制造产业，实施高端再制造、智能再制造和在役再制造，推进产品认定，促进再制造产业持续健康发展。2016年3月，国家发展和改革委员会等十部委联合发布了《关于促进绿色消费的指导意见》，该意见提出着力培育绿色消费理念、倡导绿色生活方式、鼓励绿色产品消费，组织实施"以旧换再"试点，推广再制造发动机和变速箱，建立健全对消费者的激励机制。2017年《高端智能再制造行动计划（2018—2020）》发布，高端再制造技术成为未来发展趋势。2021年《汽车零部件再制造规范管理暂行办法》发布，为汽车零部件再制造产业规范化发展提供了有效的政策依据。2021年《"十四五"循环经济发展规划》发布，提出促进再制造产业高质量发展、探索再制造复出口业务等重点任务。

目前，我国再制造产业的发展既要发挥市场机制的作用，又要强调政府的主导作用，采取政府主导与市场推进并行的策略，在技术、市场、服务以及监管体系等方面积极沟通，加强协作，不断完善我国再制造政策法规，建立一个良性、面向市场且有利于再制造产业发展的政策支持体系和环境，形成有效的激励机制，实现我国再制造产业的跨越式发展。

我国再制造企业现有上千家，国家发展和改革委员会工业和信息化部先后发布了多批再制造试点企业名单。图2-2为我国再制造试点企业性质分布图。由图2-2可知，在我国再制造试点企业中，国有企业和民营企业所占比例最大，均占试点企业的约40%；其次为中外合资企业、外商独资企业等。我国再制造试点企业呈现出聚集在东部沿海发达地区、国有企业和民营企业占主导的特点。我国西部地区

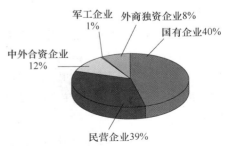

图2-2　我国再制造试点企业性质分布图

工程机械保有量巨大，为再制造产业发展提供了良好的市场环境，要增加西部地区再制造试点数量。同时，要充分发挥国有再制造试点企业在体制、资金和管理等方面的带头示范作用，还要扩大再制造试点中民营企业的数量，利用其市场导向和机制灵活的特点，实现我国再制造产业区域共同发展。

2.3.3　再制造发展面临的技术挑战

再制造要将废旧产品生产成质量性能不低于原型新品的过程，需要从服役特性来研究再制造过程的逆向反演规律，从失效件的再制造加工中考虑成形界面问题，从满足再制造产品的质量要求方面考虑再制造质量控制。因此，再制造的实现过程面临着逆向反演、界面问题和质量控制三方面的挑战。

2.3.3.1　再制造过程的逆向反演

传统的制造过程以原材料作为生产毛坯，产品零件制造是一个由材料成分、组织结构、加工工艺到服役性能的推演过程，而再制造生产是以废旧产品作为加工毛坯，主要针对失效零件开展的修复工作，所以其加工工艺设计步骤是要根据服役性能要求进行失效分析，推演出应具有的组织结构和材料成分，并选用合适的加工工艺的过程，是一个由服役性能向组织结构、材料成分和再制造加工工艺的逆向推演过程。由于废旧毛坯数量和质量的不确定性，以及零件失效形式的个体化，使得再制造的生产过程无法采用与新零件生产完全相同的工艺，实现废旧零件的再制造生产需要具有一定的工艺柔性，适时根据其失效形式、工况要求和材料性能等情况来进行工艺调整，实现再制造生产过程的逆向反演。

2.3.3.2　再制造过程的界面问题

损伤件的尺寸和性能恢复是再制造加工的核心任务，其主要是通过采用表面技术来实现损伤部件的原设计尺寸修复，但因修复时不同于基体的修复材料的使用，造成了再制造涂覆层与毛坯基体之间的复杂异质材料体系，使其存在修复层与基体之间的界面问题，这也是影响再制造加工质量的重要因素。再制造过程的界面问题主要表现为再制造表面修复中的修复材料与基体材料不同，属于异质再制造，即成形材料与零件基体材质不同。这种异质成形再制造的界面行为与组织形成是远离平衡态过程，与同质相比，具有明显的难匹配性和非均匀性特征。因此，异质再制造界面过程及材料组织结构形成是成形再制造实现的一个技术瓶颈。需要重点研究沉积材料在载能束作用下的同、异质界面行为和构建机制，研究再制造产品表面、界面寿命演变机制，并进一步研究异质基底对集约化材料在载能束作用下的组织遗传性，以及载能束多循环热冲击对沉积层和基体组织、性能的影响机制。

2.3.3.3　再制造过程的质量控制

再制造产品质量是再制造发展的灵魂，但再制造生产面临着物流的不确定性和毛坯质量的不稳定性，不同的失效形式会造成不同的工艺模式，这给再制造质量控制带来了难题。因此，需要研究解决三个技术难点：一是废旧零件的再制造毛坯剩余寿命评估技术，需要通过分析机械零部件服役工况下出现的不同失效模式和失效规律，依据材料学、力学、数学、物理及化学等寿命预测基础理论，采用模拟仿真与考核试验相结合的方法，针对新品设计功能要求及服役过程健康监测需求，建立分属于不同范畴的寿命预测技术，为预测再制造毛坯的剩余寿命和再制造涂层的服役寿命提供可靠依据；二是再制造过程质量控制技术，需要根据再制造毛坯件信息优选适宜的再制造成形工艺，在再制造成形过程中自动化、智能化实时监控再制造成形技术工艺的实施状态，保证涂覆层均匀一致和可靠结合；三是再制造产品服役寿命评估技术，需要根据再制造产品服役工况的要求，检测再制造成形技术形成的涂覆层的残余应力、硬度和结合强度等力学性能指标，综合涂层孔隙率和微观裂纹等缺陷信息，通过模拟计算，并进行接触疲劳试验及台架考核，综合评估再制造产品的服役寿命。另外，还需要根据再制造质量要求，建立相关的再制造质量标准，形成系统的再制造质量控制体系。

2.3.4 再制造工程发展趋势

近年来，再制造工程快速发展，再制造关键技术研发取得了重要突破，再制造政策逐渐完善，再制造产业不断壮大。未来 15 年，在政策支持与市场发展的双重推动下，再制造工程将主要向绿色、优质、高效、智能和服务五大方向发展。

2.3.4.1 绿色

进入 21 世纪，保护地球环境、构建循环经济和保持社会经济可持续发展已成为世界各国共同关注的话题。目前大力提倡的循环经济模式是追求更大经济效益、更少资源消耗、更低环境污染和更多劳动就业的一种先进经济模式。制造业作为全球最大的资源消耗和污染排放产业，如何在今后发展绿色制造和先进制造也是各国科学家面临的重要研究课题。

在制造流程中，再制造是以绿色制造的全生命周期理论模式为指导，以产品使用报废的后半生资源和能源最优化循环利用为目标，以节约资源、节省能源和保护环境为特色，以综合利用信息技术、纳米技术和生物技术等高技术为核心，结合先进技术的资源再利用和再生产的活动。再制造可使废旧资源中蕴含的价值得到最大限度的开发和利用，缓解资源短缺与资源浪费的矛盾，减少大量的失效、报废产品对环境的危害，是废旧机电产品资源化的最佳形式和首选途径，也是节约资源的重要手段。再制造工程高度契合了国家构建循环经济的战略需求，并为其提供了关键技术支撑。大力开展绿色再制造工程是实现循环经济、节能减排和可持续发展的主要途径之一。

由于再制造以废旧机电产品的零部件为生产毛坯，以先进的表面工程技术为修复手段，在损伤的零件表面制备薄层耐磨、耐蚀、抗疲劳的表面涂层，因此无论是毛坯来源还是再制造过程，对能源和资源的需求和对废物废气的排放都是极少的，具有巨大的资源与环境效应。再制造符合国家绿色发展的理念。同时，再制造的绿色度还表现在再制造全过程的绿色化生产。与新品制造相比，再制造增加了旧件清洗工艺，生产过程产生的废弃物有废水、废液、废气、废渣、粉尘和噪声。因此，再制造产业需按照国家有关规定执行最严格的节能和环保标准，确保再制造的绿色度。

综上所述，按照"减量化、再循环、再利用"原则，再制造作为先进制造的重要组成部分，同时也是一种保护环境的绿色制造，是节约资源和节省能源的关键途径之一，在支撑国家循环经济发展、实现节能减排和应对全球气候变化发挥着积极的作用，再制造技术也应向着绿色方向发展。

2.3.4.2 优质

随着再制造产业的快速发展，未来的再制造技术将更多地体现出优质的特点。包括先进的再制造工程设计技术、再制造毛坯寿命评估技术、复合表面工程技术和标准化再制造技术等优质技术群将得以大规模研发和应用，同时再制造产品和服务也将更加优质、可靠。

再制造产品的质量由废旧件原始质量和再制造表面涂层质量两部分共同决定。其中，废旧件原始质量则是制造质量和服役工况共同作用的结果，尤其服役工况中含有很多不可控制的随机因素，一些危险缺陷常常在服役条件下生成并扩展，这将导致废旧件的制造质量急剧降低。再制造前，质量不合格的废旧件将被剔除，不会进入再制造工艺流程。如果废旧件基体中存在超标的质量和性能缺陷，那么无论采用的再制造技术多么先进，再制造后零件形状和尺寸恢复得多么精确，其服役寿命和服役可靠性也难以保证。只有原始制造质量好，并且在服役过程中没有产生关键缺陷的废旧零部件才能够进行再制造，依靠高新技术在失效表面形成的修复性强化涂层，使得废旧件尺寸恢复、性能提升、寿命延长，这是再制造产品质量能够达到新品的前提。

优质的再制造关键技术与工艺包括拆卸、零件的分类、清洗、损伤检测与寿命评估、再制造成形与加工技术、质量检测与性能考核等步骤，具体包括再制造优质设计与评价技术、再制造零部件损伤检测与寿命评估技术、优质的再制造成形与加工技术、优质的再制造产品质量检测与试验验证技术以及优质的再制造智能升级技术等。例如，对再制造后的产品按照原型新品的技术标准进行装配，再制造装配中要通过调整来保证零部件的传动精度，如间隙、行程和接触面积等工作关系，通过校正来保证零部件的位置精度，如同轴度、垂直度和平行度等。再制造后的产品必须进行严格的性能检测与试验，提高再制造质量、避免早期故障、延长产品使用寿命。

2.3.4.3 高效

再制造的高效主要体现在再制造技术的高效化和再制造产业服务的高效率两方面。再制造技术的高效化体现在再制造工艺全流程环节。在再制造拆解技术方面，基于计算机辅助设计和柔性数控装备技术，快速、自动化的深度拆解装备将显著提高再制造拆解效率；在再制造清洗方面，基于超声、激光、紫外线和高速喷射等的清洗技术与装备的大面积应用，可显著提高清洗效率，降低清洗成本；在再制造损伤检测和寿命评估方面，研发并应用可快速高效、高可靠度地实现再制造毛坯的剩余寿命预测的设备；在再制造成形过程方面，基于计算机控制和机器人操作的柔性再制造设备，能够迅速使再制造生产适应产品毛坯及生产目标的变化，实现快速高效的柔性化生产。

此外，随着信息技术、通信技术的快速发展，再制造产业服务也变得更加高效，逐渐形成大规模定制模式下的新型再制造供应链。在物联网、云计算、大数据的环境下，再制造可以为客户提供快速高效的定制化产品解决方案，降低客户的时间成本，大大提高产品的再制造率，实现产品效益最大化。例如在正向供应链的零售端，通过收集、分析消费者的行为和喜好等信息，能够准确了解消费者的消费动机，有针对性地提供消费者所需要的商品，从而满足个性化商业的需求，推动零售业由产品推动模式转向消费者需求数据拉动模式，对循环经济和可持续发展产生积极影响。

2.3.4.4 智能

《中国制造 2025》提出坚持创新驱动、智能转型、强化基础、绿色发展，其中智能制造是制造业的发展方向，也是战略性新兴产业的重要支柱。智能制造技术是研究制造活动中的各种数据与信息的感知和分析，经验与知识的学习和创建，以及基于数据、信息和知识的智能决策与执行的一门综合交叉技术，旨在赋予并不断提升制造活动的智能化水平。智能制造技术涵盖了产品全生命周期中的设计、生产、管理和服务等环节的制造活动。复杂、恶劣、危险、不确定的生产环境及熟练工人的短缺和劳动力成本的飙升也呼唤着智能制造技术与智能制造装备的发展和应用。21 世纪是智能技术获得大发展和广泛应用的时代。

智能再制造是以产品全生命周期设计和管理为指导，将互联网、物联网、大数据和云计算等新一代信息技术与再制造回收、生产、管理和服务等各环节融合，通过人机结合和人机交互等集成方式，开展分析、策划、控制和决策等先进再制造过程与模式的总称。智能再制造以智能再制造技术为手段，以关键再制造环节智能化为核心，以网通互联为支撑，有效缩短了再制造产品的生产周期、提高了生产效率、提升了产品质量、降低了资源能源消耗，对推动再制造产业转型升级具有重要意义。

2.3.4.5 服务

技术的发展正在促进现代制造服务业的发展，工业发达国家机械制造企业早已从生产型制造向服务型制造发展，从重视产品设计与制造技术的开发，到同时重视制造服务所需支撑技术的开发，通过提供高技术含量的制造服务，获得比销售实物产品更高的利润。长期以来，我国在生产型制造的引导下，将技术开发的重点完全放在为产品前半生服务的产品设计、零部件制造和装配等方面，而忽视了产品全生命周期中更具附加值的实物产品售后的服务环节，即为产品后半生服务的相关技术研发。

再制造是制造产业链的延伸，是服务型制造的具体体现，未来再制造的服务主要表现在打造再制造公共技术研发平台、构建再制造逆向物流和旧件回收服务体系、建立再制造公共检测平台与质量保证体系、拓展再制造外包加工体系、设立再制造创业孵化中心平台及发展再制造信息平台与电子商务等方面。未来 20 年将是我国机械制造业由生产型制造转变为服务型制造的时期，服务型制造将成为一种新的产业形态，服务型制造技术也将会成为机械工程技术的重要组成部分，为产品后半生服务的机械工程技术将会引起人们更多的关注，并投入更多的人力和资金，一批新的机械工程技术将应运而生，并促使机械工业新业态的出现。

——— 本 章 小 结 ———

再制造工程是指通过将废旧产品修理、改造，使其质量性能达到甚至超过原型新品，实现资源循环利用和减少环境污染的工程活动。再制造以产品全生命周期设计和管理为指导，以绿色、优质、高效、节能、节材、环保为准则，通过先进技术和产业化生产手段，对废旧产品进行拆解、清洗、再制造加工和再装配等一系列工序，使废旧产品获得新生。

再制造具有以下特征：将废旧产品作为起点，逐步恢复和提升其性能；生产流程与传统制造不同，增加了废旧产品的回收、拆解、清洗、零部件质量检测和寿命评估、再制造加工、再装配等工序；再制造产品的质量和性能不低于原型新品，且成本仅为新品的一半，节能60%、节材70%，污染物排放量降低80%；再制造实现了废旧产品或零部件的循环利用，解决了资源短缺和环境污染问题。

再制造的关键技术是实现再制造产业化的重要支撑，包括再制造设计技术、再制造系统规划技术、再制造拆卸与清洗技术、再制造损伤评价与寿命评估技术、再制造成形加工技术、再制造标准体系技术等。随着绿色、优质、高效、智能和服务的发展趋势，再制造技术将向更环保、高品质、高效能、智能化和服务化的方向发展。

再制造在国内外的发展和应用也取得了一定的进展。在国外，再制造产业已初步形成，工业发达国家在再制造技术和政策方面都有一定的积累和经验。在国内，再制造产业经历了产业萌生、科学论证和政府推进三个阶段，政府的政策和法规逐步完善，再制造企业逐渐增多。再制造试点企业数量逐年增加，其中国有企业和民营企业占主导地位。再制造面临的挑战包括逆向反演、界面问题和质量控制等方面。未来的发展趋势是绿色、优质、高效、智能和服务五大方向。根据政策支持和市场需求，再制造工程有望蓬勃发展，实现可持续发展和资源循环利用的目标。

习　　题

2-1　再制造的特征是什么？

2-2　未来将要重点发展的再制造关键技术包括哪几方面？

2-3　试简要分析国内再制造的发展情况。

2-4　再制造发展面临的技术挑战包括哪些？试举例说明。

2-5　再制造工程将向哪些方向发展？

3 再制造性设计与评价

本章提要： 介绍再制造性的基本概念、表征方法和再制造技术性设计要求；探讨再制造性分析、建模、分配、预计、试验与评定方法等内容；分析面向再制造的产品材料设计因素，并介绍专家分析评估法及应用；介绍再制造性的评价方法（定量评价和定性评价）。通过再制造设计与评价，可以为开展科学的再制造提供依据，最大限度地挖掘废旧产品中蕴含的财富和信息，实现资源的可持续发展战略。

3.1 再制造性基础

产品本身的属性除了包括可靠性、维修性、保障性以及安全性、可拆解性、装配性等之外，还包括再制造性。再制造性是与产品再制造最为密切的特性，是直接表征产品再制造能力大小的本质属性。再制造性由产品设计所赋予，可以进行定量和定性描述。产品的再制造性好，则再制造就会费用低，时间少，再制造产品性能好，对节能、节材、保护环境贡献大。因此，增强产品的再制造性设计，提高产品的再制造性，已经成为新产品设计的重要内容。

3.1.1 基本概念

3.1.1.1 再制造性

废旧产品的再制造性是决定其能否进行再制造的前提，是再制造基础理论研究中的首要问题。再制造性是产品设计赋予的，表征其再制造的简便、经济和迅速程度的一个重要的产品特性。再制造性定义为废旧产品在规定的条件下和规定的费用内，按规定的程序和方法进行再制造时，恢复或升级到规定性能的能力。再制造性是通过设计过程赋予产品的一种固有的属性。

定义中"规定的条件"是指进行废旧产品再制造生产的条件，它主要包括再制造的机构与场所（如工厂或再制造生产线、专门的再制造车间、运输等）和再制造的保障资源（如所需的人员、工具、设备、设施、备件、技术资料等）。不同的再制造生产条件有不同的再制造效果。因此，产品自身再制造性的优劣，只能在规定的条件下加以度量。

定义中"规定的费用"是指废旧产品再制造生产所需要消耗的费用及其相关环保消耗费用。给定的再制造费用越高，则再制造产品能够完成的概率就越大。再制造最主要的表现在经济方面，再制造费用也是影响再制造生产的最主要因素，所以可以用再制造费用来表征废旧产品再制造能力的大小。同时，可以将环境相关负荷参量转化为经济指标来进行分析。

定义中"规定的程序和方法"是指按技术文件规定采用的再制造工作类型、步骤、方法。再制造的程序和方法不同，再制造所需的时间和再制造效果也不相同。例如一般情况下换件再制造要比原件再制造加工费用高，但时间快。

定义中"再制造"是指对废旧产品的恢复性再制造、升级性再制造、改造性再制造和应急性再制造。

定义中"规定的性能"是指完成的再制造产品效果要恢复或升级达到规定的性能，即能够完成规定的功能和执行规定任务的技术状况，通常来说要不低于新品的性能。这是产品再制造的目标和再制造质量的标准，也是区别于产品维修的主要标志。

综合以上内容可知，再制造性是产品本身所具有的一种本质属性，无论在原始制造设计时是否考虑进去，都客观存在，且会随着产品的发展而变化。再制造性的量度是随机变量，只具有统计上的意义，因此用概率来表示，并由概率的性质可知：$0<R(a)<1$。再制造性具有不确定性，在不同的环境条件、使用条件、再制造条件、工作方式、使用时间等情况下，同一产品的再制造性是不同的，离开具体条件谈论再制造性是无意义的。随着时间的推移，某些产品的再制造可能发生变化，以前不可能再制造的产品会随着关键技术的突破而增大其再制造性，而某些能够再制造的产品会随着环保指标的提高而变成不可再制造。评价产品的再制造性包括从废旧产品的回收至再制造产品的销售整个阶段，其具有地域性、时间性、环境性。

3.1.1.2　固有再制造性与使用再制造性

与可靠性、维修性一样，产品再制造性也表现为产品的一种本质属性，因此，也可以分为固有再制造性和使用再制造性。

固有再制造性也称设计再制造性，是指产品设计中所赋予的静态再制造性，是用于定义、度量和评定产品设计、制造的再制造性水平。它只包含设计和制造的影响，用设计参数（如平均再制造费用）表示，其数值由具体再制造要求导出。固有再制造性是产品的固有属性，奠定了 2/3 的实际再制造性。固有再制造性不高，相当于"先天不足"。在产品寿命各阶段中，设计阶段对再制造影响最大。如果设计阶段不认真进行再制造性设计，则以后无论怎样精心制造，严格管理，技术进步，也难以保证其再制造性。制造只能尽可能保证实现设计的再制造性，使用则是维持再制造性，尽量减少再制造性降低；而技术进步虽往往能够提高产品的再制造性，但人们需求的提高，又会降低产品的再制造性。

使用再制造性是指废旧产品到达再制造地点后，在再制造过程中实际具有的再制造性。它是在再制造实际使用前所进行的再制造性综合评估，以固有再制造性为基础，并受再制造生产的人员技术水平、再制造策略、保障资源、管理水平、再制造产品性能目标、营销方式等的综合影响，因此同样的产品可能具有不同的使用再制造性。通常再制造企业主要关心产品的使用再制造性。一般来讲随着产品使用时间的增加，废旧产品本身性能劣化严重，会导致其使用再制造性降低。

再制造性对人员技术水平、再制造生产保障条件、再制造产品的性能目标，以及对规定的程序和方法有更大的依赖性。因此，在实际上严格区分固有再制造性与使用再制造性，难度较大。

3.1.2　再制造性函数

3.1.2.1　再制造度函数

再制造度是再制造性的概率度量，记为 $R(c)$。由于针对具体每个废旧产品进行的再制造或其零部件的费用 C 是一个随机变量，因此产品的再制造度 $R(c)$ 可定义为实际再制造费用 C 不超过规定再制造费用 c 的概率，可表示为：

$$R(c) = P(C \leqslant c) \tag{3-1}$$

式中　C——在规定的约束条件下完成再制造的实际费用；

　　　c——规定的再制造费用。

当把规定费用 c 作为变量时，上述概率表达式就是再制造度函数。它是再制造费用的分布函数，可以根据理论分布求解再制造度函数，也可按照统计原理用试验或实际再制造数据求得。

由于 $R(c)$ 是表示从 $c = 0$ 开始到某一费用 c 以内完成再制造的概率，是对费用的累积概率，且为费用 c 的增值函数，$R(0) \rightarrow 0$，$R(\infty) \rightarrow 1$。根据再制造度定义，有：

$$R(c) \equiv \lim_{N \to \infty} \frac{n(c)}{N} \tag{3-2}$$

式中　N——用于再制造产品的总数；

　　　$n(c)$——c 费用内产品完成再制造的产品数。

在工程实践中，当 N 为有限值时，$\hat{R}(c)$ 的估计值为：

$$\hat{R}(c) = \frac{n(c)}{N} \tag{3-3}$$

3.1.2.2　再制造费用概率密度函数

再制造度函数 $R(c)$ 是再制造费用的概率分布函数。其概率密度函数 $r(c)$，即再制造费用概率密度函数（习惯上称再制造密度函数）为 $R(c)$ 的导数，可表示为：

$$r(c) = \frac{\mathrm{d}R(c)}{\mathrm{d}c} = \lim_{\Delta c \to 0} \frac{R(c + \Delta c) - R(c)}{\Delta c} \tag{3-4}$$

由式（3-2）可得：

$$r(c) = \lim_{\substack{\Delta c \to 0 \\ N \to \infty}} \frac{n(c + \Delta c) - n(c)}{N \Delta c} \tag{3-5}$$

当 N 为有限值且 Δc 为一定费用间隔时，$r(c)$ 的估计值为：

$$\hat{r} = \frac{n(c + \Delta c) - n(c)}{N \Delta c} = \frac{\Delta n(c)}{N \Delta c} \tag{3-6}$$

式中　$\Delta n(c)$——Δc 费用内完成再制造的产品数。

可见，再制造费用概率密度函数的意义是单位费用内废旧产品预期完成再制造的概率，即单位费用内完成再制造产品数与待再制造的废旧产品总数之比。

3.1.2.3　再制造速率函数

再制造速率函数 $\mu(c)$ 是单位费用内瞬态完成再制造的概率，即花费费用 c 时未能完成再制造的产品在费用 c 之后单位费用内完成再制造的概率。它的统计定义为：

$$\mu(c) = \lim_{\substack{\Delta c \to 0 \\ N \to \infty}} \frac{n(c + \Delta c) - n(c)}{[N - n(c)]\Delta c} = \lim_{\substack{\Delta c \to 0 \\ N \to \infty}} \frac{\Delta n(c)}{N_S \Delta c} \qquad (3-7)$$

当 N 为有限值，且 Δc 为一定费用间隔时，$\hat{\mu}(c)$ 的估计值为：

$$\hat{\mu}(c) = \frac{n(c + \Delta c) - n(c)}{[N - n(c)]\Delta c} \qquad (3-8)$$

3.1.2.4　再制造率函数

再制造率函数 $R(f)$ 是指能够在规定费用内完成再制造的废旧产品或零部件数量与全部废旧产品数量或零部件数量的比率。设再制造产品中使用的废旧产品或零部件的数量为 N，在费用 c 内能完成再制造的产品或零部件的数量为 $n(c)$，则其再制造率为：

$$R(f) = \frac{n(c)}{N} \qquad (3-9)$$

3.1.3　再制造性参数

再制造性参数是度量再制造性的尺度。常用的再制造性参数有以下几种。

3.1.3.1　再制造费用参数

再制造费用参数是最重要的再制造性参数。它直接影响废旧产品的再制造的经济性，决定了生产厂商的经济效益，又与再制造时间紧密相关，所以应用得最广。

（1）平均再制造费用 $\overline{R}_{mc}$。平均再制造费用是产品再制造性的一种基本参数。其度量的方法：在规定的条件下和规定的费用内，废旧产品在任一规定的再制造级别上，再制造产品所需总费用与在该级别上被再制造的废旧产品的总数之比。简而言之，是废旧产品再制造所需实际消耗费用的平均值。当有 N 个废旧产品完成再制造时，有：

$$\overline{R}_{mc} = \frac{\sum_{i=1}^{n} C_i}{N} \qquad (3-10)$$

$\overline{R}_{mc}$ 只考虑实际的再制造费用，包括拆解、清洗、检测诊断、换件、再制造加工、安装、检验、包装等费用。对同一种产品，在不同的再制造条件，也会有不同的平均再制造费用。

（2）最大再制造费用 R_{maxc}。在许多场合，尤其是再制造部门更关心绝大多数废旧产品能在多少费用内完成再制造，这时，则可用最大再制造费用参数。最大再制造费用是按给定再制造度函数最大百分位值 $(1-a)$ 所对应的再制造费用值，即预期完成全部再制造工作的某个规定百分数所需的费用。最大再制造费用与再制造费用的分布规律及规定的百分位有关。通常可定 $(1-a) = 95\%$ 或 90%。

（3）再制造费用中值 $\tilde{R}_{mc}$。再制造费用中值是指再制造度函数 $R(c) = 50\%$ 时的再制造费用，又称中位再制造费用。

（4）再制造产品价值 V_{rp}。再制造产品价值指根据再制造产品所具有的性能确定的其实际价值，可以以市场价格作为衡量标准。由于新技术的应用，可能使得升级后的再制造产品价值要高于原来新品的价值。

（5）再制造环保价值 V_{re}。再制造环保价值指通过再制造而避免新品制造过程中所造成的环境污染处理费用，以及废旧产品进行环保处理时所需要的费用总和。

3.1.3.2 再制造时间参数

再制造时间参数反映再制造人力、机时消耗，直接关系到再制造人力配置和再制造费用。因而也是重要的再制造性参数。

（1）再制造时间 R_t。再制造时间指退役产品或其零部件自进入再制造程序后通过再制造过程恢复到合格状态的时间。一般来说，再制造时间要小于制造时间。

（2）平均再制造时间 $\overline{R_t}$。平均再制造时间指某类废旧产品每次再制造所需时间的平均值。再制造可以指恢复性、升级性、应急性等方式的再制造。其度量方式为在规定的条件下和规定的费用内某类产品完成再制造的总时间与该类再制造产品总数量之比。

（3）最大再制造时间 R_{maxct}。最大再制造时间指达到规定再制造度所需的再制造时间，即预期完成全部再制造工作的某个规定百分数所需时间。

3.1.3.3 再制造性环境参数

（1）材料质量回收率。材料质量回收率表示退役产品可用于再制造的零件材料质量与原产品总质量的比值。

$$R_W = \frac{W_R}{W_P} \tag{3-11}$$

式中　R_W——材料质量回收率；

　　　W_R——可用于再制造的零件材料质量；

　　　W_P——产品总质量。

（2）零件价值回收率。产品价值回收率表示退役产品可用于再制造的零件价值与原产品总价值的比值。

$$R_V = \frac{V_R}{V_P} \tag{3-12}$$

式中　R_V——产品价值回收率；

　　　V_R——可用于再制造的零件价值；

　　　V_P——产品总价值。

（3）零件数量回收率。零件数量回收率表示退役产品可用于再制造的零件数量与原产品零件总数量的比值。

$$R_N = \frac{N_R}{N_P} \tag{3-13}$$

式中　R_N——产品零件数量回收率；

　　　N_R——可用于再制造的零件数量；

　　　N_P——产品零件总数量。

总之，产品再制造具有巨大的经济、社会和环境效益，虽然再制造是在产品退役后或使用过程中进行的活动，但再制造能否达到及时、有效、经济、环保的要求，首先取决于产品设计中注入的再制造性，并同产品使用等过程密切相关。实现再制造及时、经济、有效，不仅是再制造阶段应当考虑的问题，而且必须从产品的全系统、全寿命周期进行考虑，在产品的研制阶段就进行产品的再制造性设计。

3.1.4   再制造技术性设计要求

再制造技术性是对产品再制造性设计的基本要求，要在明确该产品在再制造性方面使用需求的基础上，按照产品的专用规范和有关设计手册提出。参照再制造生产全过程中各技术工艺步骤的要求，再制造技术性设计一般应包括以下几个方面的内容。

（1）易于运输性。废旧产品由用户到再制造厂的逆向物流是再制造的主要环节，直接为再制造提供了不同品质的毛坯，而且产品逆向物流费用一般占再制造总体费用比例较大，对再制造具有至关重要的影响。产品设计过程必须考虑末端产品的运输性，使得产品更经济、安全地运输到再制造工厂。例如，大的且在装卸时需要使用叉式升运机的产品，要设计出足够的底部支撑面；尽量减少产品突出部分，以避免在运输中碰坏，并可以节约储存时的空间。

（2）易于拆解性。拆解是再制造的必需步骤，也是再制造过程中劳动最为密集的生产过程，对再制造的经济性影响较大。再制造的拆解要求能够尽可能保证产品零件的完整性，并减少产品接头的数量和类型，减少产品的拆解深度，避免使用永固性的接头，考虑接头的拆解时间和效率等。在产品中使用卡式接头、模块化零件、插入式接头等均有利于拆解，减少装配和拆解的时间，但也容易造成拆解中对零件的损坏，增加再制造费用。因此，在进行易于拆解的产品设计时，对产品的再制造性影响要进行综合考虑。

（3）易于分类性。零件的易于分类可以明显降低再制造所需时间，并提高再制造产品的质量。为了使拆解后的零件易于分类，设计时要采用标准化的零件，尽量减少零件的种类，并对相似的零件设计时应该进行标记，增加零件的类别特征，以减少零件分类时间。

（4）易于清洗性。清洗是保证产品再制造质量和经济性的重要环节。目前存在的清洗方法包括超声波清洗法、水或溶剂清洗法、电解清洗法等。可达性是决定清洗难易程度的关键，设计时应该使外面的部件具有易清洗且适合清洗的表面特征，如采用平整表面，采用合适的表面材料和涂料，减少表面在清洗过程中的损伤概率等。

（5）易于修复（升级、改造）性。对原制造产品的修复和升级改造是再制造过程中的重要组成部分，可以提高产品质量，并能够使之具有更强的市场竞争力。由于再制造主要依赖于零部件的再利用，设计时要增加零部件的可靠性，尤其是附加值高的核心零部件，要减少材料和结构的不可恢复失效，防止零部件的过度磨损和腐蚀；要采用易于替换的标准化零部件和可以改造的结构，并预留模块接口，增加升级性；要采用模块化设计，通过模块替换或者增加来实现再制造产品性能升级。

（6）易于装配性。将再制造零部件装配成再制造产品是保证再制造产品质量的最后环节，对再制造周期也有明显影响。采用模块化设计和零部件的标准化设计对再制造装配具有显著影响。据估计，如果再制造设计中拆解时间能够减少10%，通常装配时间可以减少5%。另外，再制造的产品应该尽可能允许多次拆解和再装配，所以设计时应考虑产品具有较高的连接质量。

（7）提高标准化和互换性程度。产品的标准化、互换性、通用化和模块化，不仅有利于产品设计和生产，而且也使产品再制造简便，显著减少再制造备件的品种、数量，简化保障，降低对再制造人员技术水平的要求，大大缩短再制造工时。所以，它们也是再制造性的重要要求。

（8）提高可测试性。产品可测试性的提高可以有效地提高再制造零部件的质量检测及再制造产品的质量测试程度，增强再制造产品的质量标准，保证再制造的科学性。

3.2 再制造性设计技术与方法

3.2.1 再制造性分析

3.2.1.1 再制造性分析目的与过程

再制造性分析的目的可概括为以下几方面：

（1）确立再制造性设计准则。这些准则应是经过分析，结合具体产品所要求的设计特性。

（2）为设计决策创造条件。通过对备选的设计方案分析、评定和权衡研究，以便做出设计决策。

（3）为保障决策（确定再制造策略和关键性保障资源等）创造条件。显然，为了确定产品如何再制造、需要什么关键性的保障资源，就要求对产品有关再制造性的信息进行分析。

（4）考察并证实产品设计是否符合再制造性设计要求，对产品设计再制造性的定性与定量分析，是在试验验证之前对产品设计进行考察的一种途径。

图 3-1 为再制造性分析过程示意图。整个再制造性分析工作的输入是来自订购方、再制造方、承制方三方面的信息，订购方的信息主要是通过各种合同文件、论证报告等提供的再制造性要求和各种使用与再制造、保障方案要求的约束；承制方自己的信息来自各项研究与工程活动的结果，特别是各项研究报告与工程报告，其中最为重要的是维修性、人素工程、系统安全性、费用分析、前阶段的保障性分析等的分析结果；再制造方主要提供类似的再制造性相关数据以及再制造案例。当然，产品的设计方案，特别是有关再制造性的设计特征，也是再制造性分析的重要输入。通过各种分析，将能选择、确定具体产品的设计准则，选择与确定设计方案，以便获得满足包含再制造性在内各项要求的协调产品设计，再制造性分析的输出，还将给再制造性分析和制订详细的再制造计划提供输入，以便确定关键性（新的或难以获得的）的再制造资源，包括检测诊断硬、软件和技术文件等。

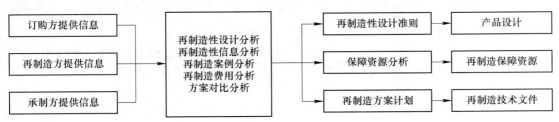

图 3-1 再制造性分析过程示意图

由此可见，再制造性分析好比整个再制造性工作的"中央处理机"，它把来自各方的信息（订购方、再制造方、承制方、再制造性及其他工程）经过处理转化，提供给各方面（设计、保障），在整个研制过程中起着关键性作用。

3.2.1.2　再制造性分析内容

再制造性分析的内容相当广泛，概括地说就是对各种再制造性定性与定量要求及其实现措施的分析、权衡。主要包括以下几方面：

（1）再制造性定量要求，特别是再制造费用和再制造时间。

（2）故障分析定量要求，如零件故障模式、故障率、修复率、更换率等。

（3）采用的诊断技术及资源，例如，自动、半自动、人力检测测试的配合，软、硬件及现有检测设备的利用等。

（4）升级性再制造的费用、频率及工作量。

（5）战场或特殊情况下损伤的应急性再制造时间。

（6）非工作状态的再制造性问题，例如，使用中的再制造与再制造间隔及工作量等。

3.2.1.3　再制造性设计分析方法

再制造性设计分析可采用定性与定量分析相结合进行，主要有以下几种分析方法：

（1）故障模式及影响分析（FMEA）——再制造性信息分析。要在一般产品故障或零件失效分析基础上着重进行"再制造性信息分析"和"损坏模式及影响分析（DMEA）"。前者可确定故障检测、再制造措施，为再制造性及保障设计提供依据；后者为意外突发损伤应急再制造措施及产品设计提供依据。

（2）运用再制造性模型。根据前述的输入和分析内容，选取或建立再制造性模型，分析各种设计特征及保障因素对再制造性的影响和对产品完好性的影响，找出关键性因素或薄弱环节，提出最有利的再制造性设计和测试分系统设计。

（3）运用寿命周期费用（LCC）模型。在进行再制造性分析，特别是分析与明确设计要求，设计与保障的决策中必须把产品寿命周期费用作为主要的考虑因素。要运用LCC模型，确定某一决策因素在LCC的影响，进行有关费用估算，作为决策的依据之一。

（4）比较分析。无论是在明确与分配各项设计要求，还是选择与保障方案，乃至在具体设计特征与保障要素的确定中，比较分析都是有力的手段。比较分析主要是将新研产品与类似产品（比较系统）相比较，利用现有产品已知的特性或关系，包括使用再制造产品过程中的经验教训，分析产品的再制造性及有关保障问题。分析可以是定性的，也可是定量的。

（5）风险分析。无论在考虑再制造性设计要求还是保障要求与约束时，都要注意评价其风险，不能满足这些要求与约束的可能性与危害性，并采取措施预防和减少其风险。

（6）权衡技术。各种权衡是再制造性分析中的重要内容，要运用各种各样的综合权衡技术，如利用数学模型和综合评分、模糊综合评判等方法都是可行的。

以上（1）~（6）各项，属于一般系统分析技术，在再制造性分析时要针对分析的目的和内容灵活应用。例如，在LCC模型中，可以不计算与再制造性无关的费用要素。

3.2.2　再制造性建模

3.2.2.1　概述

建立再制造性模型的目的，是要用模型来表达系统与各单元再制造性的关系、再制造性的参数与各种设计及保障要素参数之间的关系，供再制造性分配、预计及评定使用。在产品的研制过程中，建立再制造性模型可用于以下几个方面：

（1）进行再制造性分配，把系统级的再制造性要求，分配给系统级以下各个层次，以便进行产品设计。

（2）进行再制造性预计和评定，估计或确定设计方案可达到的再制造性水平，为再制造性设计与保障决策提供依据。

（3）当设计变更时，进行灵敏度分析，确定系统内的某个参数发生变化时，对系统可用性、费用和再制造性的影响。

按建模目的的不同，再制造性模型可分为以下几种：

（1）设计评价模型。通过对影响产品再制造性的各个因素进行综合分析，评价有关的设计方案，为设计决策提供依据。

（2）分配、预计模型。建立再制造性分配预计模型是再制造性工作项目的主要内容。

（3）统计与验证试验模型。

按模型的形式不同，再制造性模型可分为以下几种：

（1）物理模型。主要是采用再制造职能流程图、系统功能层次框图等形式，标出各项再制造活动间的顺序或产品层次、部位，判明其相互影响，以便于分配、评估产品的再制造性并及时采取纠正措施。在再制造性试验、评定中，还将用到各种实体模型。

（2）数学模型。通过建立各单元的再制造作业与系统再制造性之间的数学关系式，进行再制造性分析、评估。

3.2.2.2 再制造性建模的程序

建立再制造性模型可参照图 3-2 所示程序进行。首先明确分析的目的和要求，对分析的对象描述建立再制造性物理模型，指出对待分析参数有影响的因素，并确定其参数；然后建立数学模型，通过收集数据和参数估计，不断对模型进行修改完善，最终使模型固定下来并运用模型进行分析。

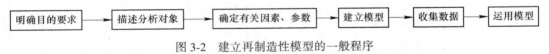

图 3-2　建立再制造性模型的一般程序

再制造性模型是再制造性分析和评定的重要手段，模型的准确与否直接影响到分析与评定的结果，对系统研制具有重要的影响。建立再制造性模型应遵循以下原则：

（1）准确性：模型应准确地反映分析的目的和系统的特点。

（2）可行性：模型必须是可实现的，所需要的数据是可以收集到的。

（3）灵活性：模型能够根据产品结构及保障的实际情况不同，通过局部变化后使用。

（4）稳定性：通常情况下，运用模型计算出的结果只有在相互比较时才有意义，所以模型一旦建立，就应保持相对的稳定性，除非结构、保障等变化，不得随意更改。

3.2.2.3 再制造性物理模型

A 再制造职能流程图

再制造职能是一个统称，它可以指实施废旧产品再制造的部门，也可以指在某一个具体的部门实施的再制造各项活动，这些活动是按时间先后顺序排列出来的。再制造职能流程图是对四类再制造形式（恢复性、升级性、改造性、应急性）提出要点并指出各项职能之间相互联系的一种流程图。对某一再制造性部门来说，再制造职能流程图应包括从产品进入再制造厂时起，直到完成最后一项再制造职能，使产品达到规定状态为止的全过程。

再制造职能流程图随产品的层次、再制造的部门不同而不同。图3-3为某产品系统最高层次的再制造职能流程图。它表明该产品系统在退役或失效后进入再制造系统，可选择采用四种形式的再制造方法，以生成不同的再制造产品，然后投入到新的服役周期。

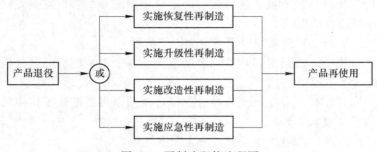

图 3-3   再制造职能流程图

B 系统功能层次框图

系统功能层次框图是表示从系统到零件的各个层次所需的再制造特点和再制造措施的系统框图。它进一步说明了再制造职能流程图中有关产品和再制造职能的细节。

系统功能层次的分解是按其结构自上而下进行的，如图3-4所示。一般从系统级开始，根据需要分解到零件级或子部件级，更换、修复、改造相关部件或零件为止。分解时应结合再制造方案，在各个产品上标明与该层次有关的重要再制造措施（如替换、修复、改造、调整等）。这些再制造措施可用符号表示，各种符号意义如下：

圆圈：在该圈内的零部件再制造时通常可以直接利用。

方框：框内的零部件再制造时常采用换件，即替换单元。

菱形：菱形内的部件要继续向下分解。

含有"F"的三角形：标明该零部件在废旧产品中通常失效，需要进行再制造加工。

含有"M"的三角形：需要进行机械加工法进行再制造的零件。

含有"S"的三角形：需要进行升级法进行再制造的零件。

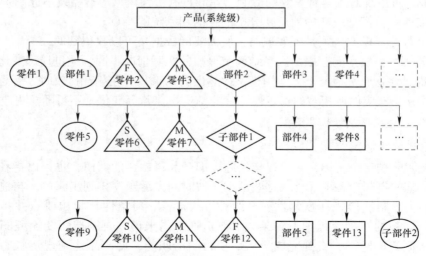

图 3-4   产品系统功能层次再制造分解示意框图

在进行功能层次分析，绘制框图时要注意以下几点：

（1）在再制造性分析中使用的功能层次框图要着重展示有关再制造的要素，因此它不同于一般的产品层次（再制造）框图。其一，它需要分解到最低层次的产品零部件；其二，可直接利用和更换件用圆圈和方框表示；其三，需要标示再制造措施或要素。产品层次框图是此再制造分解框图的基础。

（2）由于同一系统在不同再制造级别的再制造安排（包括可更换件、检测点及校正点设置等）不同，系统功能层次框图也会不同。应根据需要，由再制造性分配的部门进行再制造性分析和绘制框图。

（3）产品层次划分和再制造措施或要素的确定，是随着研制的发展而细化并不断修正的。因而，包含再制造的功能层次框图也要随研制过程细化和修正。它的细化和修正，也将影响再制造性分配的细化和修正。

3.2.2.4 再制造性数学模型

A 再制造性函数

再制造性函数表达了规定条件下产品再制造概率与费用的关系，是最基本的再制造性数学模型。各种再制造性函数的定义及表达式如前所述。

B 系统再制造费用计算模型

再制造费用是为完成某产品再制造活动所需的费用。不同的再制造产品或工艺需要不同的费用，同一再制造事件由于再制造人员技能差异，工具、设备不同，环境条件的不同，费用也会变化。所以产品或某一部件的再制造费用不是一个确定值，而是一个随机变量。这里的再制造费用是一个统称，它可以是恢复性再制造费用，也可以是升级性再制造费用，还可以是改造性再制造费用。

再制造费用的计算是再制造性分配、预计及验证数据分析等活动的基础。根据分析的对象不同，再制造费用统计计算模型可分为串行再制造作业费用计算模型、并行再制造作业费用计算模型、网络再制造作业费用计算模型、系统再制造费用计算模型。

（1）串行再制造作业模型。串行再制造作业是由若干项再制造作业组成的再制造，其特点是前项再制造作业完成后，才能进行下一项再制造作业。如拆解、清洗、检测、加工、装配、包装等再制造活动就可以看作是串行再制造作业，因为各项作业必须一环扣一环，不能交叉进行。串行再制造作业的表示方法与同系统可靠性计算中串联框图一样，如图 3-5 所示。

图 3-5 串行再制造作业职能流程图示例

假设某次再制造的费用为 C，完成该次再制造需要 n 项基本的串行再制造作业，每项基本的再制造作业费用为 $c_i(i=1, 2, \cdots, n)$，它们相互独立，则：

$$C = c_1 + c_2 + \cdots + c_n = \sum_{i=1}^{n} c_i \tag{3-14}$$

（2）并行再制造作业模型。某次再制造由若干项再制造作业组成，其若各项再制造作业是同时展开的，则称这种再制造是并行再制造作业。假设并行再制造作业活动的费用为

C，各基本再制造作业费用为 c_i，如图 3-6 所示，则：

$$C = c_1 + c_2 + \cdots + c_n = \sum_{i=1}^{n} c_i \qquad (3-15)$$

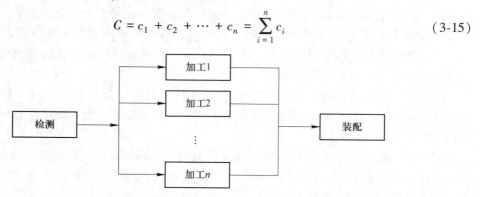

图 3-6　并行再制造作业职能流程图示例

（3）网络再制造作业模型。网络再制造作业模型的基本思想是采用网络计划技术的基本原理，把每一再制造作业看作是网络图中的一道工序，按再制造作业的组成方式，建立起完成再制造的网络图，然后找出关键路线。完成关键路线上的所有工序的费用之和构成了该次再制造的费用。关于网络图的画法及关键路线的确定请参阅有关运筹学的参考书。

网络再制造作业模型适于有交叉作业的废旧产品恢复性再制造费用分析等。

（4）系统平均再制造费用计算模型。若系统由 n 个可再制造项目组成，每个可再制造加工恢复项目的平均故障率和相应的平均再制造费用为已知，则系统的平均再制造费用为：

$$\overline{R}_{cc} = \sum_{i=1}^{n} \lambda_i \overline{R}_{cci} \qquad (3-16)$$

式中　λ_i——第 i 个项目的平均故障率；

R_{cci}——第 i 个项目出故障的平均再制造费用。

3.2.3　再制造性分配

3.2.3.1　概述

再制造性分配是把产品的再制造性指标分配或配置到产品各个功能层次的每个部分，以确定它们应达到的再制造性定量要求，以此作为设计各部分结构的依据。再制造性分配是产品再制造性设计的重要环节，合理的再制造性分配方案，可以使产品经济而有效地达到规定的再制造性目标。

在产品研制设计中，要根据系统总的再制造性指标要求，将它分配到各功能层次的每个部分，以便明确产品各部分的再制造性指标。其具体目的就是为系统或产品的各部分研制者提供再制造性设计指标，使系统或产品最终达到规定的再制造性要求。再制造性分配是产品研制或改进时为保证产品的再制造性所必须进行的一项工作，也只有合理分配再制造性的各项指标，才能够避免设计的盲目性，才可以使产品系统达到规定的再制造性指标，满足末端产品易于再制造的要求。同时，再制造性指标分配主要是研制早期的分析、论证性工作，所需要的人力和费用消耗都有限，但却在很大程度上决定着产品设计，决定着产品末端时的再制造能力。合理的指标分配方案,可使产品研制经济而有效地达到规定的再制造性目标。

再制造性分配的指标一般是指关系产品再制造全局的系统再制造性的主要指标,常用的指标有平均再制造费用和平均再制造时间。再制造性指标还可以包括再制造产品的性能及环境指标等内容。

3.2.3.2 再制造性分配的程序

再制造性分配要尽早开始,逐步深入,适时修正。只有尽早开始分配,才能充分地权衡各子部件再制造性指标的科学性,进行更改和向更低层的零部件进行分配。在产品论证中就需要进行指标分配,但这时的分配属于高层次的,比如把系统再制造费用性指标分配到各分系统和重要的设备。在初步设计中,由于产品设计与产品故障情况等信息仍有限,再制造费用性指标仍限于较高层次,例如某些整体更换的设备、部件和零件。随着设计的深入,指标分配也要不断深入,直到分配至各个可拆解单元。各单元的再制造性要求必须在详细设计之前确定下来,以便在设计中确定其结构与连接等影响再制造性的设计特征。再制造性指标分配的结果还要随着研制的深入进行必要的修正。在生产阶段遇有设计更改,或者在产品改进中都需要进行再制造性指标分配(局部分配)。

在进行再制造性分配之前,首先要明确分配的再制造性指标,对产品进行功能分析,明确再制造方案。其主要步骤如下:

(1)进行系统再制造职能分析,确定各再制造级别的再制造职能及再制造工作流程。

(2)进行系统功能层次分析,确定系统各组成部分的再制造措施和要素,并用包含再制造的系统功能层次框图表示。

(3)确定系统各组成部分的再制造频率,包括恢复性、升级性和改造性再制造的频率。

(4)将系统再制造性指标分配到各部分。

(5)研究分配方案的可行性,进行综合权衡,必要时局部调整分配方案。

3.2.3.3 再制造性分配的方法

产品及其零部件的再制造性分配可采用表 3-1 所示的方法。

表 3-1 产品及其零部件再制造性分配方法

方 法	适 用 范 围	简 要 说 明
等值分配法	产品各零部件复杂程度、失效率相近的单元,缺少再制造性信息时做初步分配	取产品各零部件的再制造性指标项(例如相同或相近的零部件)
按失效率分配法	产品零部件已有较确定的故障校式及再制造统计	按失效率高的再制造费用应当尽量小的原则分配
按失效率和设计特性的综合加权分配法	已知产品零部件单元的再制造性值及有关设计方案	按失效率及预计的再制造加工难易程度加权分配
利用相似产品再制造数据分配法	有相似产品再制造性数据的情况	利用相似产品数据,通过比例关系分配
价值率分配法	产品失效零部件价值率区分比较明显的情况	按价值率的高低进行相应的再制造性分配

除每次再制造所需平均费用外，必要时还应分配再制造活动的费用，如拆解费用、检测费用、清洗费用和原件再制造费用等。

A　等值分配法

等值分配法是一种最简单的分配方法，其适于产品各零部件的结构相似、失效率和失效模式相似及预测的再制造难易程度大致相同的情况。也可用在缺少相关再制造性信息时，做初步的分配。分配的准则是取产品各零部件单元的费用指标相等，即：

$$\bar{R}_{mc1} = \bar{R}_{mc2} = \bar{R}_{mc3} = \cdots = \bar{R}_{mcn} = \frac{R_{mc}}{n} \tag{3-17}$$

B　按零部件失效率分配法

为了降低再制造费用，原则上对再制造失效率高的单元要降低其再制造费用，以保证最终再制造费用较低。因此，设计中可取各单元的平均再制造费用 $\bar{C}_{mr}$ 与其失效率 λ 成反比，即：

$$\lambda_1 \bar{R}_{mc1} = \lambda_2 \bar{R}_{mc2} = \cdots = \lambda_n \bar{R}_{mcn} \tag{3-18}$$

将式（3-18）代入式（3-17）得：

$$\bar{R}_{mc} = \frac{n\lambda_i \bar{R}_{mci}}{\sum\limits_{i=1}^{n} \lambda_i} \tag{3-19}$$

由式（3-19）可得到各零部件的指标为：

$$\bar{R}_{mci} = \frac{\bar{R}_{mc} \sum\limits_{i=1}^{n} \lambda_i}{n\lambda_i} \tag{3-20}$$

当各单元失效率已知时，即可求得各零部件的指标 $\bar{R}_{mci}$。零部件的失效率越高，分配的再制造费用就越少；反之则越多。这样，可以比较有效地达到规定的再制造费用指标。

C　按相对复杂性分配法

在分配指标时，要考虑其实现的可能性，通常就要考虑各单元的复杂性。一般产品结构越简单，其失效率越低，再制造也越简便迅速，再制造性好；反之，结构越复杂，再制造性越差。因此，可按相对复杂程度分配各单元的再制造费用。取一个复杂性因子 K_i，定义为预计第 i 单元的组件数与系统（上层次）的组件总数的比值，则第 i 单元的再制造费用指标分配值为：

$$A_i = A_S K_i \tag{3-21}$$

式中　A_S——系统（上层次）的再制造费用值。

D　按相似零部件分配法

借用已有的相似产品再制造状况提供的信息，作为新研制或改进产品再制造性分配的依据。这种方式适于有继承性的产品的设计，因此，需要找到适宜的相似产品数据。

已知相似产品零部件的再制造性数据，计算新产品零部件的再制造性指标，可用下式：

$$\overline{R}_{\mathrm{mr}i} = \frac{\overline{R}'_{\mathrm{mr}i}}{\overline{R}'_{\mathrm{mr}}}\overline{R}_{\mathrm{mr}} \tag{3-22}$$

式中　R'_{mr}，$R'_{\mathrm{mr}i}$——相似产品和它的第 i 个单元的平均再制造费用。

E　按价值率分配法

产品再制造的一个基本条件是要实现核心件的再利用，一般核心件是指产品中价值比较大的零部件。高附加值核心件的应用能够显著地降低再制造总费用，所以在再制造费用指标分配时，可以适当对有故障的高价值率的核心件分配较多的再制造费用。即取一个价值率因子 P_i，定义为第 i 个零部件的价值与产品总价值的比值，则第 i 个零部件的再制造费用指标分配值为：

$$C_i = CP_i \tag{3-23}$$

式中　C_i——第 i 个零部件的再制造费用；

　　　C——再制造的总费用。

3.2.4　再制造性预计

3.2.4.1　概述

再制造性预计是用作再制造性设计评审的一种工具或依据，其目的是预先估计产品的再制造性参数，即根据历史经验和类似产品的再制造数据等估计、测算新产品在给定工作条件下的再制造性参数，了解其是否满足规定的再制造性指标，以便对再制造性工作实施监控。再制造性预计是分析性工作，投入较少，是研制与改进产品过程中针对产品末端再制造的费用效益较好的再制造性工作，利用它避免频繁的试验摸底，其效益是很大的。可以在试验之前或产品制造之前及至详细设计完成之前，对产品可能达到的再制造性水平做出估计，以便早日做出决策，避免设计的盲目性，以免完成设计、制成样品试验时才发现不能满足再制造要求，难以纠正甚至无法纠正。

产品研制过程的再制造性预计要尽早开始、逐步深入、适时修正。在方案论证及确认阶段，就要对满足使用要求的系统方案进行再制造性预计，评估这些方案满足再制造性要求的程度，作为选择方案的重要依据。在工程研制阶段，需要针对已做出的设计进行再制造性预计，确定系统的固有再制造性参数值，并做出是否符合要求的估计。在研制过程中，当设计改动时，要做出预计，以评估其是否会对再制造性产生不利影响及影响的程度。

再制造性预计的参数应同规定的指标相一致。最经常预计的参数是再制造费用及再制造时间指标，包括平均再制造费用、最大再制造费用及平均再制造时间等。再制造性预计的参数通常是系统或设备级的，而要预计出系统或设备的再制造性参数，必须先求得其组成单元的再制造费用及再制造频率。在此基础上，运用累加或加权和等模型，求得系统或设备的再制造费用，所以，根据产品设计特征估计各单元的再制造费用及故障频率是预计工作的基础。

3.2.4.2　再制造性预计的条件及步骤

不同时机、不同再制造性预计方法需要的条件不尽相同。但预计一般应具有以下条件：

（1）现有相似产品的数据，包含产品的结构和再制造性参数值。这些数据用作预计的参照基准。

（2）再制造方案、再制造资源（包括人员、物质资源）等约束条件。只有明确再制造保障条件，才能确定具体产品的再制造费用等参数值。

（3）系统各单元的故障率数据，可以是预计值或实际值。

（4）再制造工作的流程、时间元素及顺序等。

研制过程各阶段的再制造性预计，适宜用不同的预计方法，其工作程序也有所区别。但一般地说，再制造性预计要遵循以下程序：

（1）收集资料。预计是以产品设计或方案设计为依据的。因此，再制造性预计首先要收集并熟悉所预计产品设计或方案设计的资料，包括各种原理、方框图、可更换或可拆装单元清单，乃至线路图、草图直至产品图，以及产品及零部件的可能故障模式等。再制造性预计又要以再制造方案、故障分析为基础，因此还要收集有关再制造与故障模式及其尽可能细化的资料。这些数据可能是预计值、试验值或参考值，所要收集的第二类资料是类似产品的再制造性数据，包括相似零部件的故障模式、故障率、再制造度及再制造费用等信息。

（2）再制造职能与功能分析。与再制造性分配相似，在预计前要在分析上述资料基础上，进行系统再制造职能与功能层次分析。

（3）确定设计特征与再制造性参数的关系。再制造性预计归根结底是要由产品设计或方案设计估计其参数。这种估计必须建立在确定出影响再制造性参数的设计特征的基础上，例如对一个可更换件，其更换费用主要取决于它的固定方式、紧固件的形式与数量等。对一台设备来说，其再制造费用则主要取决于设备的复杂程度（可更换件的多少）、故障检测隔离方式、可更换件拆装难易等。因此，要从现有类似产品中找出设计特征与再制造性参数值的关系，为预计做好准备。

（4）预计再制造性参数量值。预计再制造性参数量值具有不同的方法，主要可应用推断法、单元对比法、累计图表法、专家预计法等来完成。

3.2.4.3　再制造性预计的方法

再制造性预计建立在一个相似工作条件下，类似系统及其组成部分原有的再制造性数据可用来预计新设计系统的再制造性参数值。再制造性预计方法有多种，各种不同的预计方法所依据的经验、数据来源、详细程度及精确度不同，应根据不同产品和时机的具体情况来选用。常用的再制造预计方法有推断法、单元对比法、专家预计法、累计图表法、抽样评分法和抽样预测法等。

A　推断法

推断法作为最常用的现代预测方法，其在再制造性预计中的应用，就是根据新产品的设计特点、现有类似产品的设计特点及再制造性参数值，预计新产品的再制造性参数值。采用推断法进行再制造性预计的基础是掌握某种类型产品的结构特点与再制造性参数的关系，且能用近似公式、图表等表达出来。推断法是一种产品设计早期的再制造性预计技术，不需要多少具体的产品信息，在产品研制早期有一定的应用价值。

推断法最常采用的是回归预测，即对已有数据进行回归分析，建立模型进行预测。把它用在再制造性预计中，就是利用现有类似产品改变设计特征（结构类型、设计参量等）进行充分试验或模拟；或者利用现场统计数据，找出设备特征与再制造性参量的关系；用回归分析建立模型，作为推断新产品或改进产品再制造性参数值的依据。不同类型的产品，影响再制造性参数的因素不同，其模型有很大差别。以平均再制造费用为例，可建立：

$$\overline{R}_{mc} = \varphi(u_1, u_2, \cdots, u_n) \tag{3-24}$$

式中　$\overline{R}_{mc}$——平均再制造费用；
　　　u——各种单元结构参量。

B 累计图表法

累计图表法是一种再制造性的预测方法，它通过对各单元的再制造费用或时间的综合而获得系统再制造费用或时间分布。它包括考虑完成每一项再制造职能所需要的全部再制造工作步骤，根据成功完成再制造的概率、完成时所需费用、对单元个体差异的敏感性、有关的频数等内容分析再制造工作，将各项再制造工作的综合再制造量累加起来获得在每个再制造模式下预期的再制造量。在累加综合中必须使用的可再制造性工程基本手段有职能流程方块图，系统功能层次分解细目图表，单元的故障方式、影响、危害性以及再制造能力等的分析，再制造方案与再制造计划的再制造职能分析等。基本单元要素的再制造费用累加表达为：

$$\overline{R}_{smc} = \sum_{i=1}^{n} \overline{R}_{smci} f_i \bigg/ \sum_{i=1}^{n} f_i \tag{3-25}$$

式中　$\overline{R}_{smc}$——某一较高分解层次的平均再制造费用；
　　　$\overline{R}_{smci}$——该层次下某一单元的平均再制造费用；
　　　f_i——该单元的再制造频数。

C 单元对比法

在组成新设计的产品或其单元中，总会有些是成熟的使用过的部件，因此可以从研制的产品中找到一个可知其再制造费用的单元，以此做基准，通过与基准单元对比，估计各单元的再制造时间，进而确定产品或其零部件的再制造费用，这就是单元对比法。单元对比法不需要更多的具体设计信息，适于各类产品方案阶段的早期预计，同时可预计预防性、恢复性再制造的参数值，预计的参数可以是平均再制造费用、平均再制造时间等。预计的资料需要有在规定条件下可再制造单元的清单，可再制造单元的相对复杂程度，可再制造单元各项再制造作业时间的相对量值等。再制造费用的预计模型如下：

$$\overline{R}_{mc} = \overline{R}_{mco} \sum_{i=1}^{n} h_{ci} k_i \bigg/ \sum_{i=1}^{n} k_i \tag{3-26}$$

式中　$\overline{R}_{mco}$——基准可再制造单元的平均再制造费用；
　　　h_{ci}——第i个可再制造单元相对再制造费用系数，即第i个可再制造单元平均再制造费用与基准可再制造单元平均再制造费用之比；
　　　k_i——第i个可再制造单元相对故障率系数，即$k_i = \lambda_i/\lambda_0$，其中$\lambda_i$，$\lambda_0$分别是第$i$单元和基准单元的故障率。

D　专家预计法

专家预计法是指在产品再制造设计中，邀请若干专家各自对产品及其各部分的再制造性参数分别进行估计，然后进行数据处理，求得所需的再制造性参数预计值。参加预计者应包括熟悉产品设计和再制造保障的专家，其中一部分是参与本产品的研制、再制造的人员，另一部分是未参加本产品的研制及再制造的人员。预计的主要依据是经验数据，即类似产品的再制造性数据及使用部门的意见和反映，新产品的结构（图样、模型或样机实物），再制造保障方案，包含再制造方式、周期、再制造保障条件等因素。依据以上各项，由专家们对与新产品再制造性参数有关的各个方面进行研究，并在此基础上估算、推断再制造性参数值（如再制造费用及时间等），提出再制造性方面的缺陷和改进措施。专家预计法对再制造性预计的深度决定于研制的进程，当进至详细设计后，则可分开各部分，分别进行预计，确定各自的再制造性参数，然后再进行逐项累加或求平均值，从而得到产品的再制造性参数预测值。

专家预测的具体方法可以多样化，是一种经济而简便的常用方法，特别是在新产品的样品还未研制出而进行试验评定之前更为适用。为减少预计的主观性影响，应根据实际情况对不同产品、不同时机具体研究实施方法。

3.2.5　再制造性试验与评定方法

3.2.5.1　概述

再制造性试验与评定是产品研制、生产乃至使用阶段再制造性工程的重要活动。其总的目的是考核产品的再制造性，确定其是否满足规定要求，以及发现和鉴别有关再制造性的设计缺陷，以便采取纠正措施，实现再制造性增长。此外，在再制造性试验与评定的同时，还可对有关再制造的各种保障要素（如再制造计划、备件、工具、设备、技术资料等资源）进行评价。

产品研制过程中，进行了再制造性设计与分析，采取了各种监控措施，以保证把再制造性设计到产品中去。同时，还用再制造性预计、评审等手段来了解设计中的产品的再制造性状况。但产品的再制造性到底怎样，是否满足使用要求，只有通过再制造实践才能真正检验。试验与评定，正是用较短时间、较少费用及时检验产品再制造性的良好途径。

3.2.5.2　试验与评定的时机与区分

为了提高试验费用效益，再制造性试验与评定一般应与功能试验、可靠性试验及维修性试验结合进行，必要时也可单独进行。根据试验与评定的时机、目的，再制造性试验与评定可区分为核查、验证与评价。

A　再制造性核查

再制造性核查是指承制方为实现产品的再制造性要求，从签订研制合同起，贯穿于从零部件、元器件直到分系统、系统的整个研制过程中，不断进行的再制造性试验与评定工作。核查常常在订购方和再制造方监督下进行。

核查的目的是通过试验与评定，检查修正再制造性分析与验证所用的模型和数据；发现并鉴别设计缺陷，以便采取纠正措施，改进设计保障条件使再制造性得到增长，保证达到规定的再制造性。可见，核查主要是承制方的一种研制活动与手段。

核查的方法灵活多样，可以采取在产品实体模型、样机上进行再制造作业演示，排除模拟（人为制造）的故障或实际故障，测定再制造费用等试验方法。其试验样本量可以少一些，置信度低一些，着重于发现缺陷，探寻改进再制造性的途径。若要求将正式的再制造性验证与后期的核查结合进行，则应按再制造性验证的要求实施。

B　再制造性验证

再制造性验证是指为确定产品是否达到规定的再制造性要求，由指定的试验机构进行或由订购方、再制造方与承制方联合进行的试验与评定工作。再制造性验证通常在产品定型阶段进行。

验证的目的是全面考核产品是否达到规定要求，其结果作为批准定型的依据之一。因此，再制造性验证试验的各种条件应当与实际使用再制造的条件相一致，包括试验中进行再制造作业的人员，所用的工具、设备、备件和技术文件等均应符合再制造与保障计划的规定。试验要有足够的样本量，在严格的监控下进行实际再制造作业，按规定方法进行数据处理和判决，并应有详细记录。

C　再制造性评价

再制造性评价是指订购方在承制方配合下，为确定产品在实际再制造条件下的再制造性所进行的试验与评定工作。评价通常在试用或使用阶段进行。

再制造性评价的对象是已退役或需要升级的产品，需要评价的再制造作业重点是在实际使用中经常遇到的再制造工作。主要依靠收集使用再制造产品过程中的数据，必要时可补充一些再制造作业试验，以便对实际条件下的再制造性做出估价。

3.2.5.3　一般程序

再制造性试验与评定的一般程序可分为准备阶段和实施阶段。目前尚未对其实施的要求、方法、管理做出详细规定。此处仅根据其他的方法做简单介绍。

A　试验与评定的准备

准备阶段的工作，通常包括制订试验计划，选择试验方法，确定受试品，培训试验再制造人员，准备试验环境、设备条件等。试验之前，要根据相关的规定，结合产品的实际情况、试验时机及目的等，制订详细的计划。

选择试验方法与制订试验计划必须同时进行。应根据合同中规定要验证的再制造性指标、再制造率、再制造经费、时间及试验经费、进度等约束，综合考虑选择适当的方法。

再制造性试验的受试品，对核查来说可取研制中的样机；而对验证来说，应直接利用定型样机或在提交的等效产品中随机制取。

参试再制造人员要经过训练，达到相应再制造部门的再制造人员的中等技术水平。试验的环境条件、工具、设备、资料、备件等保障资源，都要按实际使用再制造情况准备。

B　试验与评定的实施

（1）确定再制造作业样本量。因再制造性定量要求是通过参试再制造人员完成再制造作业来考核的，所以为了保证其结果有一定的置信度，减少决策风险，必须进行足够数量的再制造作业，即要达到一定的样本量。但样本量过大，会使试验工作量、费用及时间消耗过大。可以结合维修性验证来进行，一般地说，再制造性一次性抽样检验的样本要求在30以上。

（2）选择与分配再制造作业样本。为保证试验具有代表性，所选择的再制造作业样本最好与实际使用中进行的再制造作业一致。所以，对恢复性再制造来说，优先选用对物理寿命退役产品进行的再制造作业。试验中把对产品在功能试验、可靠性试验、环境试验或其他试验所使用的样本量，作为再制造性试验的作业样本。当达到自然寿命时间太长时，或者再制造条件不充分时，可用专门的模拟系统来加速寿命试验，快速达到其物理寿命，供再制造人员试验使用。为缩短试验延续时间，也可全部采用虚拟再制造方法。

在虚拟再制造过程中，再制造作业样本量还要合理地分配到产品各部分、各种故障模式。其原则是按与故障率成正比分配，即用样本量乘某部分、某模式故障率与故障率总和之比作为该部分、该模式故障数。

（3）虚拟与现实再制造。虚拟或现实的试验中末端产品，可由参试再制造人员进行虚拟再制造或现实再制造，按照技术文件规定程序和方法，使用规定设备器材等进行再制造试验，同时记录其相关费用、时间等信息。

（4）收集、分析与处理试验数据。试验过程要详细记录各种原始数据，对各种数据要加以分析，区分有效与无效数据，特别是要分清哪些费用应计入再制造费用中。然后，按照规定方法计算再制造性参数或统计量。

（5）评定。根据试验过程及其产生的数据，对产品的再制造性做出定性与定量评定。

定性评定，主要是针对试验、演示中再制造操作情况，着重检查再制造的要求等，并评价各项再制造保障资源是否满足要求。

定量评定，是按试验方法中规定的判决规则，计算确定所测定的再制造作业时间或工时等是否满足规定指标要求。

（6）编写试验与评定报告。对再制造性试验与评定报告的内容与格式要求应制定详细的规定。

3.3　面向再制造的产品材料设计与评价

末端产品再制造能力的大小是通过再制造性来表达的。产品零部件是由各种材料组成的，产品零部件的寿命及性能也直接由材料来表征。因此，产品零部件能否再制造，也在很大程度上由组成零部件的材料来决定。传统的产品设计中对材料的要求主要考虑其性能、质量、成本，但面向再制造的材料设计除了要考虑这些因素外，还具有许多不同于常规产品设计的材料选择要求，以使产品在末端时具备较大的可再制造性。

面向再制造的产品材料设计是指，在产品设计中，对材料的设计及选择，以利于末端产品再制造作为目标，综合考虑质量、功能、经济及环保等综合因素，使产品零部件在末端时便于重新使用或性能恢复。通过面向再制造的材料设计可以显著提高产品零部件的直接利用率和再制造恢复率，提高再制造的费效比。通过面向再制造的材料设计，可以显著提高产品在末端再制造时的拆解、分类、检测、性能恢复或升级、无污染等加工性，提高产品的再制造性。

3.3.1　面向再制造的材料设计因素

针对材料的产品设计，在面向再制造的产品设计中，材料的选择和产品的再制造性是一种互动关系。当材料性能难以满足产品再制造要求时，必须参照面向再制造的材料影响因素进行优化。此外，产品再制造时允许常用磨损或老化件等非核心件进行更换，此时就要考虑该类直接弃用件的材料再循环性或环保处理的安全性，减少对环境的污染。总之，产品再制造设计中材料的选择往往是各向异性的，因此结合产品使用材料时的功能性和产品再制造时材料的重新利用性分析，使材料性能得以最优发挥，也是产品再制造设计选材的重要因素。

产品使用的材料非常广泛，在面向再制造的产品材料设计时，主要应考虑材料的服役寿命、可恢复性、经济性、环保性及可分离性等，并以此作为材料设计选择评价的重要影响因素。

3.3.1.1 材料服役寿命

材料服役寿命是指材料在产品使用过程中，能够保持原有性能在某一合格水平上所达到的最长时间。产品再制造的基础是产品核心零部件能够实现重新利用，因此，材料服役寿命是面向再制造的产品设计中对材料设计的最根本要求。面向再制造的产品材料要求具有长寿命，即能够保持产品零部件（尤其是核心件）具备足够长的服役性能，可以经过多次再制造周期使用。由于产品及其零部件的失效机理各不相同，因此应根据具体的失效形式，选择不同的材料来适当延长产品零部件的服役寿命。尤其对于附加值比较高的再制造核心件来说，必须采用长寿命设计使其可以直接或通过再制造后实现重新利用，以降低再制造费用。例如，在面向再制造的材料设计中，减少核心件中易老化材料（塑料、橡胶等）的使用；避免相互影响的材料组合，避免零件的污损及减寿；加强材料的强度设计，用多寿命周期的费效比来考虑材料的选用等。

3.3.1.2 材料可恢复性

末端产品再制造时核心件的再利用包括直接利用和修复后利用，因此在产品设计时，必须注意产品零部件材料性能的可恢复性。材料性能可恢复性的好坏，直接关系着零件使用寿命长短以及其他资源消耗，影响乃至决定着产品再制造费用。为了通过再制造来延长产品的使用寿命，就必须对产品零部件的材料进行易恢复性设计。例如，零部件的材料设计应在满足功能和性能要求的前提下，尽量采用简单结构和外形，易于再制造时的性能恢复。过分复杂的材料结构势必增加了再制造恢复难度，导致再制造费用增加。产品零部件材料实现标准化、通用化、可重置化，磨损后的零部件易于在表面采用电刷镀、热喷涂等技术进行表面几何和理化性能的恢复。

3.3.1.3 材料经济性

再制造设计是从基于产品多寿命周期可持续发展的观点出发，考虑产品在多寿命周期内对生态环境和社会所带来的环境效益和社会效益，也就是说要使面向再制造设计的产品生产者不仅能取得良好的环境效益，而且能取得良好的经济效益，即最佳的生态经济效益。材料的经济性是制约设计选材的一个重要因素，但在面向再制造的产品材料设计中不能单纯以一次寿命周期来考虑材料的经济性，再制造实现了产品的多寿命周期使用，相应的直接使用或再制造后使用的零部件都具备了多个寿命周期，因此应该以多寿命周期的模式来全面分析材料的经济效益。例如即使在原设计中投入的资金相对一次生命周期为高，但如果以再制造产品的多寿命周期来计算，其经济性还是比较合理的。

3.3.1.4　材料环保性

再制造工程在保证再制造产品使用性能和新产品相同的情况下，所消耗的材料和能量远远小于新产品制造所需资源，是实现环境保护和可持续发展的重要技术手段。因此在面向再制造的材料设计中，要求设计人员改变传统的选材程序和步骤，不仅要考虑产品的使用要求和性能，同时要考虑产品的再制造性能，符合再制造绿色产业的标准。尤其是直接废弃的易损件，更要科学选择符合环保要求的材料。例如，在面向再制造的材料选择中，要少用短缺或稀有的原材料，尽量使用代用材料；减少所用材料种类，尽量采用相容性好的材料，以利于废弃后材料的分类回收；尽量少用或不用有毒害的原材料；优先采用可再利用、再循环或易于降解、具有良好环境协调性的绿色材料；努力减少产品再制造过程中材料使用的能量消耗。

3.3.1.5　材料可分离性

在产品再制造过程中，需要产品的材料易于分解、易于清洗、易于分类、易于检测等，因此，在材料设计中，对材料的选用提倡"简而美"的模块化可分离设计原则。材料的模块化可分离设计包括材料模块的独立性、材料模块的兼容性和材料模块的可置换性。例如，使用易于分类的材料模块体系可以增强零件材料的检测分类；使用易于再循环回收的材料模块可以实现再制造时的材料循环利用；使用易于置换的材料模块可以实现再制造时的材料性能置换恢复；使用易于兼容的材料模块可以通过表面材料的处理实现模块材料的性能升级或替换；采用模块化材料结构设计和易于拆解的零部件连接方式，便于再制造过程中的拆解、置换、分类、回收及性能恢复或升级。模块化设计还包括材料的开放性，指材料在功能和性能上应具有可扩展性和升级性，也就是说可在再制造过程中，通过对模块材料的强化和表面处理实现材料性能的升级，并保证新材料系统和旧材料系统的协调工作。

3.3.2　专家分析评估法及应用

3.3.2.1　专家分析法评估面向再制造材料设计方案重要度模型

针对产品设计初期面向再制造的材料不同设计选择方案的特点，可以采用专家分析法来进行评估，以确定不同方案的重要程度。专家分析法虽然带有一定的主观性，但专家的意见往往能代表人们对某一客观存在的认识，特别是通过对本领域不同专家的意见进行综合后的结果，更能全面地反映出某一事物的客观状态。面向再制造的材料设计方案重要度评估的专家分析结果的线性加权求和、指数加权求和模型如下：

$$T_M = \sum_{i=1}^{n} W_i P_i, \quad T'_M = \sum_{i=1}^{n} P_i^{W_i} \tag{3-27}$$

式中　　T_M，T'_M——材料方案的重要度；

$\quad\quad\quad W_i$——第 i 个指标的权重；

$\quad\quad\quad P_i$——第 i 个指标的得分；

$\quad\quad\quad n$——评价指标数。

3.3.2.2　应用实例

某一产品设计中核心件材料设计有三种可选择方案，分别为材料1、材料2、材料3，通过对多名专家打分的结果进行综合分析，可得到各个方案的不同因素得分，如表 3-2 所示。又经过调研和分析，可以确定各个因素指标的权重：材料服役寿命系数 0.30，材料可恢复性系数 0.22，材料经济性系数 0.29，材料环保性系数 0.07，材料可分离性系数 0.12。试计算 3 种材料选择方案的不同重要度。

表 3-2　专家评价打分数据表

项　目	材料服役寿命系数	材料可恢复性系数	材料经济性系数	材料环保性系数	材料可分离性系数
材料 1	0.65	0.78	0.69	0.58	0.76
材料 2	0.59	0.85	0.92	0.76	0.55
材料 3	1.00	0.66	0.63	0.92	0.96

（1）采用线性加权求和法计算各材料的重要度，则有：

$$T_{M_1} = \sum_{i=1}^{5} W_i P_i = 0.65 \times 0.30 + 0.78 \times 0.22 + 0.69 \times 0.29 + 0.58 \times 0.07 + 0.76 \times 0.12$$
$$= 0.6985$$

$$T_{M_2} = \sum_{i=1}^{5} W_i P_i = 0.59 \times 0.30 + 0.85 \times 0.22 + 0.92 \times 0.29 + 0.76 \times 0.07 + 0.55 \times 0.12$$
$$= 0.7450$$

$$T_{M_3} = \sum_{i=1}^{5} W_i P_i = 1.00 \times 0.30 + 0.66 \times 0.22 + 0.63 \times 0.29 + 0.92 \times 0.07 + 0.96 \times 0.12$$
$$= 0.8075$$

（2）采用指数加权求和法计算各材料方案的重要度，则有：

$$T'_{M_1} = \sum_{i=1}^{5} P_i^{W_i} = 0.65^{0.30} + 0.78^{0.22} + 0.69^{0.29} + 0.58^{0.07} + 0.76^{0.12} = 4.6536$$

$$T'_{M_2} = \sum_{i=1}^{5} P_i^{W_i} = 0.59^{0.30} + 0.85^{0.22} + 0.92^{0.29} + 0.76^{0.07} + 0.55^{0.12} = 4.7064$$

$$T'_{M_3} = \sum_{i=1}^{5} P_i^{W_i} = 1.00^{0.30} + 0.66^{0.22} + 0.63^{0.29} + 0.92^{0.07} + 0.96^{0.12} = 4.7765$$

综上计算结果可知：$T_{M_3} > T_{M_2} > T_M$ 或 $T'_{M_3} > T'_{M_2} > T'_{M_1}$，因此，可根据材料方案的重要度进行面向再制造的材料设计，3 种材料的选择顺序是：材料 3、材料 2、材料 1。

3.4　废旧产品再制造性评价方法

3.4.1　再制造性影响因素分析

由于再制造性设计还没有在产品设计过程中进行普遍的开展，所以目前对退役产品的评价还主要是根据技术、经济及环境等因素进行综合评价，以确定其再制造性量值，定量确定退役产品的再制造能力。再制造性评价的对象包括废旧产品及其零部件。

废旧产品是指退出服役阶段的产品。退出服役原因主要包括产品产生不能进行修复的故障（故障报废）、产品使用中费效比过高（经济报废）、产品性能落后（功能报废）、产品的污染不符合环保标准（环境报废）、产品款式等不符合人们的爱好（偏好报废）。

再制造全周期指产品退出服役后所经历的回收、再制造加工及再制造产品的使用直至再制造产品再次退出服役阶段的时间。再制造加工周期指废旧产品进入再制造工厂至加工成再制造产品进入市场前的时间。

由于再制造属于新兴学科，再制造设计是近年来新提出的概念，而且处于新产品的尝试阶段，以往生产的产品大多没有考虑再制造特性。当该类废旧产品送至再制造工厂后，首先要对产品的再制造性进行评价，判断其能否进行再制造。国外已经开展了对产品再制造特性评价的研究。影响再制造性的因素错综复杂，可归纳如图 3-7 所示的几个方面。

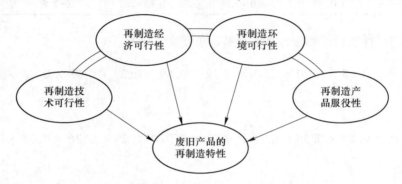

图 3-7　废旧产品的再制造特性影响因素

由图 3-7 可知，产品再制造的技术可行性、经济可行性、环境可行性、产品服役性等影响因素的综合作用决定了废旧产品的再制造特性，而且四者之间也相互产生影响。

再制造特性的技术可行性要求废旧产品进行再制造加工在技术及工艺上可行，可以通过原产品恢复或者升级，来达到恢复或提高原产品性能的目的，而不同的技术工艺路线又对再制造的经济性、环境性和产品的服役性产生影响。

再制造特性的经济可行性是指进行废旧产品再制造所投入的资金小于其综合产出效益（包括经济效益、社会效益和环保效益），即确定该类产品进行再制造是否"有利可图"，这是推动某种类废旧产品进行再制造的主要动力。

再制造特性的环境可行性，是指对废旧产品再制造加工过程本身及生成后的再制造产品在社会上利用后所产生的环境影响，小于原产品生产及使用所造成的环境影响。

再制造产品的服役性主要指再制造加工生成的再制造产品，其本身具有一定的使用性，能够满足相应市场需要，即再制造产品是具有一定时间效用的产品。

通过以上几方面对废旧零件再制造特性的评价后，可为再制造加工提供技术、经济和环境综合考虑后的最优方案，并为在产品设计阶段进行面向再制造的产品设计提供技术及数据参考，指导新产品设计阶段的再制造考虑。正确的再制造性评价还可为进行再制造产品决策、增加投资者信心提供科学的依据。

3.4.2　再制造性的定性评价

产品的再制造性评估主要有两种方式：（1）对已经使用报废和损坏的产品在再制造前

对其进行再制造合理性评估，这些产品一般在设计时没有按再制造要求进行设计；（2）当进行新产品的设计时对其进行再制造性评估，并用评估结果来改进设计，增加产品再制造性。

对已经报废或使用过的旧产品进行再制造，必须符合一定的条件。部分学者从定性的角度进行了分析，德国的 Rolf Steinhilper 教授从评价以下 8 个不同方面的标准来进行对照考虑：

（1）技术标准（废旧产品材料和零件种类以及拆解、清洗、检验和再制造加工的适宜性）。

（2）数量标准（回收废旧产品的数量、及时性和地区的可用性）。

（3）价值标准（材料、生产和装配所增加的附加值）。

（4）时间标准（最大产品使用寿命、一次性使用循环时间等）。

（5）更新标准（关于新产品比再制造产品的技术进步特征）。

（6）处理标准（采用其他方法进行产品和可能的危险部件的再循环工作和费用）。

（7）与新制造产品关系的标准（与原制造商间的竞争或合作关系）。

（8）其他标准（市场行为、义务、专利、知识产权等）。

美国的 Lund Robert 教授通过对 75 种不同类型的再制造产品进行研究，总结出以下 7 条判断产品可再制造性的准则：

（1）产品的功能已丧失。

（2）有成熟的恢复产品的技术。

（3）产品已标准化，零件具有互换性。

（4）产品附加值比较高。

（5）相对于其附加值，获得"原料"的费用比较低。

（6）产品的技术相对稳定。

（7）顾客知道在哪里可以购买再制造产品。

以上的定性评价主要针对已经大量生产、已损坏或报废产品的再制造性。这些产品在设计时一般没有考虑再制造的要求，在退役后主要依靠评估者的再制造经验以定性评价的方式进行。

3.4.3 再制造性的定量评价

废旧产品的再制造特性定量评价是一个综合的系统工程，研究其评价体系及方法，建立再制造性评价模型，是科学开展再制造工程的前提。不同种类的废旧产品其再制造性一般不同，即使同类型的废旧产品，因为产品的工作环境及用户不同，其导致废旧产品的方式也多种多样，如部分产品是自然损耗达到了使用寿命而报废，部分产品是因为特殊原因（如火灾、地震及偶然原因）而导致报废，部分产品是因为技术、环境或者拥有者的经济原因而导致报废，不同的报废原因导致了同类产品具有不同的再制造性值。

目前废旧产品再制造性定量评估通常可采用以下几种方法来进行：

（1）费用-环境-性能评价法：是从费用、环境和再制造产品性能三个方面综合评价各个方案的过程。

（2）模糊综合评价法：是通过运用模糊集理论对某一废旧产品再制造性进行综合评价

的一种方法。模糊综合评价法是用定量的数学方法处理那些对立或有差异、没有绝对界限的定性概念的较好方法。

（3）层次分析法：是一种将再制造性的定性和定量分析相结合的系统方法。层次分析法是分析多目标、多准则的复杂系统的有力工具。

3.4.3.1　费用-环境-性能评价法

费用-环境-性能评价法就是把不同技术方案的费用、技术及环境效能进行比较分析的方法。费用可以反映再制造的主要耗费，环境可以反映再制造过程的主要环境影响，而性能则可以反映再制造产品属性的主要指标。在产品退役后再制造前，可能存在多种再制造方案，且每种方案的选择需要考虑费用-环境-性能时，都要进行三者影响的分析，以便为再制造方案决策提供依据，并在实施方案过程中，对分析评价的结果反复地进行验证和反馈。

A　准则

权衡备选方案有以下几类评定准则：

（1）定费用准则：在满足给定费用的约束条件下，使方案的环境效益和产品性能效益最大。

（2）定性能准则：在确定产品性能的情况下，使方案的环境效益最大，再制造费用最低。

（3）环境效益最大准则：在环境效益最大情况下，使方案的费用最低，性能最高。

（4）环境-性能与费用比准则：使方案的产品性能、环境效益与所需费用之比最大。

（5）多准则评定：退役产品再制造具有多种目标和多重任务而没有一个单一的效能度量时，可根据具体产品的实际背景，选择一个合适的多准则评定方法，该方法应当是公认合理的。

B　分析的程序

分析的一般程序由分析准备和实施分析所组成，其基本流程如图3-8所示。

在进行分析和评价时，要注意以下几点：

（1）明确任务、收集信息。明确分析的对象、时机、目的和有关要求，作为分析人员进行分析工作的依据。收集一切与分析有关的信息，特别是与分析对象、分析目的有关的信息，以及现有类似产品的费用、效能信息，指令性和指导性文件的要求等。收集信息的一般要求如下：

1）准确性。费用、效能信息数据必须准确可靠。

2）系统性。费用信息数据要连续、系统和全面，应按费用分析结构、影响效能要素进行分类收集，不交叉、无遗漏。

3）时效性。要有历史数据，更要有近期和最新的费用数据。

4）可比性。要注意所有费用数据的时间和条件，使之具有可比性，对不可比的数据使其具有间接的可比性。

（2）确定目标。目标是指使用产品所要达到的目的。应根据产品主管部门的要求，确定进行费用敏感性分析所需要的可接受的目标。目标不宜定得太宽，应把分析工作限制在所提出问题的范围。目标范围不应限制过多，以免将若干有价值的方案排除在外。在目标

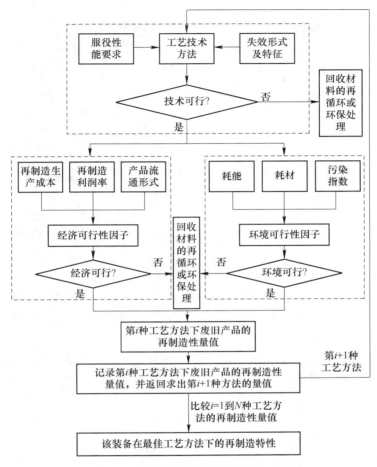

图 3-8　废旧装备再制造特性评价流程

说明中，既要描述具体的产品系统特性，又要描述产品的任务需求和任务剖面。

（3）建立假定和约束条件。建立假定和约束条件，以限制分析研究的范围。应说明建立这些假定和约束条件的理由。在进行分析的过程中，还可能需要再建立一些必要的假定和约束条件。

假定一般包括废旧产品的服役时间、废弃数量、再制造技术水平等。随着分析的深入可适当修改原有假定或建立的新假定。

约束条件是有关各种决策因素的一组允许范围，如再制造费用预算、进度要求、现有设备情况及环境要求等，而问题的解必须在约定的条件内去求。

（4）分析费用–环境–性能因子：

1）确定各因子的评价指标。根据再制造的全周期，将评价体系分为技术、经济、环境三个方面，并建立相关的评价因子体系结构模型（图 3-9）。

不同的技术工艺（包括产品的回收、运输、拆解、检测、加工、使用、再制造等技术工艺）可以产生不同的再制造产品性能（包括产品的功能指标、可靠性、维修性、安全性、用户友好性等方面），并且对产品的经济、环境产生直接的影响。该模型中所获得的

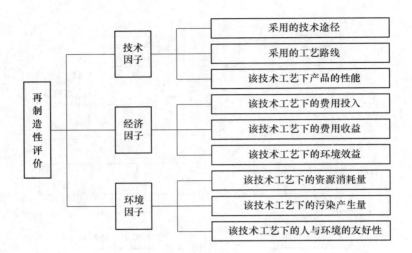

图 3-9　再制造性评价指标体系结构模型

产品的再制造性是指在某种技术工艺下的再制造性，并不一定为最佳的再制造性，而通过进行对比不同技术工艺下的再制造性量值，可以根据目标，确定废旧产品最适合的再制造工艺方法。

2）费用–环境–性能评价。对再制造过程中各因子的评定方法可以采用如下理想化的方法，通过建立数据库，输入相关的要求而获得不同技术工艺条件下的性能、经济、环境因子，如图 3-10 所示。

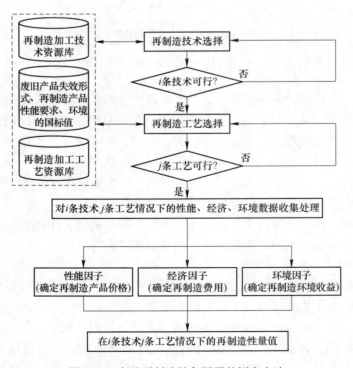

图 3-10　产品再制造性各因子的评定方法

①技术因子计算。根据废旧产品的失效形式及再制造产品性能、工况及环境标准限值等要求，选定不同的技术及工艺方法，并预计出在该技术及工艺下，再制造后产品的性能指标，与当前产品性能相比，以当前产品的价格为标准，预测确定再制造产品的价格。根据不同的产品要求，可有不同的性能指标选择。技术因子的评价步骤如下：

对 i 条技术 j 条工艺情况下的预测产品的某几个重要性能如可靠性（r）、维修性（m）、用户友好性（e）及某一重要性能 f 作为技术因子的主要评价因素，建立技术因子 P 的一般评价因素集：

$$P = \{r, m, e, f\} \tag{3-28}$$

建立原产品的技术因子 P_o 的评价因素集：

$$P_o = \{r_o, m_o, e_o, f_o\} \tag{3-29}$$

建立再制造产品技术因子评价因素集：

$$P_{ij1} = \{r_{ij}, m_{ij}, e_{ij}, f_{ij}\} \tag{3-30}$$

将 P_{ij1} 和 P_o 中各对应的评价因素相比，可以无量纲化评价指标：

$$P_{ij2} = \left\{ \frac{r_{ij}}{r_o}, \frac{m_{ij}}{m_o}, \frac{e_{ij}}{e_o}, \frac{f_{ij}}{f_o} \right\} \tag{3-31}$$

化简得：

$$P_{ij3} = \{r_{ijo}, m_{ijo}, e_{ijo}, f_{ijo}\} \tag{3-32}$$

建立各评价因素的权重系数：

$$A = (a_1, a_2, a_3, a_4) \tag{3-33}$$

式中，a_1、a_2、a_3、a_4 分别为 r_{ijo}、m_{ijo}、e_{ijo}、f_{ijo} 的权重系数，且满足 $0 < a_i < 1$，$\sum\limits_{i=1}^{4} a_i = 1$。

则其第 i 种技术第 j 种工艺条件下的技术因子 P_{ij} 可以计算为：

$$P_{ij} = a_1 \times r_{ijo} + a_2 \times m_{ijo} + a_3 \times e_{ijo} + a_4 \times f_{ijo} \tag{3-34}$$

式中，$P_{ij} > 1$ 时，表明再制造产品的综合性能优于原制造产品。

同时预测第 i 种技术第 j 种工艺条件下得到的再制造产品的价值与原产品价值的关系可以用下式表示：

$$C_{rij} = a \times P_{ij} \times C_m \tag{3-35}$$

式中　C_{rij}——第 i 种技术第 j 种工艺条件下生成的再制造产品的价值；

　　　C_m——原制造产品的价值；

　　　P_{ij}——第 i 条技术 j 条工艺情况下的技术因子；

　　　a——系数。

根据该式，可以预测再制造后产品的价值。

②经济因子的计算。在第 i 种技术第 j 种工艺条件下，可以预测出不同的再制造阶段的投入费用（成本）。产品各阶段的费用包含诸多因素，设共有 n 个阶段，每个阶段的支出费用分别为 C_i，则全阶段的支出费用：

$$C_{cij} = \sum_{K=1}^{n} C_K \tag{3-36}$$

③环境因子的计算。环境因子的评价采用黑盒方法，考虑在第 i 种技术第 j 种工艺条件下的再制造的全过程中，输入的资源（R_i）与输出的废物（W_o）的量值，以及在再制

造过程中对人体健康的影响程度（H_e）。根据再制造的工艺方法不同，输入的资源也不同，具体的评价指标也不同，设主要考虑输入的能量值（R_e）、材料值（R_m），输出的污染指标主要考虑三废排放量（W_w）、噪声值（W_s），对人体健康的影响程度（H_e）。技术性的评价方法，可以对比建立环境因子 E_{ij}，由对比关系可知，E_{ij} 的值越小，则说明再制造的环境性越好。

同时参照相关环境因素的评价，可以将第 i 种技术第 j 种工艺条件下的再制造在各方面减少的污染量转化为再制造所得到的环境收益为 C_{eij}。

④确定再制造性量值。可以用所获得的利润值与产品总价值的比值来表示产品的再制造性能力的大小。通过对技术、经济、环境因子的求解，最后可获得在第 i 种技术第 j 种工艺情况下的再制造性量值 R_{nij}：

$$R_{nij} = \frac{C_{rij} + C_{eij} - C_{cij}}{C_{ijr} + C_{eij}} = 1 - \frac{C_{cij}}{C_{rij} + C_{eij}} \tag{3-37}$$

显然，若 R_{nij} 的值介于 0 与 1 之间，值越大，则说明再制造性越好，其经济利润越好。

⑤确定最佳再制造量值。通过反复循环求解，可求出在有效技术工艺下的再制造性量值集合：

$$R_{nb} = \max\{R_{n11}, R_{n12}, \cdots, R_{nij}, \cdots, R_{nnm}\} \tag{3-38}$$

式中　n——最大技术数量；

　　　m——最大工艺数量；

　　R_n——再制造性量值；

R_{nb}——最佳再制造性量值。

由式中可知共有（$n×m$）种再制造方案，求解出（$n×m$）个再制造性量值。其中选择最大值的再制造工艺作为再制造方案。通过上述再制造性的评价方法，可以确定不同的再制造技术工艺路线，提供不同的再制造方案。并通过确定最佳再制造量值，可以同时确定再制造方案。

（5）风险和不确定性分析。对建立的假定和约束条件以及关键性变量的风险与不确定性进行分析。

风险是指结果的出现具有偶然性，但每一结果出现的概率是已知的，对种类风险应进行概率分析。可采用解析方法和随机仿真方法。

不确定性是指结果的出现具有偶然性，且不知道每一结果出现的概率。对各类重要的不确定性应进行灵敏度分析。灵敏度分析一般是指确定一个给定变量的对输出影响的重要性，以确定不确定性因素的变化的分析结果的影响。

3.4.3.2　模糊综合评判法

产品再制造性的好与坏，是一个含义不确切、边界不分明的模糊概念。这种模糊性不是人的主观认识达不到客观实际所造成的，而是事物的一种客观属性，是事物的差异之间存在着中介过渡过程的结果。在这种情况下，可以运用模糊数学知识来解决难以用精确数学描述的问题。再制造性评价也可以采用模糊综合评判法进行，其基本步骤如下文所述：

（1）建立因素集。产品的再制造性影响因素非常复杂，然而在评价时，不可能对每个影响产品再制造性的因素逐个进行评价，为了不影响评价结果的合理性和准确性，必须把主要影响因素确定为论域 U 中的元素，构成因素集，假设有 n 个因素，若依次用 u_1，u_2，$\cdots$，u_n 表示，则论域 $U = \{u_1, u_2, \cdots, u_n\}$，即因素集。显然论域中的各元素对产品再制造性有不同的影响。

（2）建立权重集。由于论域中的每个元素的功能不同，应根据各元素功能的重要程度不同，分别赋予不同权重，即权重分配系数。上述各元素所对应的权重系数分配为：$u_1 \rightarrow b_1$，$u_2 \rightarrow b_2$，$\cdots$，$u_n \rightarrow b_n$，即权重集：

$$B = \{b_1, b_2, \cdots, b_n\} \tag{3-39}$$

各权重系数应满足：$b_i \geqslant 0$，且 $\sum\limits_{i=1}^{n} b_i = 1$。

（3）建立评价集。即对评价对象可能下的评语。$V = \{V_1, V_2, \cdots, V_m\}$，如四级评分制，评判集 $V = \{$优秀、良好、及格、不及格$\}$。

（4）模糊评价矩阵 $\tilde{R}$。这是一个由因素集 u 到评判集 V 的模糊映射（也可看作是模糊变换），其中元素 r_{ij} 表示从第 i 个因素着眼对某一对象做出第 j 种评语的可能程度。固定 $i(r_{i1}, r_{i2}, \cdots, r_{ij})$ 就是 V 上的一个模糊集，表示从第 i 个因素着眼，对某对象所做出的单因素评价。模糊评价矩阵为：

$$\tilde{R} = \begin{bmatrix} r_{11} & r_{12} & \cdots & r_{1m} \\ r_{21} & r_{22} & \cdots & r_{2m} \\ \vdots & \vdots & & \vdots \\ r_{n1} & r_{n2} & \cdots & r_{nm} \end{bmatrix} \tag{3-40}$$

（5）整体综合评价。对权重集 B 和模糊评价矩阵 $\tilde{R}$ 进行模糊合成，得到模糊评价集的隶属函数：

$$C = B \cdot \tilde{R} \tag{3-41}$$

所得数值 C 就是产品的再制造性评价值，与评价集 V 中的评价范围对照，得到产品再制造性的评价等级。

3.4.3.3 层次分析法

产品再制造性评估也可采用层次分析法进行。层次分析法（Analytic Hierarchy Process，AHP）是美国匹兹堡大学教授 T. L. Satty 提出的一种系统分析方法。它是一种定量与定性相结合，将人的主观判断用数量形式表达和处理的方法。其基本思想是把复杂问题分解成多个组成因素，又将这些因素按支配关系分组形成递阶层次结构，按照一定的比例标度，通过两两比较的方式确定各个因素的相对重要性，构造上层因素对下层相关因素的判断矩阵，然后综合决策者的判断，确定决策方案相对重要性的总的排序。

在实际运用中，层次分析法一般可划分为四个步骤。

（1）建立系统的层次结构模型。在充分掌握资料和广泛听取意见的基础上，往往可将工程问题分解为目标、准则、指标、方案、措施等层次，并且可以用框图形式说明层次的内容、阶梯结构和因素之间的从属关系。

（2）构造判断矩阵及层次单排序计算。判断矩阵元素的取值，反映了人们对各因素相对重要性的认识，一般采用 1~9 及其倒数的标度方法。当相互比较具有实际意义时，判断矩阵的相应元素也可取比值形式。其取值规则如表 3-3 所示。

表 3-3　判断矩阵的标度及含义

标　度	含　义
1	两因数相比，具有同样重要度
3	两因数相比，前者比后者稍重要
5	两因数相比，前者比后者明显重要
7	两因数相比，前者比后者强烈重要
9	两因数相比，前者比后者极端重要

注：2、4、6、8 为上述相邻判断的中间值。

（3）进行层次的总排序。计算同一层次所有因素相对最高层次（总目标）重要性的排序权值计算排序。这一过程是由最高层次到最低层次逐层进行的。

（4）一致性检验及调整。应用层次分析法，保持判断思维的一致性是非常重要的。为了评价单排序和总排序的计算结果是否具有满意的一致性，还应进行一定形式的检验。必要时，还应对判断矩阵做出调整。

─────── 本 章 小 结 ───────

再制造性设计与评价是针对产品的特性进行考量，以提高产品再制造能力和效率的过程。产品的再制造性被视为产品设计的一个重要属性，它直接影响到再制造的成本、时间和结果。再制造性设计的目标是提高产品的再制造性能，并在设计过程中充分考虑再制造的需求。

再制造性分析是评估产品再制造性能的核心环节，它为再制造性设计提供了依据。再制造性分析的内容广泛，主要包括再制造性定量要求、故障分析定量要求、诊断技术及资源、升级性再制造费用等。再制造性预计是通过历史经验和类似产品的再制造数据来预估新产品在给定工作条件下的再制造性参数。这种预计可以帮助设计人员了解产品的再制造能力，并在设计过程中做出相应的决策。

再制造性试验与评定是通过实际的再制造过程来验证产品的再制造性能。试验与评定的时机应与功能试验、可靠性试验和维修性试验结合进行，以提高试验的效益。面向再制造的产品材料设计是为了在产品的设计过程中考虑到末端再制造的需求，选择和设计材料以提高产品的再制造能力和效率。在设计过程中，需要综合考虑材料的寿命、可恢复性、经济性、环保性和可分离性等因素。针对产品设计初期面向再制造的材料不同设计选择方案的特点，可以采用专家分析法来进行评估，以确定不同方案的重要程度。

废旧产品再制造性评价的目的是确定废旧产品的再制造能力并评估其再制造性。评估指标包括再制造全周期和再制造加工周期等。评价方法包括定量和定性评价。

总的来说，再制造性设计与评价是提高产品再制造能力和效率的重要环节，它涉及产品设计、分析、预计、试验和材料选择等方面，为实现可持续发展和资源回收利用提供了重要的支持。

习　题

3-1　再制造性是如何定义？

3-2　什么是固有再制造性和使用再制造性？

3-3　再制造技术性设计一般应包括哪几个方面的内容？

3-4　再制造性分析目的是什么，过程包括哪些？

3-5　再制造性分析内容包括哪些方面，采用哪些分析方法？

3-6　再制造性的建模的程序是什么，遵循哪些原则？

3-7　什么是再制造性分配，再制造性分配的程序有哪些？

3-8　再制造性分配的方法一般有哪些，适用范围是什么？

3-9　再制造性预计的条件及步骤有哪些？

3-10　常用的再制造预计方法一般有哪些，适用范围是什么？

3-11　再制造性试验与评定的一般程序是什么？

3-12　面向再制造的材料设计因素包括哪些？

3-13　某一产品设计中有四种可选择的核心件材料方案：材料 A、材料 B、材料 C 和材料 D。通过对多名专家打分的结果进行综合分析，得到了各个方案在不同因素上的得分，如表 3-4 所示。同时，经过调研和分析，确定了各个因素指标的权重：材料服役寿命系数 0.25，材料可恢复性系数 0.20，材料经济性系数 0.30，材料环保性系数 0.10，材料可分离性系数 0.15。请计算这四种材料选择方案的不同重要度，并确定最佳选择方案。

表 3-4　专家评价打分数据表

项　目	材料服役寿命系数	材料可恢复性系数	材料经济性系数	材料环保性系数	材料可分离性系数
材料 A	0.80	0.70	0.60	0.90	0.65
材料 B	0.75	0.75	0.80	0.60	0.85
材料 C	0.60	0.85	0.70	0.85	0.70
材料 D	0.90	0.65	0.50	1.00	0.55

3-14　废旧产品的再制造特性影响因素包括哪些？

3-15　目前废旧产品再制造性定量评估通常可采用哪几种方法来进行？

4 绿色再制造生产工艺技术

本章提要：分别介绍再制造拆解技术、清洗技术、检测技术、失效件再制造加工技术、产品装配技术、后处理技术的概念和具体内容，并结合现状阐述了关键技术及研究目标。

4.1 再制造拆解技术

4.1.1 再制造拆解内涵

4.1.1.1 基本概念

再制造拆解是指将废旧产品及其部件有规律地按顺序分解成零部件，并保证在执行过程中最大化预防零部件性能进一步损坏的过程。再制造拆解是实现高效回收策略的重要手段，是再制造过程中的重要工序，也是保证再制造产品质量及其实现再制造资源最大化利用的关键步骤。废旧产品只有拆解后才能实现完全的材料回收，并且有可能实现零部件的再利用和再制造。拆解的主要应用领域包括产品维修、材料回收、零部件的重用和再制造等。科学的再制造拆解工艺能够有效保证再制造零件的质量性能和几何精度，显著缩短再制造周期、降低再制造费用并提高再制造产品质量。再制造拆解作为实现有效再制造的重要手段，不仅有助于零部件的重用和再制造，而且有助于材料再生利用，实现废旧产品的高品质回收。

废旧产品经再制造拆解后得到零部件，对其进行清洗检测后一般可分为三类：第一类是可直接利用的零件（经过清洗检测后不需要再制造加工，可直接在再制造装配中应用的）；第二类是可再制造的零件（通过再制造加工后达到再制造装配质量标准的）；第三类是报废件（无法直接再利用和进行再制造，而需要进行材料再循环处理或者其他无害化处理的）。

4.1.1.2 再制造拆解分类

传统废旧产品再制造需要对其零部件进行完全拆解，但如果产品再制造由多个部门承担时，根据不同部门承担的零部件再制造内容不同，可以采取部分拆解或目标拆解，例如对不承担某一部件再制造的企业，可以不对该部件进行完全拆解。

（1）按拆解目的分类。按拆解目的，可将再制造拆解方法分为破坏性拆解和非破坏性拆解。再制造拆解的基本要求是尽量采用非破坏性拆解，以便最大化回收废旧产品的附加值。

破坏性拆解是指在产品进行拆解时，对拆解的一个或多个零件产生了损伤，导致零件不能自动恢复原状。破坏性拆解过程是不可逆的。实施破坏性拆解，要根据再制造决策，以及零部件的具体状况来选用。例如，螺钉产生锈蚀，必须使用破坏性方式才可以拆解；对一些焊接件，在必要时也只能采用破坏性拆解。

非破坏性拆解是指在产品进行拆解时，所有零件都没有被损伤。实施非破坏性拆解方式，其过程是可逆的。一般情况下，产品拆解时使用较多的是非破坏性拆解方式。非破坏性拆解可以使零部件在再制造中重用，降低再制造生产成本。

（2）按拆解程度分类。按拆解程度，可将再制造拆解方法分为部分拆解、完全拆解和目标拆解。

部分拆解是出于经济和技术等因素的考虑，在拆解产品到某个零件时，其余零部件所具有的回收价值已经小于这些零部件的拆解和清洗费用，或者该部件不在本单位进行再制造，则对该零件或部件就没有进一步拆解的必要，此时终止拆解。这种只将废旧产品中的部分零部件进行拆解的方式称为部分拆解，在实际中应用比较广泛。

完全拆解就是将整个产品拆解成一个单独的零件为止。在再制造拆解中，对所有能够重用的零件都要求实现完全拆解，对不可用或不在本级进行再制造的部件，则可不进行拆解。

目标拆解是在对产品进行拆解时，一般先根据回收决策，确定产品中各个零件的回收级别和策略，进行直接再制造重用、材料再循环和环保处理等，就可以确定需要拆解的零部件，再对它们进行拆解，这种拆解方式称为目标拆解。目标拆解方式由于考虑到经济、环境和技术等因素，是再制造中主要采用的方式。

（3）按再制造拆解方式分类。按拆解方式，可将再制造拆解方法分为顺序拆解和并行拆解。顺序拆解是指产品拆解时，每次只拆解一个零件。并行拆解是指产品拆解时，每次可以拆解几个零件，这可以提高拆解效率，降低拆解成本。

4.1.2　再制造拆解方法

再制造拆解方法按拆解的方式可分为击卸法、拉拔法、压卸法、温差法及破坏法。在拆解中应根据实际情况，采用不同的拆解方法。

（1）击卸法。击卸法是指利用锤子或其他重物在敲击或撞击零件时产生的冲击能量拆卸零件。这是拆解工作中最常用的一种方法，它具有使用工具简单、操作灵活方便、不需要特殊工具与设备及适用范围广泛等优点。但是，如果击卸方法不正确，则容易造成零件损伤或破坏。击卸大致分为三类：第一类是用锤子击卸，即在拆解中，由于拆解件是各种各样的，一般都是就地拆解，因此使用锤子击卸十分普遍；第二类是利用零件自重冲击拆解，在某些场合可利用零件自重冲击能量来拆解零件，锻压设备锤头与锤杆的拆解往往采用这种办法；第三类是利用其他重物冲击拆解，在拆解结合牢固的大、中型轴类零件时，往往采用重型撞锤。

（2）拉拔法。拉拔法是使用专用顶拔器把零件拆解下来的一种静力拆解方法。它具有拆解件不受冲击力、拆解比较安全、不易破坏零件等优点，其缺点是需要制作专用拉具。这种方法适用于拆解对精度要求较高且不许敲击或无法敲击的零件。

（3）压卸法。压卸法是利用手压机、油压机进行的一种静力拆卸方法，适用于拆卸形状简单的过盈配合件。

（4）温差法。温差法是利用材料热胀冷缩的性能，加热包容件，使配合件在温差条件下失去过盈量，实现拆解的方法，常用于拆卸尺寸较大的零件和热装的零件。例如，用液压压力机或千斤顶等工具和设备拆解尺寸较大、配合过盈量较大的零件或无法用击卸、顶压等方法拆解的零件时，可使用温差法。为使过盈较大、精度较高的配合件容易拆解，也可用此种方法。

（5）破坏法。若必须拆解焊接或铆接等固定连接件时，则可采用车、锯、錾、钻和割等方法进行破坏性拆解。此时要尽可能保存核心价值件或主体部位不受损坏，而对其附件可以采用破坏的方法拆解。

4.1.3　再制造拆解关键技术及研究目标

4.1.3.1　可拆解性设计技术

A　概述

可拆解性是评价产品再制造性优劣的重要指标之一，产品的可拆解性设计（Design for Disassembly，DFD）已成为产品再制造设计的重要内容。可拆解性设计是指使机械产品能够或易于拆解成零部件的设计。可拆解性作为产品结构设计的一个评价标准，通过产品可拆解性研究实现产品高效率、低成本地进行组件、零件的目标拆解或材料的分类拆解，以便使废旧产品得到充分、有效的回收和重用，以达到节约资源、节约能源和保护环境的目的。现代化装备多是机电结合的技术密集型装备，其零部件在设计过程中大多侧重其使用功能、加工工艺与装配性能，很少考虑装备的可拆解性，从而导致整个装备或产品在报废或失效后，可再制造的零部件由于拆解困难而难以再制造，或者由于拆解过程费时、费力且经济性差，导致再制造价值不大。因此，开展可拆解性设计研究是装备再制造工程的重要研究内容之一。面向装备再制造的可拆解性设计，要求对装备功能、性能、可靠性、可回收性及可拆解性等进行统筹评估，把可拆解性作为产品具体结构设计的一项评价准则，使再制造毛坯能够高效无损地被拆解下来，从最大限度上满足再制造要求。国外军用装备维修保障经验表明，通过快速拆解与再制造，五台战损坦克可以重新拼装组合出三台实战坦克，从而确保了战斗力。

产品可拆解性设计的合理性对拆解过程影响很大，也是保证产品具有良好再制造性能的主要途径和手段。可拆解性设计原则就是为了将产品的可拆解性要求转化为具体的产品再制造设计而确定的通用或专用设计准则和原则，针对不同目标的产品可拆解性设计原则一直是设计领域研究的重点。国际再制造专家预言，十年之内，所有产品都是可以拆解和再利用的。

面向再制造的可拆解性设计要求，在装备设计的初期将可拆解性和再制造性作为结构设计的指标之一，使产品的连接结构易于拆解，维护方便，并在装备废弃后能够充分有效地回收利用。面向装备再制造的可拆解性设计准则见表 4-1，但是由于废旧机电产品的处理方式不同，因此这些可拆解性设计准则必须根据具体的目标有选择地使用。例如，面向材料回收的可拆解性设计要求材料尽可能单一，从而保证材料回收的方便。

表 4-1　面向装备再制造的可拆解性设计准则

设计准则类别	设计准则
与材料有关的设计准则	减少材料的种类数； 尽可能使用可回收的材料； 用回收后的材料生产零部件； 减少危险、有毒、有害材料的数量； 对有毒、有害材料进行清楚标志； 对塑料和相似零件的材料进行标志； 相互连接的零部件材料尽可能兼容； 黏结与连接的零部件材料不兼容时应易于分离
与连接件有关的设计准则	减少连接件数目； 减少连接件型号； 减少拆解距离； 拆解方向一致； 避免破坏被连接零件； 拆解空间应便于拆解操作； 采用相同的装配和拆解操作方法； 采用易拆和可破坏性拆解的连接件
与装备结构有关的设计准则	应保证拆解过程中的稳定性； 采用模块化设计，减少零件数量； 减少电线和电缆的数量与长度； 连接点、折断点和切制分离线应明显； 将不能回收的零件集中在便于分离的某个区域； 将高价值的零部件布置在易于拆解的位置； 将有毒、有害材料的零部件布置在易于分离的位置； 避免嵌入塑料中的金属件和塑料零件中的金属加强件

B　挑战

随着中国制造的逐渐崛起，未来机械、机电一体化和电子等产品的结构日益复杂，要求在产品设计的初期将可拆解性作为结构设计的指标之一，使产品的连接结构易于拆解，维护方便，并在产品废弃后能够充分有效地回收利用和再制造。对于产品可拆解性设计的挑战与其设计准则要求相一致。一是要求产品拆解具有非破坏性。拆解有两种基本方式：第一种方式是可逆的，即非破坏性拆解，如螺钉的旋出、快速连接的释放等；第二种方式是不可逆的，即破坏性拆解，如将装备的外壳切割开，或采用挤压的方法将某个部件挤出，会造成一些零部件的损坏。非破坏性拆解设计的关键问题是能否将装备中的零部件完整拆解下来而不损害零件的材料和零件的整体性能，以及方便地更新零部件；而破坏性的拆解仅适用于材料回收。二是要求产品具备模块化设计。模块化是在考虑产品零部件的材料、拆解、维护及回收等诸多因素的影响下，对产品的结构进行模块化划分，使模块成为装备的构成单元，从而减少零部件数量，简化产品结构，有利于装备的更新换代，便于维护和拆解回收。在面向再制造工程的可拆解性设计中，模块化设计原则具有重要的意义，也是巨大的挑战。

C　目标

可拆解性设计是实现资源再生利用的首要环节，通过产品可拆解性设计，在产品设计初始阶段将报废后的拆解性作为设计目标，最终实现产品的高效回收利用与再制造。一方面，将可拆解性设计应用于重点行业领域典型产品的新品设计，实现再制造毛坯的快速、无损拆解，提高再制造拆解效率，降低拆解成本，减少非破坏性拆解比例。另一方面，在开展旧件再制造过程中，开展再制造产品的可拆解性设计，从材质、结构和再制造工艺角度，综合考虑产品第二个甚至多个服役周期的拆解问题，改善再制造产品在二次再制造甚至多次再制造时的可拆解性。

4.1.3.2　拆解规划技术

A　概述

拆解规划技术包括拆解序列生成与优化、拆解建模、拆解工艺设计、拆解生产线设计等多方面的内容。对产品目标零部件拆解进行准确建模是进行拆解规划和决策的重要前提。目前国内外对拆解规划的研究方向众多，但总结起来主要集中在拆解建模、拆解序列规划和拆解序列评价等三个方面。拆解建模是拆解规划研究过程的信息基础和逻辑基础，是拆解规划的最初步骤。拆解模型包含了产品的各类信息数据，包括实体信息、物理信息、装配关系信息以及约束关系信息等，完整的拆解模型可体现产品的功能与工作原理。拆解序列指拆解过程中将零部件依次从产品主体上拆解分离的先后次序，拆解序列规划是拆解规划的核心内容。不同的拆解顺序对应的拆解时间、拆解耗能等显然是有所差别的，同样也导致拆解工具使用顺序、拆解效率和拆解成本的差异。好的拆解序列可缩短拆解时间，提高拆解效率，降低拆解成本。拆解序列评价的目标是提高产品的拆解性，通过评价目标函数对拆解性的量化表达，在反馈设计阶段使产品易于装配和拆解、提高拆解工艺可行性、使更换零件操作方便快捷，直接提高了拆解过程的效率。

目前已建立了多种拆解模型，如基于图论的无向图、有向图、AND/OR 图和层次模型等，建模的出发点是零部件节点的拆解而非零部件之间对应的约束的拆除，对拆解过程中的空间约束和干涉、复杂的并发和组合等描述缺乏有效手段。同时，对零部件的不完全拆解问题和目标拆解问题难以进行准确的建模分析。另一种常用的分析模型是产品拆解树，将产品零部件作为树的节点，以节点的父子关系表示零部件之间的拆解约束。产品拆解树可以方便地在 PDM 和 CAD 设计中导入产品结构树，然后按照拆解问题的特殊要求对其进行修改，生成产品拆解树。该方法直观、简单，但难以描述产品的复杂拆解结构约束关系。上述方法都着重描述了以零部件间的几何拓扑信息为主的零部件拆解研究，而对零部件拆解的经济性能和拆解成本等因素未加考虑，实际上对最大回收效益的考虑是其研究的一个重要的方面，因此在产品拆解过程规划时，必须考虑零部件的回收价值及影响零部件拆解的关键因素。Petri 网理论因此被引入到产品的拆解回收研究中，张东生等建立了包含零部件回收价值及拆解成本的产品拆解 Petri 网模型，并实现了拆解 Petri 网的自动生成，最后运用 Petri 网基于不变量的性能分析方法对产品的拆解序列进行了优化，得到了满足约束条件的产品最优拆解序列。

B　挑战

拆解规划过程中，拆解信息的提取及拆解模型的建立是研究拆解问题的基础。产品的拆解模型存储和表达了待拆解产品中各零部件的信息及其之间的关系，反映和描述了产品拆解过程的所有相关因素及关系。

建立产品的拆解模型是实现拆解序列规划的前提，拆解序列恰当与否直接影响再制造产品的成本和资源回收率。针对汽车和工程机械等目前较为成熟的再制造产品领域，面向中小型零部件，开展了初步的再制造可拆解性设计和路径规划设计，但多数尚处于研究阶段，距离工程应用和指导实际再制造生产还有一定差距。产品拆解建模缺少系统性的理论和方法支持。如何根据产品本身的零件信息和装配约束信息等特征优化算法、合理高效地构建拆解模型，有待该领域人员进一步研究。随着再制造产品范围和规模的扩大，传统的机械产品进一步向机电复合和高端电子产品过渡，产品的功能和结构趋于复杂化，相应的拆解序列求解也日益复杂。过多的节点导致可行序列数目呈几何级数量递增，难以获得最优序列。如何简化解集空间是拆解序列优化无法避免的重要问题，如何合理地将产品按等级划分为拆解模块是当今研究的一个热点和挑战。拆解序列评价研究应全面系统地给出可拆解性评价指标。目前的研究主要从拆解时间、拆解成本和环境影响程度等方面对拆解序列进行评价，如何使评价更合理是拆解规划问题的重要研究目标。因此，如何合理建立可靠的简化拆解模型，在此基础上获取合理的拆解序列集合并获取最优序列是当前拆解规划技术面临的挑战。

C 目标

完善产品拆解规划的理论和方法，针对汽车、矿山、工程机械、大型工业装备、铁路装备及医疗和办公设备等不同行业领域的典型高附加值产品，开展拆解规划研究，建立有效和具有普适性的拆解模型，开发行之有效的拆解评估系统，提高拆解规划的效率，降低拆解成本，提高最优化拆解序列的获取概率。

4.1.3.3 拆解工艺与装备

A 概述

目前再制造拆解在国内外主要还是借助工具及设备进行的手工拆解，是再制造过程中劳动密集型工序，存在效率低、费用高和周期长等问题，影响了再制造的自动化生产程度。国外已经开发了部分自动拆解设备，如德国一直在研究废线路板的自动拆解方法，采用与线路板自动装配方式相反的原则进行拆解。国内关于拆解装备的研究和应用还局限于个别行业的典型产品和部件，更多的是开发各种拆解工装和夹具，距离智能化和自动化深度拆解装备的研发还存在较大差距。

B 挑战

传统的拆解方法和过程，一定程度上存在着效率低、能源消耗高、费用高和污染高等问题。因此，需要研究选用清洁生产技术及理念，制订清洁拆解生产方案，实现再制造拆解过程中的"节能、降耗、减污、增效"的目标。清洁拆解方案包括：研究拆解管理与生产过程控制，加强工艺革新和技术改进，实现最佳清洁拆解路线，提高自动化拆解水平，研究在不同再制造方式下，废旧产品的拆解深度、拆解模型和拆解序列的生成及智能控制，形成精确化拆解模型，减少拆解过程中的环境污染和能源消耗。此外，还要加强拆解过程中的物料循环利用和废物的回收利用。

C 目标

在再制造拆解作业过程中，应根据不同的废旧产品，利用机器人等现代自动化技术，开发高效的再制造自动化拆解设备，并在此基础上建立比较完善的废旧产品自动化再制造拆解系统，实现大型机械装备、复杂机电系统和精密智能装备的深度、无损拆解，使拆解效率和无损拆解率显著提高，同时实现拆解过程中有害废弃物的环保处理和有效控制。

4.2　再制造清洗技术

4.2.1　再制造清洗概念及要求

4.2.1.1　基本概念

再制造清洗是指借助于清洗设备将清洗液作用于废旧零部件表面，采用机械、物理、化学或电化学方法，去除废旧零部件表面附着的油脂、锈蚀、泥垢、水垢和积炭等污物，并使废旧零部件表面达到所要求清洁度的过程。产品的清洁度是再制造产品的一项主要质量指标，清洁度不良不仅影响产品的再制造加工，而且往往能够造成产品的性能下降，容易出现过度磨损、精度下降和寿命缩短等现象。同时良好的产品清洁度，也能够提高消费者对再制造产品质量的信心。

与拆解过程一样，清洗过程也不可能直接从普通的制造过程借鉴经验，这就需要再制造商和再制造设备供应商研究新的技术方法，开发新的再制造清洗设备。根据零件清洗的位置、复杂程度和零件材料等不同，在清洗过程中，所使用的清洗技术和方法也会不同，常常需要连续或者同时应用多种清洗方法。

为了完成各道清洗工序，可使用一整套各种专用的清洗设备，包括喷淋清洗机、浸浴清洗机、喷枪机、综合清洗机、环流清洗机和专用清洗机等，对设备的选用需要根据再制造的标准、要求、环保、费用以及再制造场所来确定。

4.2.1.2　再制造清洗的基本要素

待清洗的废旧零部件都存在于特定的介质环境中，一个清洗体系包括四个要素，即清洗对象、零件污垢、清洗介质及清洗力。

（1）清洗对象指待清洗的物体，如组成机器及各种设备的零件和电子元件等。而制造这些零件和电子元件的材料主要有金属材料、陶瓷（含硅化合物）和塑料等，针对不同清洗对象要采取不同的清洗方法。

（2）零件污垢指物体受到外界物理、化学或生物作用，在表面上形成的污染层或覆盖层。所谓清洗就是指从物体表面上清除污垢的过程，通常是指把污垢从固体表面上去除掉。

（3）清洗介质指清洗过程中提供清洗环境的物质，又称为清洗媒体。清洗介质在清洗过程中起着重要的作用，一是对清洗力起传输作用，二是防止解离下来的污垢再吸附。

（4）清洗对象、零件污垢及清洗介质三者间必须存在一种作用力，才能使得污垢从清洗对象的表面清除，并将它们稳定地分散在清洗介质中，从而完成清洗过程，这个作用力称为清洗力。在不同的清洗过程中，起作用的清洗力不同，大致可分为以下七种力：溶解力、分散力、表面活性力、化学反应力、吸附力、物理力和酶力。

4.2.2 再制造清洗内容

拆解后对废旧零部件的清洗主要包括清除油污、水垢、锈蚀、积炭和油漆等内容。

4.2.2.1 清除油污

凡是和各种油料接触的零件在拆解后都要进行清除油污的工作，即除油。油可以分为两类：可皂化的油，就是能与强碱起作用生成肥皂的油，如动物油和植物油；不可皂化的油，就是不能与强碱起作用的油，如各种矿物油、润滑油、凡士林和石蜡等。

这两类油都不溶于水，但可溶于有机溶剂。去除这些油类，主要用化学方法和电化学方法。有机溶剂、碱性溶液和化学清洗液是常用的清洗液。清洗方式有人工方式和机械方式，包括擦洗、煮洗、喷洗、振动清洗和超声清洗等。

4.2.2.2 清除水垢

机械产品的冷却系统经过长期使用硬水或含杂质较多的水后，在冷却器及管道内壁上会沉积一层黄白色的水垢，其主要成分是碳酸盐和硫酸盐，部分还含有二氧化硅等。水垢使水管截面缩小，导热系数降低，严重影响冷却效果，影响冷却系统的正常工作，因此在再制造过程中必须予以清除。水垢的清除方法一般采用化学去除法，包括磷酸盐清除法、碱溶液清除法和酸洗清除法等。对于铝合金零件表面的水垢，可用5%浓度的硝酸溶液或10%~15%浓度的醋酸溶液。清除水垢用的化学清除液要根据水垢成分与零件材料慎重选用。

4.2.2.3 清除锈蚀

锈蚀是因为金属表面与空气中氧、水分子以及酸类物质接触而生成的氧化物，如FeO、Fe_3O_4和Fe_2O_3等，通常称为铁锈。去锈的主要方法有机械法、化学酸洗法和电化学酸蚀法等。

机械法除锈主要是利用机械摩擦、切削等作用清除零件表面锈层，常用的方法有刷、磨、抛光和喷砂等。

化学酸洗法主要是利用酸对金属表面锈蚀产物的溶解以及化学反应中生成的氢对锈层产生的作用并使其脱落。常用的酸包括盐酸、硫酸和磷酸等。

电化学酸蚀法主要是利用零件在电解液中通以直流电后产生的化学反应而达到除锈的目的，包括将被除锈的零件作为阳极和把被除锈的零件作为阴极两种方式。

4.2.2.4 清除积炭

积炭是由于燃料和润滑油在燃烧过程中不充分燃烧，并在高温作用下形成的一种由胶质、沥青质、润滑油和炭质等组成的复杂混合物。如发动机中的积炭大部分积聚在气门、活塞和气缸盖等上，这些积炭会影响发动机某些零件散热效果，恶化传热条件，影响其燃烧性，甚至会导致零件过热，形成裂纹。因此，在此类零件再制造过程中，必须将其表面积炭清除干净。积炭的成分与发动机结构、零件部位、燃油、润滑油种类、工作条件以及工作时间长短等有关。

清除积炭目前常使用机械法、化学法和电解法等。机械法用金属丝刷与刮刀去除积炭，方法简单，但效率较低，不易清除干净，并易损伤表面；用压缩空气喷射核屑法清除积炭能够明显提高效率。化学法指将零件浸入氢氧化钠、碳酸钠等清洗液中，温度在80~95℃，使油脂溶解或乳化，积炭变软后再用毛刷刷去并清洗干净。电解法指将碱溶液作为电解液，工件接于阴极，使其在化学反应和氢气的共同剥离作用力下去除积炭，其去除效率高，但要掌握好清除积炭的规范。

4.2.2.5　清除油漆

拆解后零件表面的原保护漆层一般都需要全部清除，并经冲洗干净后重新喷漆。对油漆的清除可先借助已配制好的有机溶剂、碱性溶液等作为退漆剂涂刷在零件的漆层上，使之溶解软化，再用手工工具去除漆层。

4.2.3　再制造清洗关键技术及研究目标

4.2.3.1　溶液清洗技术

A　现状

溶液清洗是目前工业和再制造领域应用最为广泛的清洗方式，几乎涵盖了化学清洗的全部内容，其基本原理是以水或溶剂为清洗介质，利用水、溶剂、活化剂以及酸、碱等化学清洗剂的去污作用，借助工具或设备有效清洗零件表面油污、颗粒等污染物。清洗手段包括溶剂清洗、酸洗和碱洗等。水是大多数无机酸、碱、盐等的成本低廉、应用极广且良好的溶剂和清洗介质。但单纯以水为溶剂的某些清洗液是难以渗透到被清洗的整个表面的，因此必须借助溶剂、酸、碱以及助剂对复杂污染物进行清洗去除。

目前溶液清洗中常用的化学试剂，特别是溶剂类清洗液中，除了 C、H 元素外，还有 O、N、Si、S 以及卤族元素 F、Cl、Br、I 等八种元素可以构成溶剂分子。其中，S 由于通常具有刺激性气味，且构成溶剂通常具有毒性和腐蚀性，因此不适合作为清洗用溶剂。I 元素由于具有较高的化学活性，稳定的含 I 溶剂难以实现规模商品化应用。因此，可以用于清洗的溶剂原子仅限于 C、H、O、N、Si、F、Cl、Br 等八种。当前工业领域常用的清洗介质主要包括溶剂、活化剂和化学清洗剂等。

烃类溶剂中，芳香烃纯溶剂包括苯、甲苯和二甲苯，其 KB 值高，苯胺点低，对油溶性污垢的溶解能力很强；但其毒性强，会造成大气污染与光化学烟雾，尤其是苯的毒性更强；容易燃烧和爆炸，当空气中苯的含量大于 1.5% 时，即可能引起爆炸。醇类溶剂可以和水以任意比例混溶，高浓度的水溶液对油脂有较好的溶解能力，对某些活化剂也有较强的溶解能力，可用于清除被清洗表面的活化剂残留物，此外还有很强的杀菌能力，常用于消毒。酯类溶剂属于中性物质，毒性较小，有芳香气味，不溶于水，可溶解油脂，因此可用作油脂的溶剂。常用于油污清洗的酯类溶剂有乙酸甲酯、乙酸乙酯和乙酸正丙酯等。

在清洗过程中，利用活化剂的水溶液，从固体表面清除能溶于水、不溶于水、固体的和液体的污垢的基本步骤，都是先对被清洗固体表面进行润湿，从基底上去除污垢；再利用清洗剂的分散作用，使污垢稳定地分散于溶液中。这两步的效果，均取决于被清洗材料和污垢间界面的性质。

清洗效率取决于活化剂的化学结构、被清洗材料及其表面状态、污垢的组成和性质、清洗剂的组成及各组分之间的相互作用、清洗工艺条件和水质状况等。一般而言有下述规律：疏水基的链增长，活化剂的吸附性和对油污的清除效果增大。烷基中没有支链的活化剂的润湿性较差，但是清洗性较好；多支链的活化剂有较好的润湿性，而清洗性欠佳。烷基中碳数相同的活化剂，当疏水基移向碳链的中心时，其吸附性和清洗性明显降低，润湿性显著增加。链长对离子型活化剂的清洗性、吸附性和润湿性的影响，远大于对非离子型活化剂的影响。具有较高表面活性和较低表面张力的清洗剂溶液，对油污有较强的增溶、乳化作用，有利于油污的清除。

酸洗：酸性清洗法常用无机酸和有机酸作为清洗主剂。无机酸有盐酸、硫酸、硝酸、磷酸、氢氟酸和氨基磺酸等，其溶解力强、速度快、效果明显且费用低。但即使有缓蚀剂存在，无机酸性清洗剂对金属材料的腐蚀性仍很大，易产生氢脆和应力腐蚀，并在清洗过程中产生大量酸雾，造成环境污染。有机酸有柠檬酸、甲酸、草酸、羟基乙酸、酒石酸、乙二胺四乙酸（EDTA）、聚马来酸（PMA）、聚丙烯酸（PAA）、羟基乙叉二磷酸（HEDP）、乙二胺甲叉磷酸（EDTMP）等。有机酸大多为弱酸，不含有害的氯离子成分，对设备本体腐蚀倾向小。有机酸对水垢的溶解速度较慢，清洗温度要在80℃以上，清洗时间要长一些，成本高，适用于清洗贵重设备。

碱洗：碱性清洗法是一种以碱性物质为清洗主剂的化学清洗方法，比较古老，清洗成本低，被广泛应用。碱性清洗剂可以单独使用，也可以和其他清洗剂交替或混合使用。主要用于清除油垢，也用于清除无机盐、金属氧化物、有机涂层和蛋白质垢等。用碱洗除锈、除垢等，比采用酸洗的成本高，且除锈、除垢的速度慢。但是，除对两性金属的设备以外，碱洗不会造成金属的严重腐蚀，不会引起工件尺寸的明显改变，不存在因清洗过程中析氢而造成对金属的损伤，金属表面在清洗后与钝化之前，也不会快速返锈等。

显然，目前常用的溶液清洗材料大多对环境、人体具有负面影响，特别是一些有毒试剂、酸液和碱液的废液排放是造成人类疾病、大气污染、水污染、土壤污染和环境破坏的主要原因，也使清洗成为再制造过程中的重要污染环节，削弱了再制造节能减排的重要作用。另一方面，目前的常用化学试剂的清洗效率还有待进一步提高，特别是对于一些新兴的再制造领域，如电子和航空航天领域，对零件表面清洗质量要求高；而石油化工和矿山机械等领域废旧零部件表面污染物种类多，表面重度油污去除难度大，要求清洗剂具有优异的污染物去除能力。

B 挑战

从环境、经济和效率的角度分析，溶液清洗面临的主要挑战包括三方面：一是减少溶液清洗中有毒、有害化学试剂的使用，提高化学清洗过程中废液的环保处理效果，降低清洗过程对环境的污染；二是开发新的化学合成技术，制备低成本的环境友好型化学试剂，获得可大规模应用的新型无毒、无害、低成本化学清洗材料；三是通过新型清洗材料的合成，获得具有超强清洗力的高效清洗材料，提高特殊领域再制造毛坯表面的清洗效率和清洗效果。

目前，国外已经开展了新型化学清洗材料研究的相关工作。例如，将室温条件下保持离子状态的熔融盐，即离子液体（Ionic Liquids）作为清洗介质用于航空装备、生物医学和半导体等领域零件的清洗，取得了良好的清洗效果。图4-1为不同阳离子构成的金属基离子液体宏观照片，图中由左至右分别为铜基、钴基、镁基、铁基、镍基和钒基离子液体。

将离子液体应用于毛刷清洗过程（图4-2），可以显著提高表面污染物颗粒的清除效率。不锈钢、钛合金、铝合金和镍钴合金等多数金属及其合金都可以使用离子液体进行电化学抛光清洗。

图 4-1　不同阳离子构成的金属基离子液体宏观照片

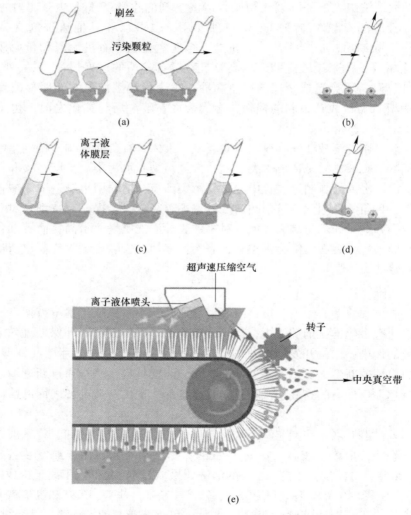

图 4-2　离子液体配合毛刷用于污染物颗粒的清洗示意图

（a）普通刷洗过程；（b）普通刷洗中的电荷吸引作用；（c）离子液体刷洗过程；
（d）离子液体与电荷的吸引作用；（e）离子液体清洗过程

图 4-3 为使用离子液体处理前后钛合金零件表面形貌的宏观照片。通过对比可以看出，经过离子液体清洗后，零件露出了洁净、光滑且光亮的基体表面。尽管离子液体作为新型清洗材料可以实现半导体、金属和生物材料表面油污、颗粒等污染物的有效去除，但离子液体具有合成过程复杂、成本高且部分具有毒性等缺点，实现离子液体低成本和无毒化是实现其未来大规模应用的重要前提。

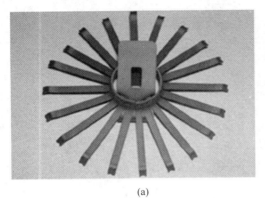 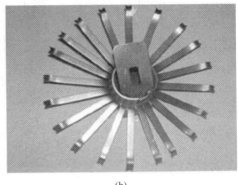

(a)   (b)

图 4-3　使用离子液体处理前后钛合金零件表面形貌的宏观照片
(a) 处理前；(b) 处理后

除离子液体外，由水、油和活化剂构成的微乳液是近年新兴的潜在高效溶液清洗材料之一。图 4-4 为不同油-水-活化剂体系盐度构成的微乳液宏观照片，图 4-5 为石油钻杆表面使用微乳液清洗前后的对比照片。可以看出，经过微乳液清洁处理后，钻杆表面油污消失，露出了洁净的基体表面。由于微乳液具有自然形成、吸收或溶解水和油量大、可以改变油污表面润湿性及清洗过程需要机械能小等突出优点，在再制造清洗领域具有广阔的应用前景，特别是将微乳液用于石油、天然气和化工领域工业装备零件的再制造表面清洗的潜力巨大。

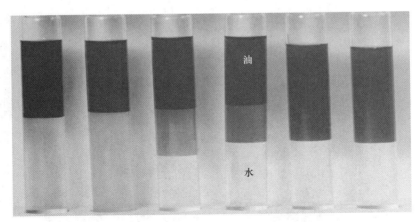

图 4-4　不同油-水-活化剂体系盐度构成的微乳液宏观照片

微生物清洗技术也称为生物酶清洗，用于清洗烃类污染物。其基本原理是利用微生物活动将烃类污染物还原为水和二氧化碳。在清洗过程中，微生物不断释放脂肪酶、蛋白酶

(a)   (b)

图 4-5   石油钻杆表面使用微乳液清洗前后的对比照片

（a）清洗前；（b）清洗后

和淀粉酶等多种生物酶，打断油脂类污染物的烃类分子链，这一过程将烃类分子分解并释放碳源作为微生物的营养物质，从而刺激微生物进一步将油脂消化吸收，随后污染物会被溶液带走并经过过滤装置将大尺寸固体污染物过滤。由于微生物的繁殖速度快，在 24 h 内，单一微生物细胞可以繁殖到 10^{21} 个，因此，微生物清洗过程中可以实现清洗剂的循环使用，使清洗过程长期持续进行。与传统清洗剂相比，微生物清洗过程无毒，清洗产生的废水经简单处理就能够达到排放标准。微生物清洗速度较慢，通常采用浸泡方式，通过搅拌使酶与零件表面充分接触达到最佳的清洗效果。图 4-6 为使用微生物清洗剂手工清洗金属零件的过程。使用微生物清洗剂进行清洗后，清洗槽表面吸附的油污类污染物同时被有效去除。

图 4-6   使用微生物清洗剂手工清洗金属零件的过程

微生物清洗适用的污染物类型包括原油、切割液、机油、润滑油、液压传动液、有机溶剂和润滑脂等，适用的清洗表面材质包括碳钢、不锈钢、镀锌钢、铜、铝、钛、镍、塑料、陶瓷和玻璃等。同时，由于微生物清洗剂对环境无污染，对人体健康和清洗对象表面无损害，酸碱性接近中性，不溶解、不易挥发、无毒、不可燃，清洗过程温度要求低，清洗废水也没有毒性，从环保角度来看，微生物清洗剂比酸、碱性清洗剂更符合环保要求。目前，微生物清洗方式主要应用于生物、医药领域，在一些修理厂和废水处理厂也得到了应用，但在机械工业领域还未实现商业化，未来在再制造清洗领域具有广阔的应用前景，特别适用于机械产品零部件表面油污类污染物的清洗。

C　目标

一方面通过新型清洗试剂的研究，开发环境友好型绿色清洗材料，提高溶液清洗效率，降低清洗材料成本，减少清洗过程中有毒、有害物质的使用；另一方面，通过清洗过程中废液的环保处理技术研究，减少有毒、有害物质的排放。总体上，最大限度地降低溶液清洗过程对操作人员的伤害，降低对环境的污染，避免对清洗对象的损伤。

4.2.3.2　物理清洗技术

A　现状

利用热、力、声、电、光和磁等原理的表面去污方法，都可以称之为物理清洗。与化学清洗技术相比，物理清洗技术对环境的污染和对工人健康的损害都较小，而且物理清洗对清洗物基体没有腐蚀破坏作用。目前常用的物理清洗技术主要包括吸附清洗、热能清洗、喷射清洗、摩擦与研磨清洗、超声波清洗、光清洗和等离子体清洗等。

（1）吸附清洗。吸附清洗利用材料表面污染物对不同的物质表面亲和力的差别，在气体或流体介质中将污垢从原来附着的物体表面转移到另一物体表面，达到去除污垢的目的。适合这种目的而使用的物质称为吸附剂，被吸附的物质（去除的污垢）为吸附物。吸附按作用力的性质可分为物理吸附与化学吸附两类。作为吸附剂，要求其具备的基本特性是与污垢有很强的亲和力而且本身有很大的吸附表面积。吸附剂的表面与污垢之间可能存在物理和化学亲和力，这种亲和力包括分子间作用力、氢键力、静电引力以及化学键力。通常吸附剂表面分子与被吸附物之间是借助分子作用力而吸附的，因为分子之间的作用力普遍存在于物质之间。但根据吸附剂与吸附物的种类不同，它们之间的分子间作用力的大小也不同，同种吸附剂对不同物质的吸附能力的差别很大。在另一些情况下，当污垢粒子与吸附剂表面带有相反电荷时，也可靠静电引力结合而吸附。因此在选择吸附剂时要做具体分析，尽量选择与被吸附物之间亲和力大的吸附剂。例如，擦拭物体表面的泥土和黑板上的粉笔灰，使用湿棉布效果较好；而擦拭去除工厂内机器表面上的油性污垢或其他加工产生的废屑，使用化纤干布反而效果好。由于棉布是亲水纤维织成的，而合成纤维织成的布憎水性（亲油性）更好些。常用的吸附剂可分为纤维状吸附剂和多孔型吸附剂以及胶体粒子。纤维状吸附剂是天然或合成的细纤维，织成布状或毡状的物质。用聚乙烯纤维制成的毡布，可以吸附其本身质量的20~25倍的重度油污。在再制造清洗领域中使用的多孔性吸附剂有活性炭、沸石、膨润土、硅藻土、酸性白土和活性白土等。

（2）热能清洗。热能清洗在清洗中被广泛地应用。热能的受体有清洗液、被清洗基体和污垢本身，其清洗作用机理主要表现在以下几个方面：

1）对清洗过程的促进作用，主要体现在溶液清洗中。促进作用主要包括两个方面：一是促进化学反应；二是提高污垢在清洗液中的溶解分散性。清洗液对污垢的溶解速度和溶解量也随温度的升高而成比例地提高。所以，升温有利于洗涤过程。在某些高压水射流的管道清洗设备中备有加热设备，用于清洗那些水溶性不太好的污垢。热水可增加污垢的溶解性，防止不溶污垢堵塞管道，影响清洗效果。又如在所有表面处理中，除油以后都需用热水漂洗或冲洗，有利于把吸附在清洗对象表面的碱和活化剂溶解清除。

2）使污垢的物理、化学状态发生变化，主要体现在高温分解炉清洗中对零件表面和内部油污的清洗。温度的变化常会引起污垢的物理、化学状态变化，使它变得容易被去除。污垢物理状态的改变指固体污垢被熔化、溶化或汽化；化学状态的变化是指固体污垢被热能裂解和分解，污垢改变了原有的分子结构。用加热或燃烧的方法去除工件表面有机物的污垢，使它分解成二氧化碳等气体，这是一种简单的方法。其缺点是易留下灰分残留物，易造成金属的氧化。此外，某些物理强化清洗方法，如激光清洗，其清洗机理在本质上也是热能作用的结果。当高能激光照射在污垢上时，在短时间内迅速将光能转变为超高热能，使表面污垢熔化、汽化而被除去，可在不熔化金属的前提下，把金属表面的氧化物锈垢除去。

3）使清洗对象的物理性质发生变化，主要体现在高压饱和蒸汽清洗中。当温度变化时，清洗对象的物理性质也会变化，有时有利于清洗的进行。例如，人们在洗衣服时，用温水比较容易洗净。除了温水可提高清洗剂的效能外，另一个原因是布料中的纤维在较高的温度下浸泡，容易吸水膨胀，使污垢对纤维的吸附力下降，从而变得容易被清洗。

（3）喷射清洗。喷射清洗技术属于典型的物理清洗技术，包括高压水射流清洗、干式或湿式喷砂清洗、干冰清洗及抛丸或喷丸清洗等。其基本原理是利用压缩空气、高压水或机械力，将水、砂粒、丸粒或干冰等以较高的速度冲击清洗表面，通过机械作用将表面污染物去除。

1）高压水射流清洗利用高压水的冲刷、楔劈、剪切和磨削等复合破碎作用，将污垢打碎脱落。与传统的化学方法、喷砂抛丸方法、简单机械及手工方法相比，其具有速度快、成本低、清洗率高、不损坏被清洗物、应用范围广和不污染环境等诸多优点。在再制造领域，高压水射流清洗技术可以实现对水垢、发动机积炭、零件表面漆膜和油污等多种污垢的快速有效清洗。目前，在船舶、电站锅炉、换热器、轧钢带除鳞和城市地下排水管道等清洗中都得到了广泛应用。

2）喷砂清洗通常可分为干式和湿式两种，干式喷射的磨料主要有不同粒径的钢丸、玻璃丸、陶瓷颗粒和细砂等，湿式喷射的洗液包括常温的水、热水、酸和碱等溶液，还可以使用砂粒与溶剂复合形成的浆料喷射，以获得更好的清洗效果。

3）干冰清洗是将液态二氧化碳通过干冰制备机（造粒机）制作成一定规格（$\phi 2 \sim 14$ mm）的干冰球状颗粒，以压缩空气为动力源，通过喷射清洗机将干冰球状颗粒以较高速度喷射到被清洗物体表面。其工作原理与喷砂清洗原理相似，干冰颗粒对污垢表面有磨削、冲击作用，低温（-78 ℃）的二氧化碳干冰颗粒用高压喷射到被清洁物表面，使污垢冷却以致脆化，进而与其所接触的材质产生冷收缩效果，从而使污垢减小。目前干冰清洗主要应用于轮胎、石化和铸造行业。

4）抛（喷）丸清洗依靠电动机驱动抛丸器的叶轮旋转，在气体或离心力作用下把丸料（钢丸或砂粒）以极高的速度和一定的抛射角度抛打到工件上，让丸料冲击工件表面，对工件进行除锈、除砂及表面强化等，以达到清理、强化和光饰的目的。抛（喷）丸清洗主要用于铸件除砂、金属表面除锈、表面强化和改善表面质量等。用抛（喷）丸清洗方法对材料表面进行清理，可以使材料表面产生冷硬层和表面残余压应力，从而提高材料的承载能力并延长其使用寿命。

喷射清洗技术具有环境污染小和清洗效果好的优点，但在实际应用中应当注意以下问题：一是清洗过程中控制压力和时间，减少对清洗表面的机械损伤；二是清洗后零件表面露出新鲜基体，活性高，需要采取必要的防护措施，防止表面锈蚀，通常采用快速烘干或在高压水中添加缓蚀剂的方法；三是要注意清洗后废液与废料的回收和环保处理。

（4）摩擦与研磨清洗。在工业清洗领域中，一些用其他作用力不易去除的污垢，使用摩擦与研磨清洗这种简单实用的方法往往能取得较好的效果。例如，在汽车自动清洗装置中，向汽车喷射清洗液的同时，使用合成纤维材料做成的旋转刷子帮助擦拭汽车的表面。用喷射清洗液清洗工厂的大型设备或机器的表面时，用刷子配合擦洗往往能取得更好的清洗效果。

但使用摩擦与研磨清洗去污也存在以下问题需要注意：使用的刷子要保持清洁，防止刷子对清洗对象的再污染；当清洗对象是不良导体时，使用摩擦与研磨清洗有时会产生静电而使清洗对象表面容易吸附污垢；在使用易燃的有机溶剂时，要注意防止由于产生静电引起的火灾。

（5）超声波清洗。超声波清洗是清除物体表面异物和污垢最有效的方法，其清洗效率高且质量好，具有许多其他清洗方法所不能替代的优点，而且能够高效率地清洗物体的外表面和内表面。超声波清洗不仅清洗的污染物种类广泛，包括尘埃、油污等普通污染物和研磨膏类带放射性的特种污染物，而且清洗速度快，清洗后污垢的残留物比其他清洗方法要少很多。超声波清洗还可以清洗复杂零件以及深孔、不通孔和狭缝中的污物，并且对物体表面没有伤害或只引起轻微损伤，对环境的污染小，成本相对来说不高，而且对操作人员没有伤害。在实际应用中，超声波清洗常配合溶液清洗一同使用，需要采取适当措施对废液进行环保处理，同时要减少有害化学试剂的使用。

（6）光清洗。光是一种电磁波，具有各自的波长和相应的能量。将它应用于物体的清洗是近年来发展起来的，但应用面仍比较窄，设备成本较高。目前，光清洗分为激光清洗和紫外线清洗两种。

1）激光清洗。激光具有单色性、方向性和相干性好等特点。激光清洗的原理正是基于激光束的高能量密度、高方向性并能瞬间转化为热能的特性，将工件表面的污垢熔化或汽化而被去除，同时可在不熔化金属的前提下把金属表面的氧化物锈垢除去。激光清洗过程示意如图4-7所示，与传统清洗工艺相比，激光清洗技术具有以下特点：是一种"干式"清洗，不需要清洁液或其他化学溶液；清除污染物的种类和适用范围较广泛，目前主要应用于微电子行业中光刻胶等绝缘材料的去除和光学基片表面外来颗粒的清洗；通过调控激光工艺参数，可以在不损伤基材表面的基础上有效去除污染物；可以方便实现自动化操作等。目前，国外有研究将激光清洗应用于铝合金等金属材料表面焊接前清洗。

2）紫外线清洗。在石英、玻璃、陶瓷及硅片和带有氧化膜的金属等材料上的有机污

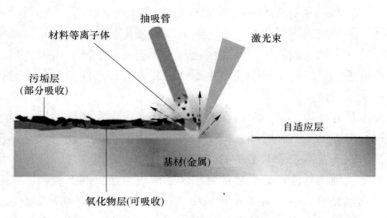

图 4-7　激光清洗过程示意图

垢物的去除常用到紫外线清洗。紫外线可引起有机物的分解，对微生物有很强的杀灭作用，因此在制备超纯水时，要利用紫外线进行杀菌处理。紫外线促进臭氧分子的生成，当空气中的氧分子吸收 240nm 以下波长的紫外线后会生成臭氧分子，在生成臭氧的同时也生成有强氧化力的激发状态的氧气分子。由于紫外线既可使组成污垢的有机物分子处于激发状态，又能产生臭氧这种具有强氧化力的物质，因此人们研究出利用紫外线–臭氧协同作用的清洗方法，即紫外线–臭氧并用法（UV-O$_3$ 法），它是干式物理清洗技术中重要的一种。

（7）等离子体清洗。等离子体清洗是一种干式物理清洗技术。利用等离子体清洗可以对金属、塑料和玻璃等材料进行除油、清洗及活化等处理，并且可以省去通常采用湿法工艺所必需的干燥工序及废水处理装置，因此它具有比湿式物理清洗技术的工艺流程短、费用低，而且不会污染环境等优点。等离子体的清洗作用机理比较复杂，至今还不太清楚，一般认为是由于等离子体的高动能和紫外线等对污垢共同作用的结果。

B　挑战

与化学清洗相比，物理清洗对环境和人员的损害更小，对结合力较高的非油污类污染物具有良好的清洗效果。但物理清洗的缺点是在精洗结构复杂的设备内部时，其作用力有时不能均匀地到达所有部位，从而出现死角。有时需要把设备解体进行清洗，因停工而造成损失。为提供清洗时的动力常需要配备相应的动力设备，其占地规模大且搬运不方便。同时，物理清洗的设备成本通常较高，且清洗效率相对较低。

此外，新兴的再制造领域对物理清洗技术提出了一系列新的要求。由于多数物理清洗技术对使用的能量和清洗力具有严格要求，当能量或清洗力过小时，如激光清洗功率小或时间短，喷射清洗的压力小，会导致污染物无法有效去除；当能量或清洗力过大时，会使清洗表面受到损伤，如激光功率过大，会造成清洗表面受热损伤，喷射清洗造成表面冲击损伤等（图 4-8）。因此，必须在实际应用中选择合适的清洗力或能量。随着高端装备和电子产品再制造需求的日益增加，精密零件和电子产品零件表面清洗对物理清洗技术提出了新的要求，即在实现高效清洗的同时，不对清洗对象表面产生损伤。另一方面，轨道交通、冶金和电力等行业的老旧和故障装备通常要求快速恢复装备性能，对于这些在役装备的再制造和装备的在线再制造，要求配套的清洗技术具有体积小、便携、能源消耗低、快速和高效等特点。

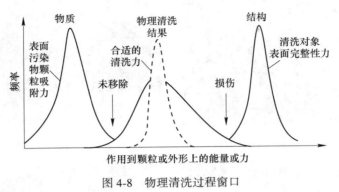

图 4-8　物理清洗过程窗口

近年来，在精密零件物理清洗技术研究与应用方面，半导体领域研究开发了双流体喷雾清洗（Dual-fluid Spray Cleaning）技术。图 4-9 为双流体喷雾清洗过程及喷嘴结构示意图。其原理是通过 G 口和 S 口分别通入气体和液体，并在喷嘴内部进行混合、雾化和加速，通过喷嘴 M 将形成的雾化液体喷射到待清洗的表面，去除半导体材料表面附着的微量纳米级颗粒污染物，同时避免对清洗表面的损伤。清洗过程中，通过改变流体或气体的压力和种类，以及喷嘴的直径影响雾化液滴束流的雾化效果和速度，进而影响清洗质量。双流体喷雾清洗技术在半导体行业有广泛的应用前景，同时，对于电子产品再制造清洗也具有潜在的应用前景，特别是在电子产品再制造清洗应用方面。

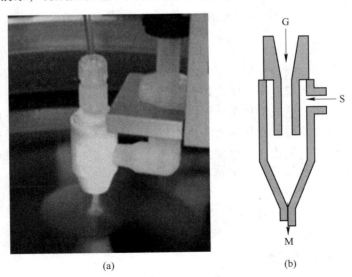

(a)　　　　　　　　　　　　(b)

图 4-9　双流体喷雾清洗过程及喷嘴结构示意图
（a）实物图；（b）结构示意图

此外，Shishkin 等研究了以冰颗粒为磨料的冰射流清洗（Icejet Cleaning），其可以有效去除塑料、金属和半导体等不同材质零件表面的各类污染物。冰射流清洗不同材质表面的清洗效果对比如图 4-10 所示。

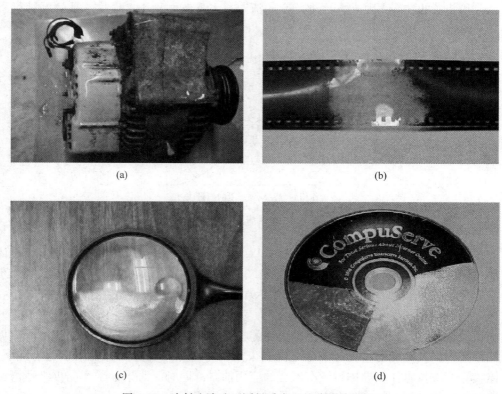

图 4-10　冰射流清洗不同材质表面的清洗效果对比
（a）金属零件；（b）胶卷底片；（c）玻璃制品；（d）光盘

C　目标

通过激光清洗、绿色磨料喷射清洗、紫外线清洗等物理清洗技术与装备研发，有效降低物理清洗成本，提高清洗效率，实现再制造表面的清洗与表面粗化、活化、净化等预处理过程一体化，提高再制造成形加工质量；结合绿色清洗材料开发以及清洗废弃物环保处理技术研究，将物理清洗技术和化学清洗技术相融合，开发再制造绿色物理、化学复合清洗设备，实现清洗装备智能化、通过式、便携式设计，实现在役、高端、智能和机电复合装备的高效绿色清洗。

4.3　再制造检测技术

4.3.1　再制造检测概念及要求

4.3.1.1　基本概念

用于再制造的废旧产品运达再制造工厂后，要经过拆解、清洗、检测、加工、装配和包装等步骤才能形成可以销售的再制造产品。正确地进行再制造毛坯（即用于再制造的废旧零部件）工况检测，是再制造质量控制的主要环节，它不但能决定毛坯的弃用，影响再制造成本，提高再制造产品的质量稳定性，还能帮助决策失效毛坯的再制造加工方式，是再制造过程中一项至关重要的工作。

再制造毛坯检测是指在再制造过程中，借助于各种检测技术和方法，确定再制造毛坯的表面尺寸及其性能状态等，以决定其弃用或再制造加工的过程。再制造毛坯通常都是经长期使用过的零件，这些零件的工况对再制造零件的最终质量有相当重要的影响。零件的损伤，不管是内在质量还是外观变形，都要经过仔细的检测，根据检测结果，进行再制造性综合评价，决定该零件在技术上和经济上进行再制造的可行性。

4.3.1.2 检测的要求和作用

（1）在保证质量的前提下，尽量缩短再制造时间，节约原材料、新品件和工时，提高毛坯的再制造度和再制造率，降低再制造成本。

（2）充分利用先进的无损检测技术，提高毛坯检测质量的准确性和完好率，尽量减少或消除误差，建立科学的检测程序和制度。

（3）严格掌握检测技术要求和操作规范，结合再制造性评估，正确区分直接再利用件、需再制造件、材料可再循环件及环保处理件的界限，从技术、经济、环保和资源利用等方面综合考虑，使得环保处理量最小化，再利用和再制造量最大化。

（4）根据检测结果和再制造经验，对检测后毛坯进行分类，并对需再制造的零件提供信息支持。

4.3.2 再制造毛坯检测的内容

用于再制造的毛坯要根据经验和要求进行全面的质量检测，同时根据毛坯的具体情况，各有侧重。一般检测包括以下几个方面：

（1）毛坯的几何精度，包括毛坯零件的尺寸、形状和表面相互位置精度等，这些信息均对产品的装配和质量造成影响。通常需要检测零件尺寸、圆柱度、圆度、平面度、直线度、同轴度、垂直度和跳动等。根据再制造产品的特点及质量要求，对零件装配后的配合精度要求也要在检测中给予关注。

（2）毛坯的表面质量，包括表面粗糙度、擦伤、腐蚀、磨损、裂纹、剥落及烧损等缺陷，并对存在缺陷的毛坯确定再制造方法。

（3）毛坯的理化性能，包括零件硬度、硬化层深度、应力状态、弹性、刚度、平衡状况及振动等。

（4）毛坯的潜在缺陷，包括毛坯内部夹渣、气孔、疏松、空洞和焊缝等缺陷及微观裂纹等。

（5）毛坯的材料性质，包括毛坯的合金成分、渗碳层含碳量、各部分材料的均匀性及高分子类材料的老化变质程度等。

（6）毛坯的磨损程度，根据再制造产品生命周期要求，正确检测判断摩擦磨损零件的磨损程度并预测其再使用时的情况。

（7）毛坯表层材料与基体的结合强度，如电刷镀层、喷涂层、堆焊层和基体金属的结合强度等。

4.3.3 再制造检测技术方法

4.3.3.1 感官检测法

感官检测法是指不借助于量具和仪器，只凭检测人员的经验和感觉来鉴别毛坯技术状况的方法。这类方法精度不高，只适于分辨缺陷明显（如断裂等）或精度要求低的毛坯，并要求检测人员具有丰富的实践检测经验和技术。具体方法有：

（1）目测用眼睛或借助放大镜来对毛坯进行观察和宏观检测，如倒角、裂纹、断裂、疲劳剥落、磨损、刮伤、蚀损、变形和老化等。

（2）听测借助于敲击毛坯时的声响判断其技术状态。零件无缺陷时声响清脆，内部有缩孔时声音相对低沉，内部有裂纹时声音嘶哑。听声音可以进行初步的检测，对重点件还需要进行精确检测。

（3）触测用手与被检测的毛坯接触，可判断零件表面温度高低、表面粗糙程度以及明显裂纹等；使配合件做相对运动，可判断配合间隙的大小。

4.3.3.2　测量工具检测法

测量工具检测法是指借助于测量工具和仪器，较为精确地对零件的表面尺寸精度和性能等技术状况进行检测的方法。这类方法相对简单、操作方便且费用较低，一般可达到检测精度要求，所以在再制造毛坯检测中应用广泛。主要检测内容如下：

（1）用各种测量工具（如卡钳、钢直尺、游标卡尺、外径千分尺、百分表、千分表、塞规、量块和齿轮规等）和仪器，检验毛坯的几何尺寸、形状和相互位置精度等。

（2）用专用仪器和设备对毛坯的应力、强度、硬度和冲击韧性等力学性能进行检测。

（3）用平衡试验机对高速运转的零件做静、动平衡检测。

（4）用弹簧检测仪检测弹簧弹力和刚度。

（5）对承受内部介质压力并需防泄漏的零部件，需在专用设备上进行密封性能检测。

在必要时还可以借助金相显微镜来检测毛坯的金属组织、晶粒形状及尺寸、显微缺陷和化学成分等。根据快速再制造和复杂曲面再制造的要求，快速三维扫描测量系统也在再制造检测中得到了初步应用，能够进行曲面模型的快速重构，并用于再制造加工建模。

4.3.3.3　无损检测法

无损检测法是指利用电、磁、光、声和热等物理量，通过再制造毛坯所引起的变化来测定毛坯的内部缺陷等技术状况。目前已被广泛使用的无损检测法有超声波检测技术、射线检测技术、磁记忆效应检测技术和涡流检测技术等，可用来检查再制造毛坯是否存在裂纹、孔隙和强应力集中点等影响再制造后零件使用性能的内部缺陷。这类方法不会对毛坯本体造成破坏、分离和损伤，是先进、高效的再制造检测方法，也是提高再制造毛坯质量检测精度和科学性的前沿手段。

4.3.4　无损再制造检测技术

4.3.4.1　超声波检测技术

超声波是一种以波动形式在介质中传播的机械振动。超声波检测技术利用材料本身或内部缺陷对超声波传播的影响，来判断结构内部及表面缺陷的大小、形状和分布情况。超声波具有良好的指向性，对各种材料的穿透力较强，检测灵敏度高，检测结果可现场获得，使用灵活，设备轻巧且成本低廉。超声波检测技术是无损检测中应用最为广泛的方法之一，可用于超声探伤和超声测厚。超声探伤最常用的方法有共振法、穿透法、脉冲反射法、直接接触法和液浸法等，适用于各种尺寸的锻件、轧制件、焊缝和某些铸件的缺陷检测；可用于检测再制造毛坯构件的内部及表面缺陷。超声测厚可以无损检测材料厚度、硬度、淬硬层深度、晶粒度、液位、流量、残余应力和胶接强度等；可用于压力容器、管道壁厚等的测量。

4.3.4.2　涡流检测技术

涡流检测技术是涡流效应的一项重要应用。当载有交变电流的检测线圈靠近导电试件时，由于检测线圈磁场的作用，导电试件会生出感应电流，即涡流。涡流的大小、相位及流动方向与导电试件材料性能有关，同时，涡流的作用又使检测线圈的阻抗发生变化。因此，通过测定检测线圈阻抗的变化（或检测线圈上感应电压的变化），可以获知被检测材料有无缺陷。涡流检测特别适用于薄、细导电材料，而对粗、厚导电材料只适用于表面和近表面的检测。检测中不需要耦合剂，可以非接触检测，也可用于异形材和小零件的检测。涡流检测技术设备简单、操作方便、速度快、成本低且易于实现自动化。根据检测因素的不同，涡流检测技术可检测的项目分为探伤、材质试验和尺寸检查三类，只适用于导电材料，主要应用于金属材料和少数非金属材料（如石墨和碳纤维复合材料等）的无损检测，主要测量材料的电导率、磁导率、检测晶粒度、热处理状况、硬度和尺寸等，也可以检测材料和构件中的缺陷，如裂纹、折叠、气孔和夹杂等，还可以测量金属材料上的非金属涂层和铁磁性材料上的非铁磁性材料涂层（或镀层）的厚度等。在无法直接测量毛坯厚度的情况下，可用它来测量金属箔、板材和管材的厚度以及测量管材和棒材的直径等。

4.3.4.3　射线检测技术

当射线透过被检测物体时，物体内部有缺陷部位与无缺陷部位对射线吸收能力不同，射线在通过有缺陷部位后的强度高于通过无缺陷部位的射线强度，因此可以通过检测透过工件后射线强度的差异来判断工件中是否有缺陷。目前，国内外应用最广泛、灵敏度比较高的射线检测方法是射线照相法，它采用感光胶片来检测射线强度。在射线感光胶片上黑影较大的地方，即对应被测试件上有缺陷的部位，因为这里接收较多的射线，所以形成黑度较大的缺陷影像。射线检测诊断使用的射线主要是 X 射线、γ 射线，主要有实时成像技术、背散射成像技术和 CT 技术等。该检测技术适用材料范围广泛，对试件形状及其表面粗糙度无特殊要求，能直观地显示缺陷影像，便于对缺陷进行定性、定量与定位分析，对被检测物体无破坏和污染。但射线检测技术对毛坯厚度有限制，难以发现垂直射线方向的薄层缺陷，检测费用较高，并且射线对人体有害，需做特殊防护。射线检测技术比较容易发现气孔、夹渣和未焊透等体积类缺陷，而对裂纹和细微不熔合等片状缺陷，在透照方向不合适时不易发现。射线照相法主要用于检验铸造缺陷和焊接缺陷，而由于这些缺陷几何形状的特点、体积的大小、分布的规律及内在性质的差异，使它们在射线照相中具有不同的可检出性。

4.3.4.4　渗透检测技术

渗透检测技术是利用液体的润湿作用和毛吸现象，在被检测零件表面上浸涂某些渗透液，由于渗透液的润湿作用，渗透液会渗入零件表面开口缺陷处，用水和清洗剂将零件表面剩余渗透液去除，再在零件表面施加显像剂，经毛细管作用，将孔隙中的渗透液吸出来并加以显示，从而判断出零件表面的缺陷。渗透检测技术是最早使用的无损检测方法之一，除表面多孔性材料以外，该方法可以应用于各种金属、非金属材料以及磁性、非磁性材料的表面开口缺陷的无损检测。液体渗透检测按显示缺陷方法的不同，可分为荧光法和着色法；按渗透液的清洗方法不同，又可分为水洗型、后乳化型和溶剂清洗型；按显像剂的状态不同，可分为干粉法和湿粉法。上述各种方法都有很高的灵敏度。渗透检测的特点是原理简单，操作容易，方法灵活，适应性强，可以检查各种材料，且不受零件几何形状、尺寸大小的影响。对小零件可以采用浸液法，对大设备可采用刷涂法或喷涂法，一次检测便可探查任何方向表面开口的缺陷。渗透检测的不足是只能检测开口式表面缺陷，不能发现表面未开口的皮下缺陷和内部缺陷，检验缺陷的重复性较差，工序较多，而且探伤灵敏度受人为因素的影响。

4.3.4.5　磁记忆效应检测技术

毛坯零件由于疲劳和蠕变而产生的裂纹会在缺陷处出现应力集中，由于铁磁性金属部件存在着磁机械效应，因此其表面上的磁场分布与部件应力载荷有一定的对应关系，所以可通过检测部件表面的磁场分布状况间接地对部件缺陷和应力集中位置进行诊断。磁记忆效应检测技术无须使用专门的磁化装置即能对铁磁性材料进行可靠检测，检测部位的金属表面不必进行清理和其他预处理，较超声法检测灵敏度高且重复性好，具有对铁磁性毛坯缺陷做早期诊断的功能，有的微小缺陷应力集中点可被磁记忆效应检测技术检出。该检测技术还可用来检测铁磁性零部件可能存在应力集中及发生危险性缺陷的部位。此外，某些机器设备上的内应力分布，如飞机轮毂上螺栓扭力的均衡性，也可采用磁记忆效应检测技术予以评估。磁记忆效应检测技术对金属损伤的早期诊断与故障的排除及预防具有较高的敏感性和可靠性。

4.3.4.6　磁粉检测技术

磁粉检测技术是利用导磁金属在磁场中（或将其通以电流以产生磁场）被磁化，并通过显示介质来检测缺陷特性的检测方法。磁粉检测技术具有设备简单、操作方便、速度快、观察缺陷直观和检测灵敏度较高等优点，在工业生产中应用极为普遍。根据显示漏磁场情况的方法不同，磁粉检测技术分为线圈法、磁粉测定法和磁带记录法。磁粉检测法只适用于检测铁磁性材料及其合金，如铁、钴、镍及其合金等，可以检测发现铁磁性材料表面和近表面的各种缺陷，如裂纹、气孔、夹杂和折叠等。

随着再制造工程的迅速发展，促进了再制造毛坯先进检测技术的发展，除了上述提到的先进检测技术外，还有激光全息照相检测、声阻法探伤、红外无损检测、声发射检测、工业内窥镜检测等先进检测技术，这将为提高再制造效率和质量提供有效保证。

4.4　失效件再制造加工技术

4.4.1　再制造加工技术概述

4.4.1.1　基本概念

再制造加工是指对废旧失效零部件进行几何尺寸和机械性能加工恢复或升级的过程。再制造加工主要有两种方法，即机械加工方法和表面工程技术方法。

实际上大多数失效的金属零部件可以采用再制造加工工艺加以性能恢复，而且通过先进的表面工程技术，还可以使恢复后的零部件性能达到甚至超过新件。例如：采用等离子热喷涂技术修复的曲轴，因轴颈耐磨性能的提高可以使其寿命超过新轴；采用等离子堆焊恢复的发动机阀门，其寿命可达到新件的2倍以上；采用低真空熔敷技术修复的发动机排气阀门，其寿命可达到新件的3~5倍。

4.4.1.2　失效件再制造加工的条件

并非所有拆解后失效的废旧零件都适于再制造加工恢复。一般来说，失效零件可再制造要满足下述条件：

（1）再制造加工成本要明显低于新件制造成本。再制造加工主要针对附加值比较高的核心件进行，对低成本的易耗件一般直接进行换件。但当对某类废旧产品再制造，无法获得某个备件时，则通常不把该备件的再制造成本问题放在首位，而是通过对该零件的再制造加工来保证整体产品再制造的完成。

（2）再制造件要能达到原件的配合精度、表面粗糙度、硬度、强度和刚度等技术条件。

（3）再制造后零件的寿命至少能维持再制造产品使用的一个最小生命周期，满足再制造产品性能不低于新件的要求。

（4）失效零件本身成分符合环保要求，不含有环境保护法规中禁止使用的有毒有害物质。随着时代发展的要求，使环境保护更被重视和加强，使同一零件在再制造时相对制造时受到更多环境法规的约束，许多原产品制造中允许使用的物质可能在再制造产品中不允许继续使用，则针对这些零件不进行再制造加工。

失效零件的再制造加工恢复技术及方法涉及许多学科的基础理论，诸如金属材料学、焊接学、电化学、摩擦学、腐蚀与防护理论以及多种机械制造工艺理论。失效零件的再制造加工恢复也是一个实践性很强的专业，其工艺技术内容相当繁多，实践中不存在一种万能技术可以对各种零件进行再制造加工恢复。而且对于一个具体的失效零件，经常要复合应用几种技术才能使失效零件的再制造取得良好的质量和效益。

4.4.1.3　再制造加工方法分类与选择

废旧产品失效零件常用的再制造加工方法可以按照图4-11进行分类。

再制造加工工艺选择的基本原则是工艺的合理性。所谓合理是指在经济允许、技术具备及环保符合的情况下，所选工艺要尽可能满足对失效零件的尺寸及性能要求，达到质量不低于新件的目标。主要须考虑以下因素：

（1）再制造加工工艺对零件材质的适应性。

（2）再制造加工工艺可生成的再制造覆层厚度。

（3）再制造覆层与基体结合强度。

（4）再制造覆层的耐磨性。

（5）再制造覆层对零件疲劳强度的影响。

（6）再制造加工技术的环保性。

4.4.2　机械加工法再制造恢复技术

（1）机械加工恢复法。零件再制造恢复中，机械加工恢复法是最重要、最基本的方法，目前在国内外再制造厂生产中得到了广泛的应用。多数失效零件需要经过机械加工来

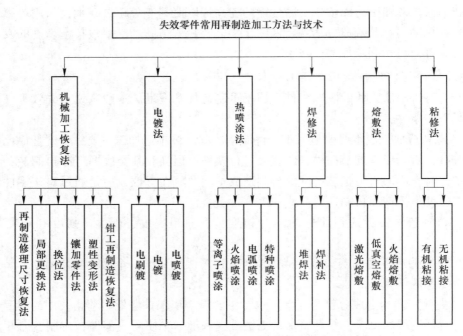

图 4-11   失效零件常用再制造加工方法

消除缺陷，最终达到配合精度和表面粗糙度等质量要求。它不仅可以作为一种独立的工艺方法获得再制造修理尺寸，直接恢复零件，而且是其他再制造加工方法操作前工艺准备和最后加工不可缺少的工序。

再制造恢复旧件的机械加工与新件加工相比较有其不同的特点。产品制造的生产过程一般是先根据设计选用材料，然后用铸造、锻造或焊接等方法将材料制作成零件的毛坯（或半成品），再经金属切削加工制成符合尺寸精度要求的零件，最后将零件装配成为产品。而再制造过程中的机械加工所面向的对象是废旧或经过表面工程处理的零件，通过机械加工来完成它的尺寸及性能要求。其加工对象是失效的定型零件，一般加工余量小，原有基准多已破坏，给装夹定位带来困难。另外待加工表面性能已定，一般不能用工序来调整，只能以加工方法来适应它。失效件的失效形式和加工表面多样，给组织生产带来困难，所以失效件的再制造加工具有个体性、多变性及技术先进性等特点。

（2）再制造修理尺寸恢复法。在失效件的再制造恢复中，再制造后达到原设计尺寸和其他技术要求，称为标准尺寸再制造恢复法。一般采用表面工程技术可以实现标准尺寸再制造恢复。

再制造时不考虑原来的设计尺寸，采用切削加工和其他加工方法恢复其形状精度、位置精度、表面粗糙度和其他技术条件，从而获得一个新尺寸，称为再制造的修理尺寸。而与此相配合的零件，则按再制造的修理尺寸配制新件或修复，该方法称为再制造修理尺寸恢复法，其实质是恢复零件配合尺寸链的方法，在调整法和修配法中，组成环需要的再制造恢复多为修理尺寸恢复法。如修轴颈、换套或扩孔镶套、键槽加宽一级及重配键等，均为较简单的实例。

在确定再制造修理尺寸，即去除表面层厚度时，首先应考虑零件结构上的可能性和再制造加工后零件的强度和刚度是否满足需要。如轴颈尺寸减小量一般不得超过原设计尺寸的 10%，轴上键槽可扩大一级。为了得到有限的互换性，可将零件再制造修理尺寸标准化，如内燃机气缸套的再制造修理尺寸，可规定几个标准尺寸，以适应尺寸分级的活塞备件；曲轴轴颈的修理尺寸分为 16 级，每一级尺寸缩小量为 0.125 mm，最大缩小量不得超过 2 mm。

失效零件加工后其表面粗糙度对零件性能和寿命影响很大，如直接影响配合精度、耐磨性、疲劳强度和耐蚀性等。对承受冲击和交变载荷、重载及高速的零件尤其要注意表面质量，同时要注意轴类零件圆角的半径和表面粗糙度。此外，对高速旋转的零部件，再制造加工时还需满足应有的静平衡和动平衡要求。

旧件的待再制造恢复表面和定位基准多已损坏或变形，在加工余量很小的情况下，盲目使用原有定位基准，或只考虑加工表面本身的精度，往往会造成零件的进一步损伤，导致报废。因此，再制造加工前必须检查、分析、校正变形、修整定位基准，然后再进行加工方可保证加工表面与其他要素的相互位置精度，并使加工余量尽可能小。必要时，需设计专用夹具。

再制造修理恢复尺寸法应用极为普遍，是国内外最常采用的再制造生产方法，通常也是最小再制造加工工作量的方法，工作简单易行，经济性好，同时可恢复零件的使用寿命，尤其对贵重零件意义重大。但使用该方法时，一定要判断是否能满足零件的强度和刚度的设计要求，以及再制造产品使用周期的寿命要求，以确保再制造产品质量。

（3）钳工再制造恢复法。钳工再制造恢复法也是失效零件机械加工恢复过程中最主要、最基本也是最广泛应用的工艺方法。它既可以作为一种独立的手段直接恢复零件，也可以是其他再制造方法如焊、镀和涂等工艺的准备或最后加工中必不可少的工序。钳工再制造恢复主要有铰孔、研磨和刮研等方法。

（4）镶加零件法。互相配合的零件磨损后，在结构和强度允许的条件下，可增加一个零件来补偿由于磨损和修复去掉的部分，以恢复原配合精度，这种方法称为镶加零件法。例如，箱体或复杂零件上的内孔损坏后，可扩孔以后再镶加一个套筒类零件来恢复。

（5）局部更换法。有些零件在使用过程中，各部位可能出现不均匀的磨损，某个部位磨损严重，而其余部位完好或磨损轻微。在这种情况下，如果零件结构允许，可把损坏的部分除去，重新制作一个新的部分，并使新换上的部分与原有零件的基本部分连接成为整体，从而恢复零件的工作能力，这种再制造恢复方法称为局部更换法。例如，多联齿轮和有内花键的齿轮，当齿部损坏时，可用镶齿圈的方法修复。

（6）换位法。有些零件在使用时产生单边磨损，或产生的磨损有明显的方向性，而对称的另一边磨损较小。如果结构允许，在不具备彻底对零件进行修复的条件下，则可以利用零件未磨损的一边，将它换一个方向安装即可继续使用，这种方法称为换位法。

（7）塑性变形法。塑性变形法是利用外力的作用使金属产生塑性变形，恢复零件的几何形状，或使零件非工作部分的金属向磨损部分移动，以补偿磨损掉的金属，恢复零件工作表面原来的尺寸精度和形状精度。根据金属材料可塑性的不同，分为常温下进行的冷压加工和热态下进行的热压加工。常用的方法有镦粗法、扩张法、缩小法、压延法和校正法。

无论采用以上哪一种机械加工恢复法，最主要的原则就是保证再制造恢复后的零件性能满足再制造产品的质量要求，保证再制造产品能够正常使用一个生命周期以上。

4.4.3 典型尺寸恢复法再制造技术

4.4.3.1 电刷镀技术

电刷镀技术是电镀技术的发展，是表面再制造工程的重要组成内容，它具有设备轻便、工艺灵活、沉积速度快、镀层种类多、结合强度高以及适应范围广等一系列优点，是机械零件再制造修复和强化的有效手段。

A 基本原理

电刷镀技术采用一专用的直流电源设备（图 4-12），电源的正极接镀笔，作为刷镀时的阳极，电源的负极接工件，作为刷镀时的阴极。镀笔通常采用高纯细石墨块作为阳极材料，石墨块外面包裹上棉花和耐磨的涤棉套。刷镀时使浸满镀液的镀笔以一定的相对运动速度在工件表面上移动，并保持适当的压力。这样在镀笔与工件接触的那些部位，镀液中的金属离子在电场力的作用下扩散到工件表面，并在工件表面获得电子，被还原成金属原子，这些金属原子沉积结晶就形成了镀层。随着刷镀时间的增长，镀层增厚。

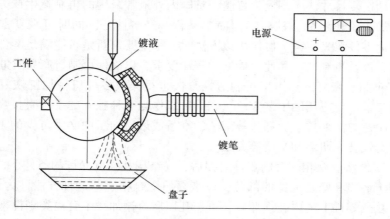

图 4-12 电刷镀基本原理示意图

B 电刷镀技术的特点

电刷镀技术的基本原理与槽镀相同，但其特点显著区别于槽镀，主要有以下三个方面：

（1）设备特点。电刷镀设备多为便携式或可移动式，其体积小、重量轻，便于现场使用或野外抢修。不需要镀槽和挂具，设备数量少，占用场地小，设备对场地设施的要求大大降低。一套设备可以完成多种镀层的刷镀。

镀笔（阳极）材料主要采用高纯细石墨，是不溶性阳极。石墨的形状可根据需要制成各种样式，以适应被镀工件表面形状为宜。刷镀某些镀液时，也可以采用金属材料作为阳极。

电刷镀设备的用电量、用水量比槽镀少得多，可以节约能源和资源。

（2）镀液特点。镀液大多数是金属有机络合物水溶液，络合物在水中有相当大的溶解度，并且有很好的稳定性。因而镀液中金属离子的含量通常比槽镀高几倍到几十倍。

不同镀液有不同的颜色，但都透明清晰，没有浑浊或沉淀现象，便于鉴别。

镀液性能稳定，能在较宽的电流密度和温度范围内使用，使用过程中不必调整金属离子浓度。

大多数镀液接近中性，不燃、不爆、无毒性、腐蚀性小，因此能保证手工操作的安全，也便于运输和贮存。除金、银等个别镀液外均不采用有毒的络合剂和添加剂。

（3）工艺特点。电刷镀区别于电镀（槽镀）的最大工艺特点是镀笔与工件必须保持一定的相对运动速度。由于镀笔与工件有相对运动，散热条件好，在使用大电流密度刷镀时，不易使工件过热。其镀层的形成是一个断续结晶过程，镀液中的金属离子只是在镀笔与工件接触的部位放电、还原结晶。镀笔的移动限制了晶粒的长大和排列，因此镀层中存在大量的超细晶粒和高密度的位错，这是镀层强化的重要原因。镀液能随镀笔及时供送到工件表面，大大缩短了金属离子扩散过程，不易产生金属离子贫乏现象。加上镀液中金属离子含量很高，允许使用比槽镀大得多的电流密度，因此镀层的沉积速度快。

C　电刷镀技术在再制造中的应用

（1）恢复退役机械设备磨损零件的尺寸精度与几何精度。

（2）填补退役设备零件表面的划伤沟槽、压坑。

（3）补救再制造机械加工中的超差零部件。

（4）强化再制造零件表面。

（5）提高零件的耐高温性能。

（6）减小零件表面的摩擦系数。

（7）提高零件表面的耐蚀性。

（8）装饰零件表面。

4.4.3.2　热喷涂技术

热喷涂是指将熔融状态的喷涂材料，通过高速气流使其雾化喷射在零件表面上，形成喷涂层的一种金属表面加工方法。根据热源来分，热喷涂有四种基本方法：火焰喷涂、电弧喷涂、等离子喷涂和特种喷涂。火焰喷涂就是以气体火焰为热源的热喷涂，又可按火焰喷射速度分为火焰喷涂、气体爆燃式喷涂（爆炸喷涂）及超声速火焰喷涂三种；电弧喷涂是以电弧为热源的热喷涂；等离子喷涂是以等离子弧为热源的热喷涂。热喷涂技术在设备维修和再制造中得到广泛应用，主要用来有效地恢复磨损和腐蚀的废旧零件表面尺寸和性能。下面以电弧喷涂为例对热喷涂技术进行介绍。

A　电弧喷涂原理

电弧喷涂是以电弧为热源，将熔化的金属丝用高速气流雾化，并以高速喷射到工件表面形成涂层的一种工艺。喷涂时，两根丝状喷涂材料经送丝机构均匀、连续地送进喷枪的两个导电嘴内，导电嘴分别接喷涂电源的正、负极，并保证两根丝材端部接触前的绝缘性。当两根丝材端部接触时，由于短路产生电弧。高压空气将电弧熔化的金属雾化成微熔滴，并将微熔滴加速喷射到工件表面，经冷却、沉积过程形成涂层。图 4-13 为电弧喷涂原理示意图。这项技术可赋予工件表面优异的耐磨、耐蚀、防滑、耐高温等性能，在机械制造、电力电子和修复等领域中获得了广泛的应用。

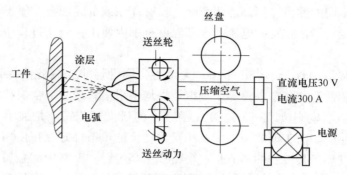

图 4-13　电弧喷涂原理示意图

B　电弧喷涂设备系统

电弧喷涂设备系统由电源、电弧喷涂枪、送丝机构、冷却装置、油水分离器、储气罐和空气压缩机等组成，图 4-14 为电弧喷涂设备系统简图。

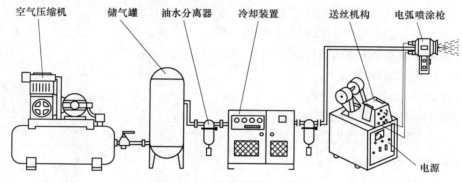

图 4-14　电弧喷涂设备系统简图

（1）电弧喷涂电源。电弧喷涂电源采用平的伏安特性。过去采用直流电焊机作为电弧喷涂电源，由于直流电焊机具有陡降的外特性，电弧工作电压在 40 V 以上，使喷涂过程中喷涂丝的含碳量烧损较大，降低涂层硬度。平的伏安特性的电弧喷涂电源可以在较低的电压下喷涂，使喷涂层中的碳烧损大为减少（约 50%），可以保持良好的弧长自调节作用，能有效地控制电弧电压。平特性的电源在送丝速度变化时，喷涂电流迅速变化，按正比增大或减小，能维持稳定的电弧喷涂过程。该电源的操作使用也很方便，根据喷涂丝材选择一定的空载电压，改变送丝速度可以自动调节电弧喷涂电流，从而控制电弧喷涂的生产效率。

（2）电弧喷涂枪。电弧喷涂枪是电弧喷涂设备的关键装置。其工作原理是将连续送进的喷涂丝材在喷涂枪前部以一定的角度相交，由于喷涂丝材各自接于直流电源的两极而产生电弧，从喷嘴喷射出的压缩空气流将熔化金属吹散形成稳定的雾化粒子流，从而形成喷涂层。

（3）送丝机构。送丝机构分为推式送丝机构和拉式送丝机构两种，目前应用较多的是推式送丝机构。

C 电弧喷涂技术的特点

（1）涂层性能优异。应用电弧喷涂技术，可以在不提高工件温度、不使用贵重底材的情况下获得性能好且结合强度高的表面涂层。一般电弧喷涂涂层的结合强度是火焰喷涂涂层的 2.5 倍。

（2）喷涂效率高。电弧喷涂单位时间内喷涂金属的重量大。电弧喷涂的生产效率正比于电弧电流，如当电弧喷涂电流为 300 A 时，喷锌 30 kg/h，喷铝 10 kg/h，喷不锈钢 15 kg/h，比火焰喷涂提高了 2~6 倍。

（3）节约能源。电弧喷涂的能源利用率明显高于其他喷涂方法，电弧喷涂的能源利用率达到了 57%，而等离子喷涂和火焰喷涂的能源利用率分别只有 12% 和 13%。

（4）经济性好。电弧喷涂的能源利用率很高，加之电能的价格又远远低于氧气和乙炔，其费用通常约为火焰喷涂的 1/10。设备投资一般为等离子喷涂设备的 1/5 以下。

（5）安全性好。电弧喷涂技术仅使用电和压缩空气，不用氧气或乙炔等助燃、易燃气体，安全性高。

（6）设备相对简单，便于现场施工。与超声速火焰喷涂技术、等离子喷涂技术、气体爆燃式喷涂技术相比，电弧喷涂设备体积小、质量轻，使用和调试非常简便，使得该设备能方便地运到现场，可对不便移动的大型零部件进行处理。

热喷涂工艺的特点见表 4-2。

表 4-2 热喷涂工艺的特点

热喷涂方法	等离子喷涂法	火焰喷涂法	电弧喷涂法	气体爆燃式喷涂法
冲击速度/m·s^{-1}	400	150	200	1500
温度/℃	12000	3000	5000	4000
典型涂层孔隙率/%	1~10	10~15	10~15	1~2
典型涂层结合强度/MPa	30~70	5~10	10~20	80~100
优点	孔隙率低，结合性好，多用途基材温度低，污染低	设备简单工艺灵活	成本低，效率高，污染低基材温度低	孔隙率非常低，结合性极佳，基材温度低
限制	成本较高	通常孔隙率高，结合性差，对工件要加热	只应用于导电喷涂材料，通常孔隙率较高	成本高，效率低

热喷涂技术在应用上已由制备装饰性涂层发展为制备各种功能性涂层，如耐磨、抗氧化、隔热、导电、绝缘、减摩、润滑及防辐射等涂层，热喷涂着眼于改善表面的材质，这比起整体提高材质无疑要经济得多。热喷涂在再制造领域已经得到广泛应用，用其修复零件的寿命不仅达到了新产品的寿命，而且对产品质量还起到了改善作用，显著提高了零件再制造率。

4.4.3.3 表面粘涂技术

A 概述

表面粘涂技术是指以高分子聚合物与特殊填料（如石墨、二硫化钼、金属粉末、陶瓷粉末和纤维）组成的复合材料胶黏剂涂敷于零件表面实现特定用途（如耐磨、耐蚀、绝缘、导电、保温、防辐射及其复合等）的一种表面工程技术。表面粘涂技术工艺简单，安全可靠，无须专门设备，是一种快速、经济的再制造修复技术，有着十分广泛的应用前景。但由于胶黏剂性能的局限性，目前其应用受到耐温性不高、复杂环境下寿命短和易燃等一些限制。因此，在选择粘涂技术应用于再制造时，必须考虑再制造修复后零件的性能能否满足再制造产品使用周期的寿命要求。如果无法满足，则必须更换其他方法进行再制造修复。

B　表面粘涂技术的工艺

（1）初清洗。初清洗主要是除掉待修复表面的油污、锈迹，以便测量、制订粘涂修复工艺和预加工。零件的初清洗可在汽油、柴油或煤油中粗洗，最后用丙酮清洗。

（2）预加工。为了保证零件的修复表面有一定厚度的涂层，在涂胶前必须对零件进行机械加工，零件的待修表面的预加工厚度一般为 0.5~3 mm。为了有效地防止涂层边缘损伤，待粘涂面加工时，两侧应该留 1~2 mm 宽的边。为了增强涂层与基体的结合强度，被粘涂面应加工成"锯齿形"，带有齿形的粗糙表面可以增加粘涂面积，提高粘涂强度。

（3）最后清洗及活化处理。最后可用丙酮清洗；有条件时可以对粘涂表面喷砂，进行粗化、活化处理，彻底清除表面氧化层；也可进行火焰处理和化学处理等，提高粘涂表面活性。

（4）配胶。粘涂层材料通常由 A、B 两组分组成。为了获得最佳效果，必须按比例配制。粘涂材料在完全搅拌均匀之后，应立即使用。

（5）粘涂涂层。涂层的施工有刮涂法、刷涂压印法和模具成型法等。

（6）固化。涂层的固化反应速度与环境温度有关，温度越高，固化越快。一般涂层在室温条件下固化需 24 h，达到最高性能需 7 天；若在 80 ℃下固化，则只需 2~3 h。

（7）修整、清理或后续加工。对于不需后续加工的涂层，可用锯片和锉刀等修整零件边缘多余的粘涂料。涂层表面若有大于 1 mm 的气孔时，则应先用丙酮清洗干净，再用胶修补，固化后研干。对于需要后续加工的涂层，可用车削或磨削的方法进行加工，以达到修复尺寸和精度的目的。

C　表面粘涂技术的再制造应用

粘涂技术在设备维修与再制造领域中应用十分广泛，可再制造修复零件上的多种缺陷，如裂纹、划伤、尺寸超差和铸造缺陷等。表面粘涂技术在设备维修领域的主要应用如下：

（1）铸造缺陷的修补。铸造缺陷（气孔和缩孔等）一直是耗费资金的大问题。修复不合格铸件常规方法需要熟练工人，耗费时间，并消耗大量材料；采用表面粘涂技术修补铸造缺陷简便易行，省时、省工且效果良好，修补后的颜色可与铸铁、铸钢、铸铝和铸铜保持一致。

（2）零件磨损及尺寸超差的修复。对于磨损失效的零件，可用耐磨修补胶直接涂敷于磨损的表面，然后采用机械加工或打磨，使零件尺寸恢复到设计要求，该方法与传统的堆焊、热喷涂、电镀和电刷镀方法相比，具有可修复对温度敏感性强的金属零部件和修复层厚度可调性的优点。

4.4.3.4 微脉冲电阻焊技术

A 工作原理

微脉冲电阻焊技术利用电流通过电阻产生的高温，将金属补材施焊到工件母材上去。在有电脉冲的瞬时，电阻热在金属补材和基材之间产生焦耳热，并形成一个微小的熔融区，构成微区脉冲焊接的一个基本修补单元；在无电脉冲的时段，高温状态的工件依靠热传导将前一瞬间熔融区的高温迅速冷却下来。由于无电脉冲的时间足够长，这个冷却过程完成得十分充分。从宏观上看，在施焊修补过程中，工件在修补区整体温升很小。因此，微脉冲电阻焊技术是一种"冷焊"技术。

GM-3450 系列微脉冲电阻焊设备有三种机型，一次最大储能分别为 125J、250J 和375J。图 4-15 为 GM-3450A 型机外形。整机由主电路、控制电路和保护电路构成。图 4-16为微脉冲电阻焊焊补操作示意图。

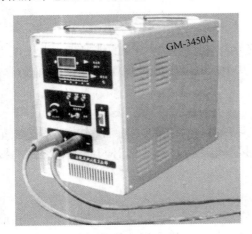

图 4-15　GM-3450A 型机外形

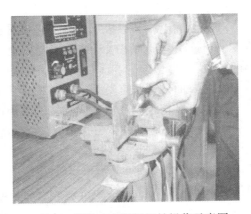

图 4-16　微脉冲电阻焊焊补操作示意图

B 微脉冲电阻焊的特点

微脉冲电阻焊的主要特点如下：

（1）脉冲输出能量小。单个脉冲的最大输出能量为 125~250 J，与通常的电阻焊机相比，其输出能量小得多。

（2）脉冲输出时间短。脉冲输出时间为毫秒级，输出装置提供不超过 10 ms 的电脉冲，即脉冲放电时间不超过 10 ms。

（3）脉冲的占空比很小。脉冲间隔为 250~300 ms，它与脉冲输出时间相比很大，即占空比很小。

（4）单个脉冲焊接的区域小。通常焊点直径为 0.50~1.00 mm，比其他焊接方式的焊点小。

C 修复原理

以微脉冲电阻焊试验设备选用 GM-3450A 型工模具修补机为例，微脉冲电阻焊焊补操作示意图如图 4-16 所示。其主要技术参数：电源，220 V±10%，50 Hz，输出脉冲电压在35~450 V 之间可调；一次最大储能 125 J；输出装置提供不超过 3 ms 的电脉冲，脉冲间隔为 250~300 ms（即连续工作模式下工作频率为 3.6 次/s）。

在零部件的待修补处，用电极把金属补材和基材压紧，当电源设备有电能输出时，金属补材和基材均有部分熔化，形成牢固的冶金结合，从而使零部件恢复尺寸，再经过磨削处理，恢复零部件表面粗糙度的要求，即可重新使用。为了使零部件表面缺陷处与修补金属层结合牢固，修补前，还要进行一些预处理工作。首先要使缺陷处表面干净，去油、去锈并去氧化物，这样才能使金属补材与基材可靠接触，进而使其形成冶金结合。然后选用合适形状和大小的材料，再选用合适的微脉冲电阻焊接工艺进行焊接修补工作。

修补时，当电脉冲输出时，一个脉冲使基材与金属补材形成一个冶金结合点，单个脉冲输出时即是这种情况。当使用连续脉冲输出模式时，每个脉冲输出情况与单个脉冲时相同，同时电极可以移动，在电极连续移动的过程中，即形成一系列的冶金结合点，这样可得到比较致密的冶金结合的修补层，同时从电源电流输出波形可以看出，电流输出时前沿很陡，而后沿较缓，这样也可以使基体温度瞬间提高，而温度下降得比较缓慢，因此基体不易出现裂纹。

工艺试验给出如下工艺特点：

（1）脉冲电压和电极压力对焊接质量影响较大。在其他参数不变的情况下，电极压力的大小或脉冲电压的增减对结合强度影响很大。其中，电极压力对较软材料的影响比对较硬材料的影响大。

（2）表面处理状态对焊接质量的影响明显。

（3）电极与金属补材之间的接触电阻占整个焊接区中总电阻的比例较大，对焊接质量影响较大。如果能够减少电极与金属补材之间的接触电阻，增大金属补材与基材之间的接触电阻，将会进一步提高焊接质量。

D 微脉冲电阻焊技术的应用

微脉冲修补技术适用于对零件局部缺损进行修复，特别适合对已经过热处理的、异形表面的、合金含量高的或表面粗糙度要求高的精密零件的少量缺损的修复，既能修复小型工件，也可修复大型工件。在再制造工程中，特形表面微脉冲电阻焊技术特别适用于对旧零件局部损伤（压坑、腐蚀坑、划伤和磨损等）的修补。微脉冲电阻焊技术可用于再制造以下零件：

（1）精密液压件，如液压柱塞杆、各类液压缸体、油泵和各种阀体的修复。

（2）各种辊类零件的修复，如塑料薄膜压辊（图4-17）、印花布辊子和无纺布压辊等。

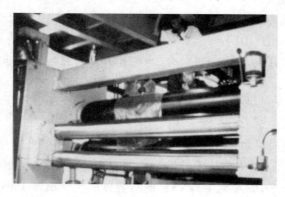

图4-17 塑料薄膜压辊的修复

（3）各种轴类零件，如电动机转子、发动机曲轴和离合器弹子槽（图4-18）等的修复。

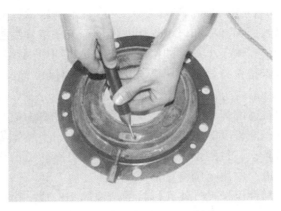

图4-18　离合器弹子槽的修复

（4）铸件表面缺陷，特别是精密铸件表面微小缺陷的修补，如机床床面和水泵泵体等。

（5）特形表面或异形结构件的修复，如汽车凸轮轴曲面（图4-19）、军用产品中特形零件和多头铣刀盘的刀架等。

图4-19　汽车凸轮轴曲面的修复

对于上述零件的损伤原因，可能是正常磨损和腐蚀，也可能是事故造成的损伤或铸造缺陷。均匀磨损、崩棱、钝边、划伤、气孔和砂眼等损伤都可用微脉冲电阻焊技术进行修复。

因此，微脉冲电阻焊技术的应用，使得补材金属与基材结合强度高、基材不产生热变形和热损伤，而且清洁环保、经济实惠，在失效零件的再制造修复中具有很大的实际应用价值。

E　堆焊技术

堆焊技术是利用焊接方法在机械零件表面熔敷一层特殊的合金涂层，使表面具有防腐、耐磨及耐热等性能，同时恢复因磨损或腐蚀而缺损的零件尺寸。堆焊最初的目的是对已损坏的零件进行修复，使其恢复尺寸，并使表面性能得到一定程度的加强。常用堆焊方法有氧-乙炔火焰堆焊、手工电弧堆焊、气体保护堆焊、埋弧堆焊、等离子弧堆焊、电渣堆焊和电火花堆焊等。

氧-乙炔火焰堆焊的特点是设备简单、操作灵活且成本较低，它的火焰温度低，可调整火焰的能率，可以得到低稀释率和薄堆焊层。使用该方法堆焊后可保持复合材料中硬质合金的原有形貌和性能，多用于小零件的修复工作，是目前应用较广泛的抗磨堆焊工艺。

手工电弧堆焊的特点是设备简单、工艺灵活且不受焊接位置及工件表面形状的限制，因此是应用最广泛的一种堆焊方法。由于工件的工作条件十分复杂，堆焊时必须根据工件的材质及工作条件选用合适的焊条。例如，在被磨损的零件表面进行堆焊，通常要根据表面的硬度要求选择具有相同硬度等级的焊条；堆焊耐热钢、不锈钢零件时，要选择和基材金属化学成分相近的焊条，其目的是保证堆焊金属和基材有相近的性质。但随着焊接材料的发展和工艺方法的改进，应用范围将更加广泛。

气体保护堆焊是用某种保护性气体在焊接的熔池周围造成一个厚的气体层，以屏蔽大气（主要是氧气）对熔化金属的侵蚀。气体保护焊属于明弧焊，可以用手工、自动或半自动焊来完成。保护气体通常多采用二氧化碳或氩气，但也可采用水蒸气或混合气体。气体保护堆焊的特点是焊层氧化轻、质量高、效率高、热影响区较小和明弧便于施工观察。

埋弧堆焊的特点是无飞溅、无电弧辐射且外观成形光滑，具有生产率高、劳动条件好及能获得成分均匀的堆焊层等优点，可分为单丝、多丝、单带极和多带极埋弧堆焊。常用于轧辊、曲轴、化工容器和压力容器等大、中型零件再制造。

等离子弧堆焊是以联合型或转移型等离子弧作为热源，以合金粉末或焊丝作为填充金属的一种熔化焊工艺。与其他堆焊工艺相比，等离子弧堆焊的弧柱稳定、温度高、热量集中、规范参数可调性好、熔池平静且可控制熔深和熔合比；熔敷效率高、堆焊焊道宽、易于实现自动化；粉末等离子弧堆焊还有堆焊材料来源广的特点。其缺点有设备成本高、噪声大、紫外线强和会产生臭氧污染等。

电渣堆焊是利用导电熔渣的电阻热来熔化堆焊材料和母材的堆焊过程。其中带极电渣堆焊具有更高的生产率和更低的稀释率及良好的焊缝成形，不易有夹渣，表面不平度小于0.5 mm。但因其速度较低，热输入大，一般适用于堆焊壁厚大于50 mm的工件。

电火花堆焊是在传统的电火花成形加工技术的基础上发展而来的，其是通过在电极与工件之间产生火花放电，形成空气电离通道，使电极与工件表面产生瞬间微区高温、高压的物理化学冶金过程；在爆破力和微电场作用下，微区电极熔融金属高速涂敷并焊合到待加工工件的适当位置，如表面、浅表型凹坑或沟槽等，形成堆焊层。堆焊过程脉冲放电时间比间隔时间短，对母材的热输入量极低，使得堆焊层的残余应力小至可忽略不计，适合修复对热输入敏感、焊接性差的工件，尤其适合修复细长类、薄壳类的工件。

4.5　再制造产品装配技术方法

4.5.1　再制造装配概念及要求

4.5.1.1　基本概念

再制造装配就是按再制造产品规定的技术要求和精度，将已经再制造加工后性能合格的零件、可直接利用的零件以及其他报废后更换的新零件装配成组件、部件或再制造产品，并达到再制造产品所规定的精度和使用性能的整个工艺过程。再制造装配是产品再制造的重要环节，其工作的好坏，对再制造产品的性能、再制造工期和再制造成本等起着非常重要的作用。

再制造装配中是把上述三类零件（再制造零件、可直接利用的零件、新零件）装配成组件，或把零件和组件装配成部件，以及把零件、组件和部件装配成最终产品的过程。对上述的三种装配过程，可以按照制造过程的模式，将其称为组装、部装和总装。而再制造装配的顺序一般是先完成组件和部件的装配，最后是产品的总装配。做好充分周密的准备工作以及正确选择与遵守装配工艺规程是再制造装配的两个基本要求。

4.5.1.2 再制造装配的类型

再制造企业的生产纲领决定了再制造生产类型，并对应着不同的再制造装配组织形式、装配方法和工艺装备等。参照制造企业的各种生产类型的装配工作特点，可知再制造装配的类型和相关特点。不同再制造生产类型的装配特点见表4-3。

表4-3 不同再制造生产类型的装配特点

再制造装配特点	再制造生产类型		
	大批量生产	成批生产	单件小批生产
组织形式	多采用流水线装配	批量小时采用固定式流水装配，批量较大时采用流水装配	多采用固定装配或固定式流水装配进行总装
装配方法	多采用互换法装配，允许少量调整	主要采用互换法，部分采用调整法、修配法装配	以修配法及调整法为主
工艺过程	装配工艺过程划分	划分依批量大小而定	一般不制订详细工艺文件，工序可适当调整
工艺装备	专业化程度高，采用专用装备，易实现自动化	通用设备较多，也有部分专用设备	一般为通用设备及工夹量具
手工操作要求	手工操作少，熟练程度易提高	手工操作较多，技术要求较高	手工操作多，要求工人技术熟练

4.5.1.3 再制造装配精度要求

再制造产品是在原废旧产品的基础上进行的性能恢复或提升工作，所以其质量保证主要取决于再制造工艺中对废旧零件再制造加工的质量以及产品再制造装配的精度，即再制造产品性能最终由再制造装配精度给予保证。

再制造产品的装配精度是指装配后再制造产品质量与技术规格的符合程度，一般包括距离精度、相互位置精度、相对运动精度、配合表面的配合精度和接触精度等。距离精度是指为保证一定的间隙、配合质量和尺寸要求等相关零部件间距离尺寸的准确程度；相互位置精度是指相关零部件间的平行度、垂直度和同轴度等；相对运动精度是指产品中相对运动的零部件间在运动方向上的平行度和垂直度，以及相对速度上传动的准确程度；配合表面的配合精度是指两个配合零件间的间隙或过盈的程度；接触精度是指配合表面或连接表面间接触面积的大小和接触斑点分布状况。影响再制造装配精度的主要因素：零件本身加工或再制造后质量的好坏，装配过程中的选配和加工质量，装配后的调整与质量检验。

再制造装配精度的要求都是通过再制造装配工艺保证的。一般说来，零件的精度高，装配精度也相应较高。但生产实际表明，即使零件精度较高，若装配工艺不合理，也达不到较高的装配精度。在再制造产品的装配工作中，如何保证和提高装配精度，达到经济高效的目的，是再制造装配工艺要研究的核心。

4.5.2　再制造装配内容与方法

再制造装配的准备工作包括零部件清洗、尺寸和重量分选、平衡等，再制造装配过程中的零件装入、连接、部装、总装以及检验、调整、试验和装配后的试运转、涂漆和包装等都是再制造装配工作的主要内容。再制造装配不但是决定再制造产品质量的重要环节，而且可以发现废旧零部件再制造加工等再制造过程中存在的问题，为改进和提高再制造产品质量提供依据。

装配工作量在产品再制造过程中占有很大的比例，尤其对于因无法大量获得废旧毛坯而采用小批量再制造产品的生产中，再制造装配工时往往占再制造加工工时的一半左右；在大批量生产中，再制造装配工时也占有较大的比例。因再制造尚属我国新兴的发展企业，而且其毛坯的获取往往会受到相应法规的限制，所以相对制造企业来讲，再制造企业的生产规模普遍较小，再制造装配工作大部分靠手工劳动完成。因此研究再制造装配工艺，不断提高装配效率尤为重要。选择合适的装配方法、制订合理的装配工艺规程，不仅是保证产品质量的重要手段，也是提高劳动生产率、降低制造成本的有力措施。

根据再制造生产特点和具体生产情况，并借鉴产品制造过程中的装配方法，再制造的装配方法可以分为互换法、选配法、修配法和调整法四类。

4.5.2.1　互换法再制造装配

互换法再制造装配指用控制再制造零件的加工误差或购置零件的误差来保证装配精度的方法。按互换的程度不同，可分为完全互换法与部分互换法。

完全互换法指再制造产品在装配过程中，每个待装配零件都不需挑选、修配和调整，直接抽取装配后就能达到装配精度要求。此类装配工作较为简单，生产率高，有利于组织生产协作和流水作业，对工人技术要求较低。

部分互换法是指将各相关再制造零件、新品零件的公差适当放大，使再制造加工或者购买配件容易而经济，又能保证绝大多数再制造产品达到装配要求。部分互换法是以概率论为基础的，可以将再制造装配中可能出现的废品控制在一个极小的比例之内。

4.5.2.2　选配法再制造装配

选配法再制造装配就是当再制造产品的装配精度要求极高，零件公差限制很严时，将再制造中零件的加工公差放大到经济可行的程度，然后在批量再制造产品装配中选择合适的零件进行装配，以保证再制造装配精度。根据选配方式不同，选配法再制造装配又可分为直接选配法、分组装配法和复合选配法。

直接选配法是指废旧零件按经济精度再制造加工，凭工人经验直接从待装的再制造零件中，选配合适的零件进行装配。这种方法简单，装配质量与装配工时在很大程度上取决于工人的技术水平，一般用于装配精度要求相对不高、装配节奏要求不严的小批量生产。例如，发动机再制造中的活塞与活塞环的装配。

分组装配法是指对于公差要求很严的互配零件，将其公差放大到经济再制造精度，然后进行测量并按原公差分组，按对应组分别装配。

复合选配法是上述两种方法的复合。先将零件测量分组，装配时再在各对应组内凭工人的经验直接选择装配。这种装配方法的特点是配合公差可以不等，其装配质量高、速度较快，能满足一定生产节拍的要求。

4.5.2.3　修配法再制造装配

修配法再制造装配是指预先选定某个零件为修配对象，并预留修配量，在装配过程中，根据实测结果，用锉、刮和研等方法，修去多余的金属，使装配精度达到要求。修配法可利用较低的零件加工精度来获得很高的装配精度，但修配工作量大，且多为手工劳动，要求工人具有较高的操作技术。此法主要适用于小批量的再制造生产类型。实际再制造生产中，利用修配法原理来达到装配精度的具体方法有按件修配法、就地加工修配法、合并加工修配法等。

按件修配法是指进行再制造装配时，采用去除金属材料的办法改变预定的修配零件尺寸，以达到装配要求的方法。就地加工修配法主要用于机床再制造制造业中，指在机床装配初步完成后，运用机床自身具有的加工手段，对该机床上预定的修配对象进行自我加工，以达到某一项或几项装配要求。合并加工修配法是将两个或多个零件装配在一起后，进行合并加工修配，以减少累积误差，减少修配工作量。

4.5.2.4　调整法再制造装配

调整法再制造装配是指用一个可调整零件，装配时调整它在机器中的位置或者增加一个定尺寸零件（如垫片、套筒等），以达到装配精度的方法。用来起调整作用的零件称为补偿件，起到补偿装配累积误差的作用。

常用的调整法有两种：第一种是可动调整法，即采用移动调整件位置来保证装配精度，调整过程中不需拆卸调整件，比较方便；第二种是固定调整法，即选定某一零件为调整件，根据装配要求来确定该调整件的尺寸，以达到装配精度。

4.5.3　再制造装配工艺的制订步骤

再制造装配工艺是指将合理的装配工艺过程按一定的格式编写成的书面文件，是再制造过程中组织装配工作、指导装配作业及设计或改建装配车间的基本依据之一。制订再制造装配工艺规程可参照产品制造过程的装配工艺，按以下步骤进行：

（1）再制造产品分析。再制造产品是原产品的再创造，应根据再制造方式的不同对再制造产品进行分析，必要时会与设计人员共同进行。

（2）产品图样分析。通过分析图样，熟悉再制造装配的技术要求和验收标准。

（3）产品尺寸分析和工艺分析。尺寸分析指进行再制造装配尺寸链的分析和计算，确定保证装配精度的装配工艺方法；工艺分析指对产品装配结构的工艺性进行分析，确定产品结构是否便于装配。在审查过程中，若发现属于设计结构上的问题或有更好的改进设计意见，则应及时与再制造设计人员共同加以解决。

（4）"装配单元"分解方案。一般情况下，再制造装配单元可划分为零件、合件、组件、部件和产品五个等级，以便组织平行、流水作业。表示装配单元划分的方案，称为装配单元系统示意图。同一级的装配单元在进入总装前互相独立，可以平行装配，各级单元之间可以流水作业，这对组织装配、安排计划、提高效率和保证质量十分有利。

（5）确定装配的组织形式。装配的组织形式可根据产品的批量、尺寸和质量的大小分为固定式和移动式两种。单件小批量、尺寸大、质量大的再制造产品用固定式装配的组织形式，其余用移动式装配。再制造产品的装配方式、工作点分布、工序的分散与集中以及每道工序的具体内容都要根据装配的组织形式而确定。

（6）拟定装配工艺过程。装配单元划分后，各装配单元的装配顺序应当以理想的顺序进行。这一步中应考虑的内容有：确定装配工作的具体内容；确定装配工艺方法及设备；确定装配顺序；确定工时定额及工人的技术等级。

（7）编写工艺文件。编写工艺文件指装配工艺规程设计完成后，将其内容固定下来的工艺文件，主要包括装配图（产品设计的装配总图）、装配工艺系统图、装配工艺过程卡片或装配工序卡片、装配工艺设计说明书等。其编写要求可以参考制造过程中的装配工艺规程编写要求。

4.5.4 再制造装配技术发展趋势

再制造过程的装配与制造过程的装配具有很大的相似性，结合制造过程中的装配技术发展，再制造装配向着智能化的方向发展，重点有以下几个方面：

（1）虚拟再制造装配技术。虚拟再制造装配技术是将 DFA 技术与 VR 技术相结合，建立一个与实际再制造装配生产环境相一致的虚拟再制造装配环境，使装配人员通过虚拟现实的交互手段进入 VAE，利用人的智慧直觉地进行产品的装配操作，用计算机来记录人的操作过程以确定产品的装配顺序和路径。虚拟再制造装配可以借用虚拟制造装配的技术场景来实现，对于再制造升级中进行结构改造的部位，可以重新对其虚拟装配过程进行专项开发。虚拟再制造装配可以用于再制造装备路径验证与评估，以及再制造装配人员培训。

（2）柔性再制造装配技术。柔性再制造装配技术是集激光跟踪测量技术、全闭环控制技术、多轴协调运动控制技术、系统集成控制系统、测量系统和软件等部分组成的对接系统。再制造装配面临着产品种类多、结构复杂、装配质量要求高等要求，还要保证装配精度和效率。针对再制造装配结构的特点，在装配时采用数字化柔性装配技术，可以有效解决品种多、小批量的生产现状，同时减少产品改型带来的资金投入，主要包含数字化对接技术、精加工技术、精确检测技术、集成控制技术等。

（3）数字化装配技术。数字化装配技术是数字化装配工艺技术、数字化柔性装配工装技术、光学检测与反馈技术、数字化钻铆技术及数字化的集成控制技术等多种先进技术的综合应用。数字化装配技术是一种能适应快速研制和生产及低成本制造要求的技术，它实质上是数字化技术在产品设计制造过程中更深层次的应用及延伸。数字化装配技术在再制造装配过程中可以实现再制造装配的数字化、柔性化、信息化、模块化和自动化，将传统的依靠手工或专用型架夹具的装配方式转变为数字化的装配方式，将传统装配模式下的模拟量传递模式改为数字量传递模式，提高了再制造装配效率和质量。

4.6 再制造后处理技术

在完成磨合试验后，质量达到要求的再制造产品要进行油漆涂装、包装并印制包装内所含有的相关产品说明书与质量保证单等内容，这些都属于再制造产品生产工艺过程重要的后处理部分。

4.6.1 再制造产品油漆涂装方法

4.6.1.1 基本概念

在完成磨合试验后，合格产品要进行喷涂包装，即油漆涂装。再制造产品的油漆涂装指将油漆涂料涂覆于再制造产品基底表面形成特定涂层的过程。再制造产品油漆涂装的作用主要有保护作用、装饰作用、色彩标识作用和特殊防护作用四种。

用于油漆涂装的涂料是由多种原料混合制成的，每个产品所用原料的品种和数量各不相同，根据它们的性能和作用，综合起来可分为主要成膜物质、次要成膜物质和辅助成膜物质三个部分。主要成膜物质是构成涂料的基础，指涂料中所用的各种油料和树脂，它可以单独成膜，也可与颜料等物质共同成膜。次要成膜物质指涂料中的各种颜料和增韧剂，其作用是构成漆膜色彩，增强漆膜硬度，隔绝紫外线的破坏，提高耐久性能。增韧剂是增强漆膜韧性、防止漆膜发脆并延长漆膜寿命的一种材料。辅助成膜物质指涂料中的各种溶剂和助剂，它不能单独成膜，只对涂料在成膜过程中的涂膜性能起辅助促进作用，按其作用不同分为催干剂、润湿剂和悬浮剂等，一般用量不大。溶剂在涂料（粉末涂料除外）中占的比例较大，但在涂料成膜后即全部挥发，因此称为挥发分。留在物面上不挥发的油料（油脂）、树脂、颜料和助剂，统称为涂料的固体分，即"漆膜"。

4.6.1.2 油漆涂装的设备

涂装工具是提高涂装工效和质量的重要手段，按用途可分为以下几类：

（1）清理工具常用的有钢丝刷、扁铲、钢刮刀、钢铲刀、嵌刀、凿刀和敲锤等。

（2）涂工具常用的有猪鬃刷（毛刷）、羊毛刷（羊毛排笔）和鬃毛栓等。

（3）刮涂工具按用途可分为木柄刮刀（简称刮刀或批刀）、钢片刮板、铜片刮板、木刮板、骨刮板和橡胶刮板等。

（4）喷涂工具主要指手工喷枪，同时还需备有空气压缩机和空气滤清器等设备及通风设施。

（5）擦涂工具指用于擦涂的各类干净布等。

（6）修饰工具主要有大画笔、小画笔及毛笔等。

4.6.1.3 油漆涂装操作

油漆涂装要经过基层处理、刷涂、刮涂和打磨等预处理工序，然后进行喷涂或擦涂，完成最后的涂装工序。

基层处理是指彻底地除去待喷漆表面的锈蚀和污垢等杂物并清洗干净，同时对不需涂漆的部位加以遮盖。基层处理质量不仅影响下道工序的进行，而且对下道工序的施工质量也有不同程度的影响。再制造机械设备的基层处理，多采用机械处理与手工处理两种方式。机械处理法即喷砂除锈法。

油漆涂装的最后工序是喷涂或擦涂。喷涂是油漆涂装中最常用的工艺方法，擦涂是油漆涂装行业技能要求较高的手工工艺。目前的喷涂方法主要有立面喷涂、平面喷涂和异形物面喷涂三种操作方法。立面喷涂即垂直物面喷涂，要求正确掌握好喷涂间距、喷涂角度和移动速度等因素。平面喷涂较立面喷涂易操作、喷涂质量好。异形物面喷涂除控制好适宜的喷涂黏度与喷涂角度外，还应掌握好喷枪的移动速度、压缩空气压力的大小、喷涂使用的涂料种类以及涂层的结构等。

4.6.2　再制造产品包装技术

4.6.2.1　再制造产品包装概述

再制造产品的包装是指为了保证再制造产品的原有状态及质量，在运输、流动、交易、贮存及使用中，为达到保护产品、方便运输和促进销售的目的，而对再制造产品所采取的一系列技术手段。再制造产品的包装作用与新品包装相同，均具有：保护功能，指使产品不受各种外力的损坏；便利功能，指便于使用、携带、存放和拆解等；销售功能，指能直接吸引需求者的视线，让需求者产生强烈的购买欲，从而达到促销的目的。

产品包装材料是包装功能得以实现的物质基础，直接关系到包装的整体功能、经济成本、生产加工方式及包装废弃物的回收处理等多方面的问题。

再制造产品大多为机电产品，从现代包装功能来看，再制造产品的包装材料应具有的性能包括保护性能、可操作性能、附加值性能、方便使用性能、良好的经济性能及良好的安全性能等。机电类再制造产品的包装材料以塑料、纸、木材、金属和其他辅助材料为主。

机电类再制造产品包装容器按材料不同，通常分为木容器、纸容器、金属容器和塑料容器等。机电产品常用运输包装的木容器主要为木箱，可分为普通木箱、滑木箱和框架木箱三类；包装用纸箱主要是瓦楞纸箱，包括单瓦楞纸箱和双瓦楞纸箱；金属容器主要是用薄钢板、薄铁板和铝板等金属材料制成的包装容器，多为金属箱和专用金属罐。

4.6.2.2　再制造包装技术

与机电类再制造产品相关的包装技术主要有防震保护技术、防破损保护技术、防锈包装技术和防霉腐包装技术等。

（1）防震保护技术。产品从生产出来到开始使用要经过一系列的运输、保管、堆码和装卸过程。在任何过程中都会有力作用在产品之上，并易使产品发生机械性损坏。为了防止产品遭受损坏，就要设法减小外力的影响。防震包装是指为减缓内装物受到冲击和振动，保护其免受损坏所采取一定防护措施的包装，又称缓冲包装。防震包装在产品包装中具有重要地位，主要有三种方法：全面防震包装方法、部分防震包装方法和悬浮式防震包装方法。

（2）防破损保护技术。除缓冲包装外，还可以采取的防破损保护技术有：

1）捆扎及裹紧技术。通过使杂货及散货形成一个牢固整体，以增加整体性，便于处理及防止散堆来减少破损。

2）集装技术。利用集装减少与货体的接触，从而防止破损。

3）选择高强保护材料。通过外包装材料的高强度来防止内装物受外力作用破损。

（3）防锈包装技术。防锈包装技术包括防锈油防锈蚀包装技术和气相防锈包装技术。前者通过防锈油使金属表面与引起大气锈蚀的各种因素隔绝，达到防止金属大气锈蚀的目的。后者指用气相缓蚀剂（挥发性缓蚀剂），在密封包装容器中对金属制品进行防锈处理的技术。

（4）防霉腐包装技术。如果再制造后的机电产品有相关的防霉腐要求，可以使用防霉剂。包装机电产品的大型封闭箱，可酌情开设通风孔或通风窗等相应的防霉措施。

针对部分特殊再制造产品还可能采用防虫包装、充气包装、真空包装、收缩包装及拉伸包装等技术，来达到特定的包装目的和效果。

4.6.2.3　再制造产品的绿色包装

绿色包装是指对生态环境和人体健康无害，能重复使用或再生利用，符合可持续发展原则的包装。绿色包装要求在产品包装的全生命周期内，既能经济地满足包装的功能要求，同时又特别强调了环境协调性，要求实现包装的减量化、再利用和再循环的"3R"原则。

合理的包装结构设计和材料选择是实施绿色包装的重要前提和条件。再制造产品的绿色包装中，可按照以下几个方面来设计：

（1）通过合理的包装结构设计，提高包装的刚度和强度，节约材料。如对于箱形薄壁容器，为了防止容器边缘的变形，可以采用在容器边缘局部增加壁厚的结构型式提高容器边缘的刚度。资料表明，增加其产品的内部结构强度，可以减少54%的包装材料，降低62%的包装费用。

（2）通过合理的包装形态设计，节约材料。包装形态的设计取决于被包装物的形态、产品运输方式等因素，合理的形状可有效减少材料的使用。各种几何体中，若容积相同，则球体的表面积最小；对于棱柱体来说，立方体的表面积要比长方体的表面积小；对于圆柱体来说，当圆柱体的高等于底面圆的直径时，其表面积最小。

（3）实现材料的优化下料，节省包装材料。合理的板材下料组合，可达到最大的材料利用率。生产实际中，可通过采用计算机硬件及软件技术，输入原材料规格及各种零件的尺寸、数量，来优化获得下料方案，解决板材合理套裁问题，最大化节约材料。

（4）避免过度包装。过度包装是指超出产品包装功能要求之外的包装。为了避免过度包装，可采取的措施有：减少包装物的使用数量，尽可能减少材料的使用，选择合适品质的包装材料。

（5）在包装材料的明显之处，标出各种回收标志及材料名称。这将大大缩短人工分离不同材料所需的时间，提高分离的纯度，方便包装材料的回收和再利用。

（6）合理选择包装材料。绿色包装设计中的材料选择应遵循的原则有：选择轻量化、薄型化、易分离、高性能的包装材料；选择可降解、可回收和可再生的包装材料；利用自然资源开发的天然包装材料；尽量选用纸包装。

4.6.2.4　再制造产品说明书和质量保证单

在再制造产品包装中，还应包含再制造产品的产品说明书和质量保证单。再制造产品说明书和质量保证单的编写，也是再制造过程中的重要内容。

（1）再制造产品说明书。再制造产品说明书可参照原产品的说明书内容编写，主要内容包括再制造产品简介、产品使用说明书和产品维修手册等内容。

1）再制造产品简介。再制造产品简介（简称产品简介）的主要使用对象是经销单位和使用单位的采购人员、工程技术人员和有关领导。产品简介的作用是直观、形象地向用户介绍产品，作为宣传、推销产品的手段。在产品简介中，对产品的用途、主要技术性能、规格、应用范围、使用特点和注意事项等，要做出简要的文字说明，并配以图片。另外，在产品简介的编写中要突出再制造产品的特色，倡导绿色产品理念，明确与原制造产品在结构和性能上的异同点；还可以就生产企业的生产规模、技术优势、质量保证能力等基本情况做介绍，使用户对企业概貌也有所了解，增进用户对生产企业及其产品的信任感。

2）产品使用说明书。产品使用说明书的使用对象是消费者个人或产品使用公司的操作人员，主要作用是使用户能够正确使用或操作产品，充分发挥产品的功能。同时，它还要使用户了解安全使用、防止意外伤害的要点。因此，编写简明、直观且形象的产品使用说明书，是再制造技术服务中一项十分重要的工作内容。借鉴新产品使用说明书，再制造产品使用说明书的主要内容可包括：产品规格、安装方法、操作键位置和作用、工作程序、维护要求、故障排除方法、产品使用注意事项、再制造产品与原型新品的差异、维修点和信息反馈要求等。

3）产品维修手册。产品维修手册的使用对象主要是专业产品维修人员。维修手册在介绍再制造产品基本工作原型的基础上，应该侧重于讲解维修方法，而且应具有很强的可操作性。产品维修手册应强调的内容有：区别于同类产品的特点，包括单元电路的作用原理、机械结构、拆卸和装配方法；新型零配件的性能、特点、互换性和可代用品；产品与通用或专用仪器、仪表的连接和检查测试方法；专用检测点的相关参数标准和专用工具的应用；查找各类故障原因的程序和方法等。

（2）质量保证单。再制造产品的质量要求不低于原型新品，因此其质量保证单可以参考原型新品的质量保证期限制订。质量保证单内容要包括提供退换货的条件、质量保证的期限、质量保证的范围以及提供免费维护的内容等。

——— 本 章 小 结 ———

再制造拆解是将废旧产品按顺序分解成零部件的过程，通过拆解可以实现材料回收和零部件的再利用和再制造。再制造拆解可以分为三类零部件：可直接利用的零件、可再制造的零件和报废件。再制造拆解的方法包括击卸法、拉拔法、压卸法、温差法和破坏法等，根据实际情况选择不同的方法。再制造拆解的关键技术包括可拆解性设计技术和拆解规划技术，目前再制造拆解主要是手工拆解，需要研发自动化拆解装备，提高拆解效率和质量。

再制造清洗是指利用清洗设备将清洗液作用于废旧零部件表面，去除附着的污物并使其达到所需清洁度的过程。清洗是再制造过程中的重要环节，对产品质量和性能有重要影响。再制造清洗包括化学清洗和物理清洗两种技术。化学清洗主要利用溶剂和化学剂清除污物，但对环境和人体有负面影响，需要发展环保的新技术和材料。物理清洗通过热能、喷射、摩擦与研磨、超声波、光和等离子体等原理去除污物，对环境和人体的损害较小，但设备成本较高且效率相对较低。面临的挑战包括减少化学试剂的使用、提高清洗效率和环保处理废液。研究目标是开发环保的化学清洗材料和技术、降低物理清洗成本、提高效率，并实现清洗与表面处理一体化。

再制造检测是指通过检测技术和方法确定再制造毛坯的表面尺寸、性能状态等，以决定其弃用或再制造加工的过程。再制造毛坯检测要求尽量缩短再制造时间，提高再制造度和率，并减少误差。检测内容包括几何精度、表面质量、理化性能、潜在缺陷、材料性质和磨损程度等。再制造检测技术方法包括感官检测法、测量工具检测法和无损检测法。其中，无损检测技术包括超声波、涡流、射线、渗透、磁记忆效应和磁粉等技术。随着再制造工程的发展，还有激光全息照相、声阻法探伤、红外无损检测、声发射和工业内窥镜等先进检测技术。这些技术的发展将为提高再制造效率和质量提供有效保证。

再制造加工技术包括机械加工法和表面工程技术，用于对废旧失效零部件进行尺寸和性能的恢复。在机械加工法中，常用的方法有再制造修理尺寸恢复法、钳工恢复法、镶加零件法、局部更换法和塑性变形法等。表面工程技术包括电刷镀技术、热喷涂技术、表面粘涂技术、微脉冲电阻焊技术和堆焊技术等。选择适当的再制造加工方法要考虑材料适应性、再制造层厚度、结合强度、耐磨性、疲劳强度和环保性等因素。其中，热喷涂技术是最常用的再制造加工方法之一，可以在废旧零件表面形成耐磨、耐腐蚀的涂层。再制造加工技术的发展为废旧零件的恢复和再利用提供了有效的手段。

再制造装配技术方法是将再制造所需的零部件装配成组件、部件或再制造产品的工艺过程。再制造装配根据装配顺序可分为组装、部装和总装。再制造装配精度要求包括距离精度、相互位置精度、相对运动精度、配合表面的配合精度和接触精度。影响再制造装配精度的因素有零件质量、装配过程中的选配和加工质量、装配后的调整与质量检验。再制造装配工艺的制订步骤包括再制造产品分析、产品图样分析、尺寸和工艺分析、装配单元的分解方案、装配的组织形式、装配工艺过程的拟定和工艺文件的编写。再制造装配技术的发展趋势包括虚拟再制造装配技术、柔性再制造装配技术和数字化装配技术。

再制造后处理技术包括油漆涂装和包装等内容。油漆涂装是将涂料涂覆于再制造产品表面的过程，具有保护、装饰、标识和特殊防护等作用。油漆涂装设备包括清理工具、涂工具、刮涂工具、喷涂工具和擦涂工具等。油漆涂装过程包括基层处理、刷涂、刮涂和打磨等。再制造产品的包装是为了保护产品、方便运输和促进销售而采取的技术手段。再制造包装技术包括防震保护技术、防破损保护技术、防锈包装技术和防霉腐包装技术。绿色包装是对环境友好且可重复使用或再生利用的包装，设计原则包括减量化、再利用和再循环。再制造产品的包装还应包含产品说明书和质量保证单，以提供产品信息和保障质量。

习　　题

4-1　什么是再制造性拆解，有哪些拆解方法？
4-2　什么是再制造清洗技术，清洗内容包括哪些？
4-3　什么是再制造检测技术，包括哪些方法？
4-4　什么是失效件再制造加工技术，失效零件常用再制造加工方法包括哪些？
4-5　什么是再制造产品装配，包括哪些内容与方法？
4-6　什么是再制造后处理技术？

5 绿色再制造成形技术

本章提要： 概述绿色再制造成形技术体系，主要技术内容和应用发展情况。分别介绍再制造成形材料技术、纳米复合再制造成形技术、能束能场再制造成形技术、现场应急再制造成形技术、智能化再制造成形技术、再制造加工技术的概念和具体内容，并结合现状阐述了关键技术的挑战和目标。

5.1 概　　述

5.1.1　绿色再制造成形技术体系

绿色再制造成形技术是在废旧零部件损伤部位沉积成形特定材料，以便恢复零部件的形状和性能，甚至提升其性能的技术。再制造成形技术与传统制造技术具有本质区别，传统制造的对象是原始资源，而再制造成形的对象是已经加工成形并经过服役的损伤失效零部件，针对这种损伤失效零部件的恢复甚至提高其使用性能，具有很大的难度和特殊的约束条件，因此需要通过各种高新再制造成形技术来实现。

目前我国特色的再制造成形技术体系已初步形成，再制造成形技术体系如图 5-1 所示。根据零部件损伤失效形式的不同，该体系可分为表面损伤再制造成形技术和体积损伤再制造成形技术两大类。

近年来，再制造成形技术大量吸收了新材料、信息技术、微纳技术和先进制造等领域的最新科学技术成果和关键技术，如先进表面技术、纳米涂层及纳米减摩自修复技术、修复热处理技术和再制造毛坯快速成形技术等，在增材再制造成形技术、自动化及智能化再制造成形技术、再制造成形材料的集约化以及现场快速再制造成形技术等方面取得了突破性进展。

再制造成形技术是再制造技术的主要组成，是保证再制造产品质量、推动再制造生产活动的基础，在再制造产业中发挥着重要作用，已成为再制造领域研究和应用的重点。

5.1.2　再制造成形技术内容

5.1.2.1　再制造成形材料技术

再制造是先进制造的新形式，是一种以节约资源、保护环境为特色的绿色制造。为满足再制造的需要，相继开发了冶金结合材料体系、机械-冶金结合材料体系、镀覆成形材料体系及气相沉积成形材料。这些材料可用于不同的再制造加工技术领域，并发挥着重要

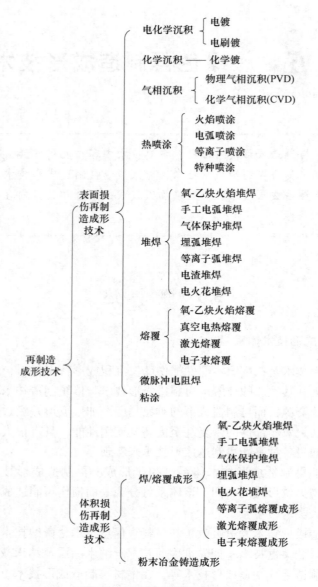

图 5-1   再制造成形技术体系

的作用。目前，再制造成形材料技术在汽车发动机、汽车车身改造、航空复合材料结构修复以及薄膜、制粉等领域发挥着越来越重要的作用。电镀、堆焊、激光熔覆、熔结喷涂、物理气相沉积及化学气相沉积等再制造技术利用再制造材料成形技术解决了人类生产生活中的一系列问题。例如复合材料在航空结构中的应用最初仅限于飞机次承力结构，而现今已广泛应用于各种机型的主承力结构，在结构重量中占有的比例也逐渐增加。复合材料结构在生产、使用和维护过程中不可避免地会产生缺陷或损伤，因此复合材料构件修理问题引起人们广泛关注。采用再制造技术，使用相关的材料体系则可以很好地解决这类问题。

5.1.2.2　纳米复合再制造成形技术

再制造工程是废旧机电产品资源化的高级形式和首选途径，是贯彻科学发展观、走新型工业化道路、构建循环经济发展模式和建设节约型和谐社会的重要途径之一。表面工程技术，尤其是纳米表面工程技术是先进制造工程和再制造工程的关键技术之一。通过研究纳米复合电刷镀技术、纳米热喷涂技术和纳米表面损伤自修复技术等先进的纳米表面工程技术，使得再制造工程的技术手段不断丰富，对于提高机电产品性能和质量、降低材料消耗、节约能源以及保护环境有重要意义。纳米复合再制造成形技术是再制造工程的关键技术之一，由于其制备的纳米复合层具有优异的力学性能，已经在重载车辆侧减速器主/从动轴和大制动鼓密封盖、发动机连杆、凸轮轴和曲轴等零部件的再制造中获得了成功应用。电刷镀技术具有设备轻便、工艺灵活、镀覆速度快以及镀层种类多等优点，被广泛应用于机械零件表面修复与强化，尤其适用于现场及野外抢修。纳米复合电刷镀就是在镀液中添加了特种纳米颗粒，使得刷镀层性能显著提高的新型电刷镀技术。

热喷涂技术在军事装备、交通运输、航空和机械等领域已经获得了广泛的应用，而且热喷涂纳米涂层在耐磨损与耐腐蚀性能方面具有很大的优势，比传统涂层使用寿命长。纳米表面损伤自修复技术是利用先进的纳米技术，通过在润滑油中加入纳米减摩与自修复添加剂，不但达到降低设备运动部件的摩擦磨损和对设备部件表面微损伤（如发动机、齿轮和轴承等磨损表面的微损伤）进行原位动态自修复的目的，从而延长设备的使用寿命，而且在紧急情况下车辆甚至通过使用纳米固体润滑剂可以在无油下运行一定时间，并将通过影响和改进传统的润滑方式而节省润滑与燃料成本。总之，纳米复合再制造成形技术把纳米材料、纳米制造技术等与传统表面维修技术交叉、复合、综合，从而研发出先进的再制造成形技术。

5.1.2.3　能束能场再制造成形技术

再制造工程以节约资源能源、保护环境为特色，以综合利用信息技术、纳米技术和生物技术等为核心，可使废旧资源中蕴含的价值得到最大限度开发和利用，缓解资源短缺与资源浪费的矛盾，减少大量的失效、报废产品对环境的危害，是废旧机电产品资源化的有效途径。而能束能场再制造成形技术是利用激光束、电子束、离子（等离子）束以及电弧等能量束和电场、磁场、超声波、火焰及电化学能等能量实现机械零部件的再制造过程。激光再制造技术诞生以来，作为一种修复技术已得到许多重要应用。例如，英国 R.R 航空发动机公司将激光再制造技术用于涡轮发动机叶片的修复，美国海军实验室将激光再制造技术用于舰船螺旋桨叶的修复。国内对此项技术应用也在近年来取得很大进展。天津工业大学已将此技术用于冶金轧辊、拉丝辊的修复，石油行业的采油泵体、主轴的修复以及铁路、石化行业大型柴油机曲轴的修复，均收到良好的效果。高速电弧喷涂技术是一种优质、高效且低成本的再制造工程关键技术，其分别在汽车发动机再制造、装备钢结构件防腐、火电厂锅炉管道受热面防护领域发挥着重要的作用，同时在维修与再制造工程中的发展趋势也在不断提高。

5.1.2.4　智能化再制造成形技术

机械工程技术的发展趋势为绿色、智能、超常、融合和服务。我国最近提出制造业数字化、智能化是新工业革命核心技术的战略，指出制造业的发展方向是数字化、智能化。

再制造业，作为制造产业链的延伸和先进制造、绿色制造的重要组成部分，也应适应新形势，以数字化、智能化作为其发展方向。智能化再制造成形技术在缺损零件的反求建模、三维体积损伤机械零件再制造、自动化和智能化等方面取得了不错的进展。大连海事大学、华中科技大学等单位针对再制造成形过程中的零件缺损部位的反求建模，在理论和技术研究方面取得了突破性进展。近年，针对机器人操作自动化再制造成形过程，在损伤部位再制造路径生成理论和方法以及自动化再制造成形设备系统等方面，均取得了重要进展。同时，未来冶金装备智能化与在役再制造也会重点发展监控智能化，使设备与工艺相匹配，提高整体系统能效等。总之，未来的智能化再制造将会实现智能化和自动化，大大节约人力成本，提高生产率。

5.1.2.5　再制造加工技术

目前再制造技术在汽车零部件、矿用设备、石化装备和工程机械等领域应用广泛，而此类装备再制造成形层几何形状通常较为规则，采用车削加工即可实现。随着再制造技术在航空航天、海工装备等领域的广泛应用，蕴含高附加值的零部件将成为研究热点，同时对再制造加工提出了新的挑战。例如，整体叶盘、叶片等零部件再制造加工时面临的复杂轮廓、表面完整性和纹理、型面精度及刚性较弱等问题，回收火箭再制造重新服役时可能面临的高效再制造加工问题，钻井平台等海工装备面临的强腐蚀性、复杂服役载荷的恶劣服役环境给再制造加工带来的技术挑战。因此，切削-滚压复合加工、增减材一体化加工、低应力电解加工及砂带磨削等技术研究及装备研发将成为再制造加工研究热点。

5.1.3　再制造成形技术应用发展

随着再制造技术应用领域的不断拓宽，再制造产品对象将由机械零部件逐步演变为以机械为载体的机电一体化系统及其具备电、磁、声和光等特殊功能的器件。

未来再制造市场及产品对象主要包括：

（1）机械装备零部件。随着我国再制造产业在武器装备、交通运输、工程机械、冶金设备、石油化工等不同领域中的迅速兴起，未来上述大型工业装备及其机械零部件日趋大型化和贵重化，因磨损、腐蚀和断裂等机械损失导致的再制造成形加工需求日益明显。

预计到 2025 年，将形成较完善的装备零部件再制造成形技术体系与产业标准体系，实现电力设备、煤炭设备、冶金设备、石化设备和钻井设备等零部件的批量再制造，从而大幅延长工程装备的使用寿命。

预计到 2030 年，将利用智能化、自动化再制造成形系统实现装备零部件高精度的现场再制造过程，不仅可以快速恢复装备使用性能，还可以节约资源和能源，显著降低获得产品的污染排放，创造巨大的经济效益和社会效益。

（2）机电一体化功能器件。近年来，随着电子类产品不断地广泛应用及更新换代，其报废和淘汰数量迅速增加，利用先进的再制造成形技术实现机电产品功能器件的再利用有着广阔的应用前景。

预计到 2025 年，利用先进的再制造成形技术实现机电设备、医疗器械、家电产品和电子信息类设备的再制造过程，将显著提高产品的有效使用寿命，对减少污染、保护环境有着重要的意义。

预计到 2030 年，将再制造成形技术与光电技术相结合，实现电、磁、声、光等特殊功能器件的再制造过程，从而为构建资源节约型和环境友好型社会、实现光电器件的绿色制造提供技术保障。

（3）微纳功能部件。设备的小型化、集成化和智能化是当前的产品发展主题，微纳结构是实现这一目标的重要基础。随着微机电产品和集成电器的不断问世，微纳再制造成形技术的需求正日渐凸显。

预计到 2025 年，通过微纳加工技术对宏观机械零部件功能部位进行再制造处理，提升机械零部件的服役性能。例如，通过采用激光微纳织构化处理，在再制造成形后的发动机活塞表面制造出微纳结构，提高活塞表面的抗磨损性能。

预计到 2030 年，利用微纳再制造成形技术对微纳系统或微纳结构部件进行再制造成形处理。如微传感器、微陀螺仪和微光学镜片的再制造，从而提高其使用寿命，降低微纳器件的加工成本。

（4）整机装备系统。随着装备机械零部件和机电一体化零部件再制造技术的发展，整机装备系统再制造需求迫切。实现装备整机系统的再制造，将可以显著提升产品再制造率，实现装备升级再制造，创造更大的经济效益和社会效益。

预计到 2025 年，通过复杂装备不同类型零部件的分类再制造和更换，实现整机装备或独立部件系统中各零部件的最佳匹配和系统升级再制造。如以机械零部件为主体的机械装备系统，整机再制造后其服役性能不低于原型新品，其产业化领域将拓展到交通、冶金、能源和矿采等。

预计到 2030 年，通过对机械零部件和功能器件的再制造，实现电气化、信息化装备的整机装备系统再制造。例如，通过微纳技术实现电气电路、集成器件的微纳观修复，结合宏观零部件再制造，将随着机电一体化装备发展而具有越来越广泛的需求。

为满足未来再制造市场和产品的需求，再制造成形与加工技术的发展趋势可以归纳为三个方面：一是朝着智能化、复合化、专业化和柔性化等适合批量化再制造成形和加工的方向发展；二是向宏观和微纳观发展，由纯机械零部件领域的再制造向机械-电子复合、机械-功能复合等复合领域发展；三是由多年来的零部件再制造成形加工技术向整机装备系统再制造技术方向发展。

5.2　再制造成形材料技术

再制造成形过程是一个复杂的热、物理和冶金过程，在此过程中，再制造成形材料是影响再制造成形质量和性能的最主要因素之一，直接决定了再制造成形层的服役性能。因此，再制造成形材料的研发及制备技术一直是再制造领域的重中之重。

由于损伤零部件的材质、服役工况和损伤形式等复杂多样，再制造所用的材料具有多样性和复杂性，为了适应再制造成形技术的推广应用和便于现场或野外作业，实现再制造成形材料的集约化具有重要意义。

再制造成形材料可用于不同的再制造成形技术，实现失效零部件几何参数的高性能恢复，按照材料状态分为液态、粉状、粉末状、膏状、丝状、棒状和薄板状材料，其中粉末材料和丝状材料应用最为广泛；按材料成分构成可分为金属粉末、陶瓷粉末和复合粉末；按照界面结合状态分为冶金结合材料体系、机械-冶金结合材料体系、镀覆成形材料体系和气相沉积成形材料体系等。

5.2.1　冶金结合材料体系

5.2.1.1　现状

冶金结合材料体系主要包括用于手工电弧堆焊、埋弧自动堆焊、二氧化碳气体保护堆焊、等离子堆焊、激光熔覆、激光快速成形和感应熔覆等再制造技术。这些技术也是再制造成形的主要技术，在机械制造领域具有广泛的应用。

堆焊是在金属零件表面熔敷耐磨、耐腐蚀或其他特殊性能的金属层的焊接方法。堆焊层可显著改善工件的工作性能或提高其使用寿命，还可以节约贵重金属材料，降低生产成本。常用的堆焊材料有各种钢、合金铸铁、镍基合金、钴基合金、铜合金，以及碳化钨与适当基体金属组成的复合材料等。堆焊材料根据工件工作时的磨损类型、介质性质和工作温度来选择。堆焊材料按其加工性能的不同可以轧成丝或带，铸成条或制成粒状粉末，制成药芯焊丝或涂药焊条。例如，手工电弧堆焊工艺将堆焊材料加工成焊条，焊条覆层则是以一定成分粉末合金作为特种填充金属，而采用粉末合金电熔堆焊高硬材料技术加工的部件，明显比原材质使用寿命提高数倍，抗磨强度符合部分冶金机械性能要求，更加适应目前冶金企业设备维修费用不断下降状况。几乎所有的熔化焊工艺方法都可以用于堆焊，但应尽可能选用母材熔深较浅、填充材料熔化较快、经济性好的工艺方法。堆焊广泛用于在钢制工件上熔敷各种金属和合金，如在原子能压力容器内壁堆焊不锈钢，在高炉料钟表面堆焊高铬合金铸铁，在热轧辊表面堆焊热模具钢，在柴油机排气阀表面堆焊镍基或钴基合金，以及修复各种被磨损的轴等。

熔覆技术可显著改善金属表面的耐磨、耐蚀、耐热和抗氧化等性能，而熔覆材料则影响激光熔覆层成形质量和性能。按熔覆材料的初始供应状态，熔覆材料可分为粉末状、膏状、丝状、棒状和薄板状等，其中应用最广泛的是粉末状材料。按照材料成分构成，激光熔覆粉末材料主要分为金属粉末、陶瓷粉末和复合粉末等。在金属粉末中，自熔性合金粉末的研究与应用最多。自熔性合金粉末是指加入具有强烈脱氧和自熔作用的 Si、B 等元素的合金粉末。在激光熔覆过程中，Si 和 B 等元素具有造渣功能，它们优先与合金粉末中的氧和工件表面氧化物一起熔融生成低熔点的硼硅酸盐等覆盖在熔池表面，防止液态金属过度氧化，从而改善熔体对基体金属的润湿能力，减少熔覆层中的夹杂和含氧量，提高熔覆层的工艺成形性能。陶瓷粉末主要包括硅化物陶瓷粉末和氧化物陶瓷粉末，其中又以氧化物陶瓷粉末（Al_2O_3 和 ZrO_2）为主。由于陶瓷粉末具有优异的耐磨、耐蚀、耐高温和抗氧化等特性，所以它常被用于制备高温、耐磨、耐蚀涂层和热障涂层。复合粉末主要是指碳化物、氮化物、硼化物、氧化物及硅化物等各种高熔点硬质陶瓷材料与金属混合或复合而形成的粉末体系。它将金属的强韧性、良好的工艺性和陶瓷材料优异的耐磨、耐蚀、耐高温和抗氧化等特性有机结合起来，是目前激光熔覆技术领域研究发展的热点。

快速成形技术大大缩短了产品开发周期，降低了开发成本。目前其常用材料可分为金属和非金属两大类，金属材料有铜粉、钢铜合金和覆膜钢粉等；非金属材料有尼龙粉、覆膜陶瓷粉和覆膜酸酯粉等。

5.2.1.2　挑战

（1）材料产品质量有待提高。相对于堆焊工艺来说，在药皮外观、偏心度及焊接工艺性能方面需要进一步改进；CO_2 气体保护焊丝（实芯焊丝）的质量不稳定，特别是在抗锈蚀能力及焊接稳定性方面问题较多。正因为这些问题的存在，导致我国部分特种焊接材料不能自给。如部分超低碳不锈钢焊条与焊丝、高质量不锈钢焊带、低合金高强度焊丝和特殊堆焊焊条、气体保护药芯焊丝、自保护药芯焊丝、焊接机器人专用的和焊接生产线使用的大容量桶装焊丝等，仍然需要依赖进口。

（2）多年来，熔覆所用的粉末体系一直沿用热喷涂粉末材料，在设计时为了防止喷涂时由于温度的微小变化而发生流淌，所设计的热喷涂合金成分往往具有较宽的凝固温度区间，将这类合金直接应用于激光熔覆，则会因为流动性不好而带来气孔问题。另外，在热喷涂粉末中加入了较高含量的 B 和 Si 元素，一方面降低了合金的熔点；另一方面作为脱氧剂还原金属氧化物，生成低熔点的硼硅酸盐，起到脱氧造渣作用。然而与热喷涂相比，激光熔池寿命较短，这种低熔点的硼硅酸盐往往来不及浮到熔池表面而残留在熔覆层内，在冷却过程中形成液态薄膜，加剧涂层开裂，或者使熔覆层中产生夹杂。

（3）目前，快速成形技术所用的材料体系还存在材料成本高、过程工艺要求高、制造成形的表面质量与内在性能还欠理想等不足之处。

5.2.1.3　目标

目前，正因为冶金结合材料体系应用广，所以受到越来越多的关注。随着科技水平的不断进步，冶金结合材料体系将围绕以下几点发展：

（1）为了进一步改善熔覆材料的性能，在通用的热喷涂粉末基础上调整成分，降低膨胀系数。在保证使用性能的要求下尽量降低 B、Si 和 C 等元素的含量，减少在熔覆层及基材表面过渡层中产生裂纹的可能性。另一方面，添加一种或几种合金元素，在满足其使用性能的基础上，增加其韧性相，提高覆层的韧性，抑制热裂纹的产生，或者在粉末材料中加入稀土元素，提高材料的强韧性。为了解决材料的内应力，应从激光熔覆过程的特点出发，结合应用要求，研究出适合激光熔覆的专用粉末，这将成为激光熔覆研究的重要方向之一。

（2）成形材料是决定快速成形技术发展的基本要素之一。加工对象和应用方向的侧重点不同，使用的材料则不同。因此，今后进一步的研究课题包括开发成本与性能更好的新材料；开发可以直接制造最终产品的新材料；研究适宜快速成形工艺及后处理工艺的材料形态；探索特定形态成形材料的低成本制备技术和造型材料新工艺等。

（3）根据不同的工况条件，研制相应的堆焊材料，做到价廉质优。同时改变目前材料品种少的现状，实现焊接材料的多样化，努力研究关键部件的材料问题，摆脱依赖进口产品。我国有许多系列的堆焊材料一直依赖进口，应该研发自己的专利产品，最大限度地降低产品的成本和缩短产品的生产周期。

5.2.2　机械-冶金结合材料体系

5.2.2.1　现状

机械-冶金结合材料体系主要包括用于低真空熔结和喷熔涂覆等各种熔结技术以及粉末火焰喷涂、电弧喷涂、等离子喷涂和特种喷涂等多种热喷涂再制造技术。不同的加工技术都有其各自的特点，正因如此，所使用的材料也不尽相同。

低真空熔结是指在一定的真空条件下，把足够而集中的热能作用于基体金属的涂敷表面，在很短时间内使预先涂敷在基体表面上的涂层合金料熔融并浸润基体表面，通过扩散互溶而在界面形成一条狭窄的互溶区，然后涂层与互溶区一起冷凝结晶，实现涂层与基体的冶金结合。低真空熔结工艺包括熔融、浸润、扩散、互溶和重结晶几个过程。低真空熔结合金涂层所采用的原材料相当广泛，基本可以分为三大类，即合金粉、金属元素粉和加有金属间化合物的混合粉。

适用于低真空熔结的合金粉主要有硬度较高的自熔合金粉和硬度较低的有色金属及贵金属合金粉。所谓自熔性主要是指合金粉在熔结过程中有自脱氧作用。在合金中加入适量的脱氧元素，在熔结过程中能还原自身和基体表面的氧化物而形成熔渣，熔渣的熔点很低，能上浮并覆盖于合金涂层的表面，起到防止金属被继续氧化的保护作用。普遍应用的自熔合金粉有 Ni 基、Co 基和 Fe 基三种。有色金属及贵金属合金粉常用在一些机油润滑的摩擦副或需要抗撞击、抗氧化的特定场合。像 Cu 基合金粉具有易加工和韧性好的特点，可用于机床导轨、轴瓦和液压泵的配油盘等。而 Sn 基合金、Ag 基合金则是一种抗撞击、抗氧化的软金属涂层。

元素金属粉可以保护 Mo 合金和 Nb 合金高温部件不被氧化。最有成效的合金系列有如下几种：Si-Cr-Ti 系、Si-Cr-Fe 系、Mo-Cr-Si 系和 Mo-Si-B 系。为了得到更好的耐磨、耐蚀或抗氧化效果，常常以金属间化合物形式加入元素金属粉。为了提高抗氧化寿命可以加入的 Si 化合物有 $MoSi_2$、$CrSi_2$ 和 VSi_2 等。如 Si-20Fe-25Cr-5VSi_2 就是一种极好的抗氧化涂层。为提高耐磨寿命，经常加入 WC 和 CrB 等硬质化合物。合金的常温硬度与高温硬度都提高了，耐磨性也随之提高。

喷熔涂覆常用的材料是自熔性合金粉末，这是由于熔结对合金覆层材料有特殊的工艺要求，而自熔性合金粉末则最为理想。喷熔用的自熔性合金粉末是一种在喷熔时不需外加熔剂，有自行脱氧、造渣功能，能"润湿"基材表面并与基材熔合的一类低熔点合金。目前绝大多数的自熔性合金都是在 Ni 基、Co 基、Fe 基等合金中添加适量的 B、Si 元素而得到的。B、Si 元素的加入能与 Ni、Co、Fe 等元素形成共晶合金，使其熔点降低，有很好的脱氧还原及造渣作用，能扩宽合金固、液相间的温度区间，增加合金对基材的润湿性，改善喷熔的工艺性。目前国内一些专业厂家生产的自熔性合金粉末有 Ni 基喷熔粉末（Ni-B-Si 系和 Ni-Cr-B-Si 系等）、Co 基喷熔粉末（Co-Cr-W-B-Si 系等）、Fe 基喷熔粉末（高 Cr 铸铁型及不锈钢型）、Cu 基喷熔粉末以及 WC 弥散型喷熔粉末等。

热喷涂材料是热喷涂技术的重要组成部分，其与热喷涂工艺及热喷涂设备共同构成热喷涂技术的主体。整个热喷涂技术的发展，实际上是由设备与材料的进展而被推动与牵引的。迄今为止，热喷涂材料的发展大体划分为三个阶段。第一阶段是以金属和合金为主要成分的粉末和线材，主要包括 Al、Cu、Zn、Ni 和 Fe 等金属及其合金。将这些材料制成粉末，是通过破碎及混合等初级制粉方法生产的，而线材则是用拉拔工艺制作出一定线径的金属丝或合金丝。这些材料主要供粉末火焰喷涂、线喷及电弧喷涂等工艺使用，涂层功能较单一，大体是防腐和耐腐蚀，应用面相对较小。电弧喷涂原理如图 5-2 所示，粉末火焰喷涂原理如图 5-3 所示。第二阶段始于 20 世纪 50 年代中期，人们发现，要解决工业设备中存在的大量磨损问题，改进工艺十分有必要，制取更耐磨的涂层。经过几年的努力，自熔合金问世并发展了火焰喷焊工艺，这就是著名的"硬面技术"。自熔合金是在 Ni、Co 和

Fe 基的金属中加入 B、Si、Cr 这些能形成低熔点共晶合金的元素及抗氧化元素，喷涂后再加热重熔，获得硬面涂层。这些涂层具有高硬度、高冶金结合及很好的抗氧化性，在耐磨性及抗氧化性方面迈出了一大步。自熔合金的出现，对热喷涂技术起到了巨大的推动作用。第三阶段是 20 世纪 70 年代中期出现的一系列的复合粉和自粘一次喷涂粉末，直到 20 世纪 80 年代夹芯焊丝作为电弧喷涂材料进入市场为主要标志。热喷涂材料的特征是材料在成分与结构的复合，达到喷涂工艺的改进和涂层性能的强化。

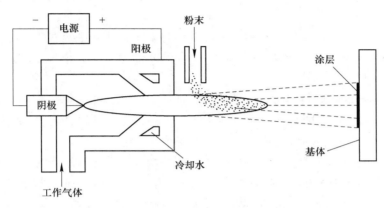

图 5-2　电弧喷涂原理

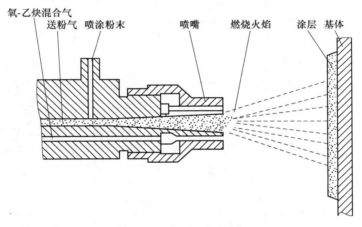

图 5-3　粉末火焰喷涂原理示意图

5.2.2.2　挑战

目前，随着机械-冶金结合材料体系在熔结技术和喷涂技术领域应用越来越广泛，其存在的问题也越来越明显，主要有以下几种：

（1）材料的成分和组织结构严重影响涂层的最终性能。另外，喷涂材料还应具有高致密度和较好的流动性。材料的致密度越高，相应地由其制备的涂层也越致密，涂层的力学性能会更好。传统的喷涂材料，其尺寸一般在微米级。随着纳米技术的不断发展，将纳米材料与等离子喷涂技术相结合来制备纳米涂层已成为近年来的发展趋势。然而，因为纳米效应的存在，纳米粒子过于活泼，纳米粉末在喷涂过程中会出现烧结长大的问题。同时，由于纳米颗粒细小而不规则，其形貌不利于喷涂层的流动。这两个问题导致了纳米粉末不能直接用于热喷涂制备纳米涂层。

（2）由于纳米粉末尺寸和质量太小，流动性差，难以均匀地输送到等离子焰流中；纳米粉末的表面活性高，喷涂过程中晶粒容易发生烧结长大而失去纳米效应。因此，纳米粉末是不能直接用于热喷涂的。目前国内外研究主要是将纳米材料再造形成大颗粒团粉体，但目前技术还不够成熟。

5.2.2.3 目标

（1）热喷涂技术目前发展较为成熟，但其中仍有不少技术难题有待解决，其中重点是解决涂层的孔隙率及其与基材的结合强度问题，这需要人们在此领域做进一步的探索研究。

（2）对耐高温的陶瓷材料进行细致研究，这种材料有足够高的熔点、适中的相对密度和极好的抗高温氧化性，同时又耐无机酸和熔融金属的侵蚀，作为航空、燃气涡轮机的高温部件涂层材料，是最新的研究热点。

（3）质量控制日趋完善。热喷涂材料的质量检测是得到合格涂层的首要关口，对材料及涂层建立相应的方法和标准，以保证最终涂层质量。加强粉末的质量检测，主要是化学性能、物理性能和工艺性能，这些涉及化学成分、熔点（软化点）、放热性、粒度分布、流动性、颗粒形状与结构等。粉末质量控制比线材要难，通过拉拔或挤压容易生产线材，但粉末则难以做到批量之间的完全一致。因而充分说明对粉末质量控制的必要性。

5.2.3 镀覆成形材料体系

5.2.3.1 现状

镀覆成形材料体系主要涉及电镀、电刷镀、特种电镀、化学镀、阳极氧化以及化学转化膜处理等再制造技术。电镀、电刷镀和特种电镀属于电化学沉积技术，它们的材料体系具有共通性。阳极氧化即金属或合金的电化学氧化，是利用外加电流，在制品（阳极）上形成一层氧化膜的过程。化学转化膜处理则是在金属表面生成附着力良好的隔离层。

目前，电镀成形材料种类繁多，主要可分为单金属电镀和合金电镀。常用单金属电镀有如下几种：

（1）镀锌。镀锌作为钢铁的防护性镀层，几乎占全部电镀的 $1/3 \sim 1/2$，对镀锌要求较高的钢铁制品一般选用低氰镀锌工艺，而镀锌层的耐蚀性主要取决于镀锌层的钝化处理。

（2）镀铜。目前国内仍以应用氰化镀铜和酸性光亮镀铜工艺为主，利用其优良的光亮性和整平性作多层电镀组合的中间层，如厚铜薄镍，可降低成本。前者多用作钢铁制品和锌压铸件的底镀层，后者用作厚铜薄镍或多层电镀层组合的中间层。

（3）镀镍。近十年来，我国的光亮镀镍工艺、高装饰防护多层镍铬工艺、沙面镍（又称珍珠镍、缎面镍）、黑镍和深孔镀镍的开发与应用发展迅猛，成果显著。

（4）镀铬。目前，装饰性镀铬和硬铬应用都很多，黑铬较少。

（5）镀锡。我国的镀锡工艺主要用于电子工业，以酸性光亮镀锡工艺为最广。近几年来，国内加速研究高品质酸性镀锡光亮剂，镀液分散能力好，稳定性高，长期使用不浑浊，整平能力强，光亮速度快且容易管理，其性能如下：焊接性良好，镀锡件经高温老化或时效处理仍能保持良好的焊接性；光亮电流范围宽广，特别是在低电流区也能光亮；稳定性能高，镀锡电解液长期使用不变混浊。为了提高镀锡的效率，加快沉积速度，更好地适应电子器件的高可靠焊接性需要，很多公司已经开发出甲基磺酸及其相应的锡盐、铅盐，增添了高效电镀锡及铅锡合金新工艺。

合金电镀当前主要应用于装饰电镀领域，如广泛应用于家电、办公品和汽车零件的锡镍合金、锡镍铜三元合金电镀，其使用的镀液多为氰化物。在高耐蚀性电镀领域，汽车零件对电镀的耐蚀性要求不断提高，使得锌合金电镀得到了发展，德国、日本的锌镍合金应用量大，其次是法国和美国。同时汽车内部的紧固件以及发动机周边的支撑、结构件、油管大多使用锌镍合金或锌铁合金，通过钝化处理，可得到黑色、彩色的外观，其耐蚀性、耐温性均很优良。在功能性电镀领域，合金电镀也是最有希望的技术。例如，锌锡合金由于耐蚀性、焊接性好，广泛应用于要求较高的电子零件电镀。特别是锌铁合金，由于其较高的性能价格比，现在普遍应用于德国的汽车制造业。

我国在电镀外观、颜色的多样化工艺发展应用方面发展较快，应用最典型的是铜锌合金或铜锌锡三元合金（主要用于灯饰、锁头及日用五金）、锡镍合金（办公品及日用五金）、锡钴合金或锡钴锌合金（外观酷似铬、代铬镀层、滚镀小零件，用于日用五金）、黑镍（复合装饰性电镀）以及光亮铜锡合金（无镍、代镍镀层用于首饰与表带的底层，以解决人体皮肤对镍的过敏问题）等。多色调彩色电镀工艺路线如图5-4所示。贵金属主要用于电镀钟表、首饰、高级灯饰、高级餐具、高档汽车模型、眼镜和电铸工艺品等，应用最多的还是镀金和镀合金（Au-Co、Au-Ni）、镀银、镀铑、镀钯和镀钯镍合金等。

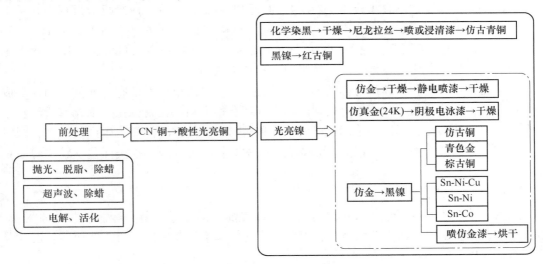

图 5-4　多色调彩色电镀工艺路线

化学镀是提高材料表面耐磨性和耐蚀性的一种表面强化方法。20 世纪 50 年代初期，国外相继出现了许多化学镀工艺方面的专利，随着研究的不断深入，化学镀的工艺参数及过程控制日臻完善，镀液寿命不断延长，生产成本逐渐降低，应用领域不断拓展，目前已广泛应用于石油化工、机械电子和航空航天等领域。目前日本、欧美等国不断有新的商品化镀液问世。我国在这方面的研究和应用虽然起步较晚，但发展很快，特别是近十多年来，在化学镀的基础上衍生出来的复合镀技术，加速推动了化学镀技术的应用。其从理论到试验、生产和应用的发展过程中日臻完善和成熟。目前在化学镀中，研究和应用最为广泛的是化学镀镍磷合金工艺，镍磷合金镀层具有较高的硬度、较高的耐磨性、优异的耐腐蚀性和良好的钎焊性能，有着较为广阔的应用前景。

磷化处理工艺是指通过将工件浸入磷化液（以某些酸式磷酸盐为主的溶液），在表面沉积形成一层不溶于水的结晶型磷酸盐转换膜的过程。磷化处理是钢铁涂装前常用的处理方式，其主要作用是增加零件的表面粗糙度值，提高涂料与基底的结合力。磷化处理工艺按磷化膜的成分可分为锌系、锌钙系、锌锰系、锰系、铁系和非晶相铁系六大类。传统磷化处理工艺使用的磷化液中重金属含量较高，废水处理的难度比较大，处理不当就会对环境造成污染。随着人类环保、节能意识的不断增强，当前，磷化处理的研究方向主要是朝着提高成膜质量、节能减排的方向发展，新型无磷转化膜正在悄然取代传统的磷化膜。

硅烷化处理工艺是以有机硅烷水溶液为主要成分对金属或非金属材料进行表面处理的过程。与传统的磷化处理相比，硅烷化处理具有以下优点：（1）不含重金属和磷酸盐，废水处理简单，可以降低废水处理的成本，减轻环境污染，硅烷化处理沉渣量少，甚至无渣，可以避免因沉渣导致设备维修保养费用及误工费用；（2）不需要表调，也不需要亚硝酸盐促进剂等，药剂用量少，可加快处理速度，提高生产效率，也减少了这类化学物质对环境的污染；（3）可在常温下进行，不需要加热，减少能源消耗；（4）一种处理液可同时处理铁、铝等材料，不需要更换槽液，降低生产成本。

陶化处理工艺是近两年新兴的一种处理工艺，它以锆盐为基础，在金属表面生成一层纳米级陶瓷膜。陶化剂不含重金属、磷酸盐和任何有机挥发组分，成膜反应过程中几乎不产生沉渣，可处理铁、锌、铝和镁等多种金属。该陶瓷膜可随材质、处理时间的长短、pH 值和槽液浓度的不同而呈现多种颜色，非常容易与底材颜色进行区分。采用陶化工艺时，可省掉磷化工艺中的表调工序，减少前处理药剂的消耗。

硅烷化处理和陶化处理都可称之为无磷成膜处理，目前市场上还有其他方式的无磷成膜处理方法，这些新技术与硅烷化处理或陶化处理有很多相似之处，一般都含有微量甚至不含重金属和磷酸盐，不需要表调，可处理多种板材等，处理时间短，生产效率高，同时在节能减排方面具有相当大的优势。无磷成膜技术必将成为未来钢铁表面化学转化膜的主要处理方式。

5.2.3.2　挑战

最近二十余年，我国经济持续快速增长，以提高产品质量、节约能源、节约原材料、服务高新技术和实施清洁生产为契机，镀覆成形材料体系正在快速发展。然而，发展的背后仍然存在以下问题：

（1）对于电镀工艺来说，目前主要镀种及工艺虽能满足国内生产需要，但与先进国家仍存在较大差距。同时，为了节省资源、降低成本、发展经济，对如何减少能源和材料的消耗，特别是减少贵金属材料（包括如金、银和镍等）的消耗，是当今电镀技术中普遍关心和重视的问题之一。

（2）工业发展造成的环境污染日益严重。世界各国都制定了一系列减少污染、保护环境的政策和法律，对有毒废物、废水和废气必须经过处理达到规定标准后才能排放。可采用的处理方法很多，但如何因地制宜选用合适的处理方法就需要慎重考虑了。因此，研究效果好、费用低、废物能回收利用且不产生二次污染的处理方法仍是当前电镀废物和废水处理研究中的重要内容。在电镀前处理工艺中如何减少挥发性有机溶剂的使用，在不合格镀层的退除中如何采用无氰工艺，也都是需要研究解决的课题。

（3）化学镀合金镀层由于具有优良的耐磨性、耐蚀性、镀层厚度均匀性和致密度高等优点，已成功地运用于机械、航空航天和石油化工等行业。但是，化学镀在某些领域的应用还有不少问题有待解决，例如在模具和铸模中的应用，在化学镀产业化工艺上还有待进一步研究和完善；又如镀液的稳定性、废液的回收和再生、大型镀槽的温度均匀性控制、车间环境的污染治理等。

5.2.3.3　目标

（1）在"节能、降耗、减排"的产业政策指引下，努力发展"节约资源型、节省能源型及环境友好型"的新型材料和新工艺。

（2）优化镀覆成形材料体系，减少材料在使用过程中产生的污染现象。例如：电镀工作者的开发研究应考虑其对环境的影响，并寻求可靠的对策，尽可能应用少污染、低浓度和易处理的工艺；改进清洗工艺，采用节水措施，继续推广应用减少环境污染的高效低浓度镀铬和低铬钝化工艺，推广应用化学法综合治理电镀废水处理系统，选择可靠的微生物处理电镀废水系统；开发高效固液分离装置，开发排除污染空气的传感器和高效吸收装置，向无害化的清洁生产工艺迈进；研究电镀过程中的重金属回收装置，可以先从 Au、Ag、Ni、Cu 和 Cr 做起。

（3）目前，用电刷镀方式能获取比化学镀技术更为理想的镀层性能，从某种程度上说也是化学镀技术应用的延伸和拓展。化学镀作为一门多学科交叉的应用技术，无论是在热处理专业领域，还是在表面处理专业领域，从理论到实践都必将有着良好的发展空间和广阔的应用前景，所以需要加大对化学镀成形材料的改进和研发。

5.2.4　气相沉积成形材料体系

5.2.4.1　现状

气相沉积成形材料体系主要包括用于物理气相沉积（Physical Vapor Deposition，PVD）和化学气相沉积（Chemical Vapor Deposition，CVD）等再制造技术。在物理气相沉积情况下，膜层材料由熔融或固体状态经蒸发或溅射得到；而在化学气相沉积情况下，沉积物由引入到高温沉积区的气体离解所产生。

物理气相沉积是制备硬质镀层（薄膜）的常用技术，按照沉积时物理机制的差别，物理气相沉积一般分为真空蒸发镀膜技术、真空溅射镀膜技术、离子镀膜技术和分子束外延技术等。近年来，薄膜技术和薄膜材料的发展突飞猛进，成果显著，在原有基础上，相继出现了离子束增强沉积技术、电火花沉积技术、电子束物理气相沉积技术和多层喷射沉积技术等。随着技术的不断进步，薄膜材料也越来越丰富：早期发展的材料为 TiC 和 TN 类型，如 AlN、TiN、CrN、（TiAl）N 等。为提高硬度，后来逐渐转向立方氮化硼、金刚石和类金刚石膜。同时，还出现了一些功能薄膜，如具有光催化作用的 TiO_2 膜，具有良好的可见光透过率和红外光反射率的 ZnS/MgF_2 薄膜及 TiO_2/SiO_2 等。另外，陶瓷薄膜的沉积也逐渐获得了应用。图 5-5 为物理气相沉积设备。

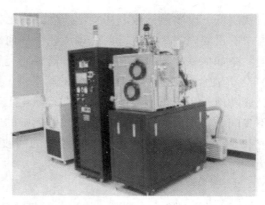

图 5-5　物理气相沉积设备

　　PVD 技术的优点是可以蒸发低熔点或高熔点的材料，甚至蒸发合金材料。在最近的研究中，氮化物、碳化物和复合沉积层已成为研究热点，因为它们都具有硬度高、耐腐蚀和耐磨损的优点。在氮化物中，ZrN 和 HfN 镀层的研究最为广泛，它们可用来作为刀具的耐磨层和代替电镀金的装饰性涂层。ZrN 和 HfN 具有良好的附着性，可在较宽的气体分压和偏压下获得。CrN 是灰色的，与 TiN 相比，其沉积速率更高，厚的 CrN 表层表面平滑，这是因为镀层的组织非常致密且是完全的无定形结构。这种致密的结构几乎无针孔缺陷，它可用于提高各种基体材料的耐蚀性，优于 TiN。因此，CrN 的性质在摩擦状态下是相当有利的，如硬度高、摩擦系数低于 TiN、有较好的应力状态和致密的厚膜等。CrN 镀层与常用的电镀硬 Cr 相比，其硬度高一倍且不开裂。在某些领域中，CrN 镀层已成功地取代了硬 Cr 镀层，此外，CrN 还具有较好的高温抗氧化性能。与氮化物相比，制作碳化物镀层更为复杂，由于碳化物镀层相当脆，不易用 PVD 技术制得，因此，在工业上的应用相当有限，而新的多元复合镀层更具有其优越的特性。对于多元复合镀层，如 Ti（C，N），在相同切削条件下，采用 Ti（C，N）加工低合金钢，其性能与 TiN 相近。但在高速和大进给的条件下，Ti（C，N）优于 TiN。由于 Ti（C，N）的摩擦系数低，因此，特别适合于制作精加工刀具，而 TiN 用于粗加工较好。被加工材料对于镀层刀具的使用性能有很大影响，如加工软的材料（锻铝、黄铜和纯铜），Ti（C，N）镀层是最好的。同样，Ti（C，N）镀层在铝的热压或成形加工中，也显示出优于 TiN 的性能，这是因为 Ti（C，N）镀层具有较低的摩擦系数，降低了镀层和被加工材料表面的化学磨耗。

　　化学气相沉积是利用气态或蒸气态的物质在气相或气固界面上反应生成固态沉积物的技术。化学气相沉积技术起源于 20 世纪 60 年代，由于具有设备简单、容易控制，制备的粉体材料纯度高、粒径分布窄，能连续稳定生产，而且能量消耗少等优点，已逐渐成为一种重要的粉体制备技术。该技术是以挥发性的金属卤化物、氢化物或有机金属化合物等物质的蒸气为原料，通过化学气相反应合成所需粉末。可以是单一化合物的热分解，也可以是两种以上物质之间的气相反应。CVD 法不仅可以制备金属粉末，也可以制备氧化物、碳化物和氮化物等化合物粉体材料。目前，用此法制备 TiO_2、SiO_2、Sb_2O_3、Al_2O_3 和 ZnO 等超微粉末已实现工业化生产。

　　近年来，已有不少研究者将 CVD 技术应用于贵金属薄膜的制备。沉积贵金属薄膜用的沉积源物质有多种，但主要是贵金属卤化物和有机贵金属化合物，如 Cl_3Ir、$C_{10}H_{10}$、

$C_5H_5F_3O_2$、$CF_3COCH_2COCF_3$、$C_{15}H_{21}IrO_6$ 和 $C_{10}H_{14}O_4Pt$ 等。人们之所以对贵金属作为涂层材料感兴趣是由于这类金属优良的抗氧化性能。铱因其较强的抗氧化能力和较高的熔点而受到重视，是一种较理想的高温涂层材料。20 世纪 60 年代以来，世界航空航天技术飞速发展，一些高熔点材料被大量使用，但这些材料一个共同的致命缺点是抗氧化能力差。20 世纪 60 年代美国空军材料实验室对石墨碳的铱保护涂层进行过大量的研究，采用了多种成形方法制备铱涂层，其中包括化学气相沉积法。虽然没有制备出质量令人满意的厚铱涂层，但仍认为 CVD 是一种非常有希望且值得进一步研究的方法。

化学气相沉积属于原子沉积类，其基本原理是沉积物以原子、离子或分子等原子尺度的形态在材料表面沉积，形成外加覆盖层，如果覆盖层通过化学反应形成，则称为化学气相沉积。图 5-6 为化学气相沉积设备，其过程包括三个阶段，即物料汽化、运输到基材附近的空间和在基材上形成覆盖层。化学气相沉积法之所以得以迅速发展，和它本身的特点是分不开的。其特点如下：（1）沉积物众多，它可以沉积金属、碳化物、氮化物、氧化物和硼化物等，这是其他方法无法做到的；（2）能均匀涂覆几何形状复杂的零件，这是因为化学气相沉积过程有高度的分散性；（3）涂层和基材结合牢固；（4）设备简单，操作方便。

图 5-6　化学气相沉积设备

5.2.4.2　挑战

（1）物理气相沉积技术应用于模具和摩擦副零件比用于切削刀具的摩擦学系统要求高，为此，沉积层的类型也要进一步改进，以满足更高的性能要求。

（2）由化学气相沉积技术所形成的膜层致密且均匀，膜层与基材的结合牢固，薄膜成分易控，沉积速度快，膜层质量也很稳定，某些特殊膜层还具有优异的光学、热学和电学性能，因而易于实现批量生产。但是，CVD 的沉积温度通常很高，容易引起零件变形和组织上的变化，从而降低机体材料的机械性能并削弱机体材料和镀层间的结合力，使基片的选择、沉积层或所得工件的质量都受到限制。

5.2.4.3　目标

（1）化学气相沉积的沉积温度通常很高，一般为 900～1100 ℃，因此，基片的选择、沉积层或所得工件的质量都受到了限制。目前化学气相沉积正向低温和高真空两个方向发展。

（2）与许多其他快速成形新技术一样，化学气相沉积技术与快速成形技术的集成，不仅提高了快速成形技术自身的成形能力，也为快速成形技术开辟了新的应用领域。基于化学气相沉积方法的快速成形新技术，今后将逐渐从实验室研究阶段进入实际应用阶段。其独特的成形特性，在具有特殊结构或性能的功能材料、微电子器件或线路的定制与修复、微机械系统或零部件的制造、微细加工等领域发挥了特殊的作用，具有广阔的应用前景。

（3）沉积材料体系今后需要继续大力开发。首先是超硬薄膜开发，提高材料表面耐磨性。另外，由于镀层的超高硬度使其相对厚度减小，能符合未来高精度化的要求。其次是耐热薄膜开发，提高耐热性及抗氧化性，使其可用于高温工作环境。再次是耐蚀薄膜开发，如铬和铝薄膜开发，航空零件真空蒸镀铝也是未来被看好的技术与市场。最后是润滑薄膜开发，具有低摩擦系数的镀层如类钻石、二氧化硅等，可用于需低摩擦阻力的场合或取代切削油的使用。

（4）对于物理气相沉积技术，选用新型镀层、复合镀层（多元镀层）以及多层镀层是进一步提高如结合强度、基体承载能力以及基体和涂层匹配性等性能的有效途径，从而极大地改善其可靠性和使用寿命。

（5）化学气相沉积作为一种非常有效的材料表面改性方法，具有十分广阔的发展应用前景。它在提高材料的使用寿命、改善材料的性能和节省材料的用量等方面起到了重要的作用，为社会带来了显著的经济效益。随着各个应用领域要求的不断提高，对化学气相沉积的研究也将进一步深化，化学气相沉积技术的发展和应用也将跨上一个新的台阶。

5.3　纳米复合再制造成形技术

纳米复合再制造成形技术是借助纳米科学与技术新成果，把纳米材料、纳米制造技术等与传统表面维修技术交叉、复合、综合，研发出先进的再制造成形技术，如纳米复合电刷镀技术、纳米热喷涂技术、纳米涂装技术、纳米减摩自修复添加剂技术、纳米固体润滑干膜技术、纳米粘接技术、纳米薄膜制备技术和金属表面纳米化技术等。

纳米复合再制造成形技术充分利用纳米材料、纳米结构的优异性能，在损伤失效零部件表面制备出含纳米颗粒的复合涂层或具有纳米结构的表层，赋予零部件表面新的服役性能，如纳米复合电刷镀技术、纳米热喷涂技术已经可以根据不同的性能要求制备相应的纳米镀层与纳米涂层。

5.3.1　纳米复合电刷镀技术

5.3.1.1　现状

纳米复合电刷镀技术利用电刷镀技术在装备维修中的技术优势，把具有特定性能的纳米颗粒加入电刷镀液中，获得纳米颗粒弥散分布的复合电刷镀涂层，提高装备零部件表面硬度、强度、韧性、耐蚀和耐磨等性能。

与普通电刷镀层相比，纳米复合电刷镀层中存在大量的硬质纳米颗粒，且组织细小致密，具有较高的硬度、优良的耐磨性能（抗滑动磨损、抗砂粒磨损和抗微动磨损）、优异的接触疲劳磨损性能及抗高温性能，因此可以大大提高传统电刷镀技术维修与再制造零部件的性能，或者可以修复原来传统电刷镀技术无法修复的服役性能要求较高的金属零部件。纳米复合电刷镀技术拓宽了传统电刷镀技术的应用范围。

纳米复合电刷镀技术应用范围包括：

（1）提高零部件表面的耐磨性。由于纳米陶瓷颗粒弥散分布在镀层基体金属中，形成了金属陶瓷镀层，镀层基体金属中的无数纳米陶瓷硬质点，使镀层的耐磨性显著提高。使用纳米复合镀层可以代替零部件镀硬铬、渗碳、渗氮和相变硬化等工艺。

（2）降低零部件表面的摩擦系数。使用具有润滑、减摩作用的不溶性固体纳米颗粒制成纳米复合镀溶液，获得的纳米复合减摩镀层，镀层中弥散分布了无数个固体润滑点，能有效降低摩擦副的摩擦系数，起到固体减摩作用，因此也减少了零件表面的磨损，延长了零件使用寿命。

（3）提高零部件表面的高温耐磨性。纳米复合电刷镀技术使用的不溶性固体纳米颗粒多为陶瓷材料，形成的金属陶瓷镀层中的陶瓷相具有优异的耐高温性能。当镀层在较高温度下工作时，陶瓷相能保持优良的高温稳定性，对镀层整体起到支撑作用，有效提高了镀层的高温耐磨性。

（4）提高零部件表面的抗疲劳性能。许多表面技术获得的涂层能迅速恢复损伤零件的尺寸精度和几何精度，提高零件表面的硬度、耐磨性和防腐性，但都难以承受交变负荷，抗疲劳性能不高。纳米复合电刷镀层有较高的抗疲劳性能，因为纳米复合电刷镀层中有无数个不溶性固体纳米颗粒沉积在镀层晶体的缺陷部位，相当于在众多的位错线上打下无数个"限制桩"，这些"限制桩"可有效地阻止晶格滑移。另外，位错是晶体中的内应力源，"限制桩"的存在也改善了晶体的应力状况。因此，纳米复合电刷镀层的抗疲劳性能明显高于普通镀层。当然，如果纳米复合电刷镀层中的不溶性固体纳米颗粒没有打破团聚、颗粒尺寸太大或配置镀液时，颗粒表面没有被充分浸润，那么沉积在复合镀层中的这些"限制桩"很可能就是裂纹源，它不仅不能提高镀层的抗疲劳性能，反而会产生相反的结果。

（5）改善有色金属表面的使用性能。许多零件或零件表面使用有色金属制造，主要是为了发挥有色金属导电、导热、减摩和防腐等性能，但有色金属往往因硬度较低、强度较差，造成其使用寿命短、易损坏。制备有色金属纳米复合电刷镀层，不仅能保持有色金属固有的各种优良性能，还能改善有色金属的耐磨性、减摩性、防腐性和耐热性。如用纳米复合电刷镀处理电器设备的铜触点、银触点，处理各种铅青铜、锡青铜轴瓦等，都可有效改善其使用性能。

（6）实现零部件的再制造并提升性能。再制造以废旧零件为毛坯，首先要恢复零件损伤的尺寸精度和几何形状精度。这可先用传统的电镀、电刷镀的方法快速恢复磨损的尺寸，然后使用纳米复合电刷镀技术在尺寸层上镀纳米复合电刷镀层作为工作层，以提升零件的表面性能，使其优于原型新品。这样做，不仅充分利用了废旧零件的剩余价值，而且节省了资源，有利于环保。在某些备件紧缺的情况下，这种方法可能是备件的唯一来源。

目前，纳米复合电刷镀技术在国防装备和民用工业装备再制造中已获得大量成功应用，获得了显著的经济和社会效益。例如，采用纳米复合电刷镀技术在履带车辆侧减速器主动轴的磨损表面刷镀纳米 Al_2O_3/Ni 复合电刷镀层，仅用 1 h 便可完成单根轴的尺寸恢复；采用纳米复合电刷镀技术再制造大制动鼓密封盖的内孔密封环配合面，仅用 1 h 便可完成单件修复；采用 $n\text{-}Al_2O_3/Ni$ 纳米复合电刷镀层对发动机压气机整流叶片的损伤部分进行了局部修复，修复后的叶片通过了 300 h 发动机试车考核。

5.3.1.2　挑战

虽然纳米复合电刷镀技术已成功实现工程零部件表面抗裂、耐磨和耐蚀性能的显著提升，但目前对于纳米复合电刷镀技术工艺和理论的认识还有待于完善，对于镀层形成机理、强化机理、纳米颗粒作用机理和纳米表面性能改善机理等认识还有待于加强。

目前，纳米复合电刷镀技术施工过程还主要依靠手工操作完成。但随着纳米复合电刷镀技术在汽车和机床等民用工业装备再制造中的应用范围不断扩大，手工操作已难以满足生产效率和生产质量的要求，对自动化纳米复合电刷镀技术的需求越来越迫切。虽然自动化纳米复合电刷镀技术已取得一定进展，如我国针对重载汽车发动机再制造生产急需，已研发出了连杆自动化纳米复合电刷镀再制造专机（图 5-7（a））和发动机缸体自动化纳米复合电刷镀再制造专机（图 5-7（b）），并已经在中国重汽集团济南复强动力有限公司的发动机再制造生产中成功应用，但自动化纳米复合电刷镀技术的发展和推广仍面临很大的挑战。

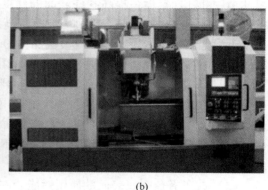

(a)　　　　　　　　　　　　　　　　　(b)

图 5-7　连杆（a）和发动机缸体（b）自动化纳米复合电刷镀再制造专机

5.3.1.3　目标

纳米复合电刷镀技术在再制造生产中的成功应用，有力地推动了再制造产业化发展，该技术的下一步发展目标主要有：

（1）进一步深入开展纳米复合电刷镀技术的理论研究，探索纳米复合镀层的形成机理、与基体的结合机理、纳米颗粒作用机理和纳米表面性能改善机理等，优化现有工艺参数实现纳米颗粒的可控分布，从而达到在省材节能的前提下大幅提升零部件性能的目的。

（2）根据装备再制造工程应用需要，不断开发新的纳米复合电刷镀材料，研发适合不同零部件再制造生产需要的纳米复合电刷镀再制造生产设备和技术方法，研制智能化、自动化纳米复合电刷镀再制造设备，实现高稳定性、高精度、高效率的装备零部件批量、现场可再制造过程。

（3）加大纳米复合电刷镀技术的推广力度，拓展该技术在机械领域外的功能性应用，使其在循环经济建设和社会经济可持续发展中发挥更大作用。

5.3.2 纳米热喷涂技术

5.3.2.1 现状

纳米热喷涂技术用各种新型热喷涂技术（如超声速火焰喷涂、高速电弧喷涂、超声速等离子喷涂和真空等离子喷涂等），将纳米结构颗粒喂料喷涂到零部件表面形成纳米涂层，提高零部件表面的强度、韧性、耐蚀、耐磨、热障、抗疲劳等性能。

热喷涂纳米涂层可分为三类：单一纳米材料涂层体系、两种或多种纳米材料构成的复合涂层体系和添加纳米材料的复合体系（微晶+纳米晶），特别是陶瓷或金属陶瓷颗粒复合体系具有重要作用。

纳米热喷涂技术已成为热喷涂技术新的发展方向。美国某公司采用等离子喷涂技术制备了 Al_2O_3/TiO_2 纳米结构涂层，该涂层致密度达 95%~98%，结合强度比传统粉末热喷涂涂层提高 2~3 倍，耐磨性提高 3 倍；美国 R. S. Lima 等人采用等离子喷涂技术成功制备了 ZrO_2 纳米结构涂层，主要用作热障涂层；M. Cell 等人采用纳米 Al_2O_3 和 TiO_2 颗粒混合重组的 Al_2O_3-13wt.%TiO_2 喷涂喂料，等离子喷涂制备了纳米结构涂层，该涂层的抗冲蚀能力为传统颗粒喷涂的 4 倍，已在美国海军舰船和潜艇上得到应用。D. G. Atteridge 等人采用等离子喷涂制备了 WC-Co 纳米结构涂层，该涂层具有组织致密、孔隙率低和结合强度高等特点。

目前，传统热喷涂技术已被广泛用于损伤失效零部件的再制造。例如：采用等离子喷涂技术修复重载履带车辆，其密封环配合面采用 FeO_4 粉末，轴承配合面采用 FeO_3 粉末，衬套配合面采用 FeO_4 和 Ni/Al 粉末，再制造后车辆经过 12000 km 的试车考核，效果良好；在汽轮发电机大轴过水表面等离子喷涂 Ni/Al 涂层，其防水冲蚀效果理想；采用 Ni-Cr-B-Si 和 TiC 混合粉末，在航空发动机涡轮叶片表面等离子喷涂厚度为 0.1 mm 涂层，经 20 台发动机约 6 万个叶片装机飞行，证明使用效果良好。但纳米热喷涂技术受到设备、喷涂粉末和成本等因素制约，在再制造领域的应用还有待进一步拓展。

纳米热喷涂技术中，超声速等离子喷涂是制备纳米结构涂层较好的技术之一。该技术是在高能等离子喷涂的基础上，利用非转移型等离子弧与高速气流混合时出现的扩展弧，得到稳定聚集的超声速等离子射流进行喷涂。与常规速度的等离子喷涂技术相比，超声速等离子喷涂技术大幅提高了喷射粒子的速度和动能，涂层质量得到显著提高，在纳米结构耐磨涂层和功能涂层的制备上具有广阔的应用前景。

5.3.2.2 挑战

目前，纳米热喷涂技术面临的挑战主要集中在以下几个方面：

（1）纳米热喷涂技术的理论研究还未完善，对热喷涂纳米涂层的形成机理、与基体的结合机理、纳米颗粒的作用机理和纳米表面性能改善机理等认识还有待提高。

（2）高性能纳米结构喷涂材料的制备和开发仍存在困难。纳米颗粒材料不能直接用于热喷涂，在喷涂过程中容易发生烧结，送粉难度也很大，必须将纳米颗粒制备成具有一定尺寸的纳米结构颗粒喂料，才能够直接喷涂。由于喂料的纳米颗粒粒度分布要均匀，要具有高颗粒密度、低孔隙率和较高的强度，因此喂料的制备和新喷涂材料的开发也是纳米热喷涂技术挑战之一。

（3）纳米热喷涂技术在再制造领域的推广受到设备、喷涂粉末和成本等因素制约。例如，适用于该技术的超声速等离子喷涂设备价格相对较高，制备纳米涂层时需要使用昂贵的高纯氮气、氢气等工作气体，且纳米结构颗粒喂料的生产成本远高于普通热喷涂粉末。

（4）复杂形状零部件的纳米热喷涂成形工艺问题尚需解决，研究如何优化复杂零部件的纳米热喷涂成形工艺，并实现纳米热喷涂技术的智能化和自动化，将是一个巨大的机遇和挑战。

5.3.2.3　目标

（1）建立完善的纳米热喷涂技术理论体系，进一步深化对热喷涂纳米涂层的形成机理、与基体的结合机理、纳米颗粒的作用机理、表面性能改善机理的认识，用扎实的理论基础指导该技术在再制造领域的应用。

（2）开发适用于纳米热喷涂技术的高性能喷涂粉末和高质量喷涂设备，实现纳米热喷涂技术的自动化、智能化和高效化，并进一步降低该技术的使用成本。

（3）解决纳米热喷涂技术的工艺难题，尤其是针对复杂形状零部件的成形工艺问题，拓宽该技术在再制造领域的应用范围。

5.3.3　纳米表面损伤自修复技术

5.3.3.1　现状

纳米表面损伤自修复技术是指在不停机、不解体的情况下，利用纳米润滑材料的独特作用，通过机械摩擦作用、摩擦-化学作用和摩擦-电化学作用等，在磨损表面沉积、结晶、渗透并铺展成膜，从而原位生成一层具有超强润滑作用的自修复层，以补偿所产生的磨损，达到磨损和修复的动态平衡，具备损伤表面自修复效应的一种新技术。

纳米表面损伤自修复技术是再制造工程的一项关键技术，其在再制造产品应用中发挥再制造产品的最大效能，是再制造领域的创新性前沿研究内容。纳米表面损伤自修复技术不仅可以减少机械装备摩擦副表面的摩擦磨损，还可以在一定的条件下实现发动机、齿轮和轴承等磨损表面的自修复，从而可以预防机械部件的失效，减少维修次数，提高装备的完好率，降低机械装备整个生命周期费用。

用于纳米表面损伤自修复技术的纳米润滑材料包括：单质纳米粉体、纳米硫属化合物、纳米硼酸盐、纳米氢氧化物、纳米氧化物、纳米稀土化合物以及高分子纳米材料等。

目前，纳米表面损伤自修复技术已成功用于各型内燃机、汽轮机、减速齿轮箱等设备动力装置的再制造。如 C698QA 型六缸发动机采用混合纳米添加剂的 SF15W-40 汽油机油，进行 300 摩托小时的台架试验，与只使用 SF15W-40 汽油机油相比，发动机最大功率升高了 6.08%，最大转矩升高了 2%，油耗降低了 5.98%，连杆轴瓦的磨损降低了 47.4%，活塞环的磨损降低了 49.8%，而在凸轮轴、曲轴主轴颈和曲轴连杆轴颈等部位同时实现了零磨损；中国铁路北京局集团有限公司将某种金属磨损自修复材料用在内燃机车上，使其中修期由原来的 30 万千米延长至 60 万千米，免除辅修和小修；北京公共交通控股（集团）有限公司第七客运分公司用该种自修复材料在 17 台公交车上进行了 4 个月的试验，车辆气缸压力平均上升了 20%，基本恢复了标准值，尾气平均值下降了 50%，节油率为 7% 左右。

5.3.3.2　挑战

（1）关于纳米润滑材料的表面损伤自修复机理认识有待深入，油润滑介质中纳米润滑材料的摩擦学作用机理和表面修复作用机理尚需进一步完善。

（2）纳米润滑材料的制备和自修复控制方法是该技术的研究重点。近年来，随着生物技术和信息技术的迅猛发展，以借鉴自然界生物自主调理和自愈功能为基础的机械装备智能自修复研究受到发达国家的高度重视。与智能自修复技术相关的智能仿生自修复控制系统、智能自修复控制理论、装备故障自愈技术和智能自修复材料等将是该技术未来发展的重要机遇和挑战。

5.3.3.3　目标

未来纳米表面损伤自修复技术研究将包括以下几方面的内容：

（1）开发具有自适应、自补偿和自愈合性能的先进自修复材料，构建高自适应性的自修复材料体系。

（2）实现智能自修复机械系统的结构设计和控制，构建起满足未来发展需求的并具有自监测、自诊断、自控制和自适应的智能装备及故障自愈控制系统。

（3）研制纳米动态减摩自修复添加剂，在不停机、不解体情况下在磨损表面原位生成一层具有超强润滑作用的自修复膜，实现零部件磨损表面的高效自修复。

5.4　能束能场再制造成形技术

能束能场再制造成形技术是利用激光束、电子束、离子（等离子）束以及电弧等能量束及电场、磁场、超声波、火焰和电化学能等能量实现机械零部件的再制造过程。目前，常用的能束能场再制造成形技术主要有激光再制造成形技术、高速电弧喷涂再制造技术、等离子弧熔覆成形技术和电子束熔融成形技术等。

目前，基于机器人堆焊与熔敷再制造成形技术对缺损零部件的非接触式三维扫描反求测量、成形路径规划，基于熔化极惰性气体保护堆焊/铣削复合工艺的近净成形技术、面向轻质金属的再制造成形技术等进行了广泛深入的研究，成功实现了典型装备备件的制造与制造成形。

5.4.1　激光再制造成形技术

5.4.1.1　现状

激光再制造成形技术是指利用激光束对废旧零部件进行再制造处理的各种激光技术的统称。按激光束对零部件材料作用结果的不同，激光再制造成形技术主要可分为两大类：激光表面改性技术（激光熔覆、激光淬火、激光表面合金化和激光表面冲击强化等）和激光加工成形技术（激光快速成形、激光焊接、激光切割、激光打孔和激光表面清洗等），其中，激光熔覆再制造技术和激光快速成形再制造技术在目前工业中应用最为广泛。

目前，激光再制造成形技术已大量应用在航空、汽车、石油、化工、冶金、电力和矿山机械等领域，主要是对零部件表面磨损、腐蚀、冲蚀和缺损等局部损伤及尺寸变化进行结构尺寸的恢复，同时提高零部件服役性能。

英国 Rolls-Royce 公司采用激光熔覆技术修复了 RB211 型燃气轮机叶片，采用非熔化极惰性气体保护堆焊修复一件叶片需要 4 min，而激光熔覆只需 75 s，合金用量减少 50%，叶片变形更小，工艺质量更高，重复性更好。沈阳大陆激光集团有限公司成功进行了某重轨轧辊和螺杆压缩机转子（图 5-8）的激光熔覆再制造，修复了其表面因磨损而出现的局部凹坑，恢复了零件的尺寸和形状，提高了零件的表面性能和使用寿命。激光再制造成形技术还可用于轴类件、齿轮件、套筒类零件、轨道面、阀类零件和孔类零件等的修复。此外，激光表面相变硬化、激光合金化、激光打孔等技术均已在零部件再制造中得到了应用。

图 5-8　激光再制造后的螺杆压缩机转子

5.4.1.2　挑战

激光再制造成形技术的出现和发展，为损伤失效零部件的修复开辟了新途径，已经在工业中获得大量成功应用，但仍面临以下挑战：

（1）目前激光再制造成形技术所用的激光器还主要是大功率 CO_2 激光器和固体激光器，激光器系统笨重，光路易受干扰，难以搬动移动，因此其作业过程主要在工厂车间完成，难以满足户外作业需要。

（2）对大型装备的现场作业，需要把笨重的激光器系统拆解，搬运到现场进行重新安装调试，作业周期很长，严重制约着生产效率，对大型装备贵重零部件和野外装备现场应急抢修还存在较大困难。

（3）实现损伤失效零部件的激光再制造成形，这对激光器输出能量和激光再制造工艺参数的稳定性具有很高的要求，研制具有高稳定性的激光再制造成形系统是该技术发展的当务之急。

（4）实现大型装备和重型机械的再制造，需要激光器具有很大的输出功率，研制超大功率激光器是实现未来大型零部件再制造的重要途径。

（5）实现激光能量场和其他能量场的复合，如采用激光-电弧复合能量场进行再制造成形，可提高再制造工作效率和成形质量，对拓宽激光再制造技术应用范围有着重要意义。

（6）微机电应用技术的发展对激光再制造技术提出了更高的要求，研究纳米尺度的激光再制造成形技术将是再制造领域一个全新的挑战。

5.4.1.3 目标

激光再制造成形技术正获得越来越多的关注，必将成为再制造领域的重要发展方向，该技术下一步发展目标如下：

（1）将激光再制造成形技术与 CAD、CAM 技术相结合，实现装备零部件的快速仿形制造与近净成形，实现大型装备与工程机械的现场快速保障。

（2）研制超大功率（十万瓦级、百万瓦级）激光器及激光再制造加工系统，控制系统能量的稳定输出，实现超大工程零部件的现场再制造过程。

（3）将激光能量与电弧、等离子弧等不同能量形式进行复合，形成激光-电弧复合加工系统和激光-等离子弧复合加工系统等，实现不同材料、不同形状零部件的再制造过程。

（4）利用超短脉冲激光实现材料纳米尺度的加工特性，研究新的激光纳米加工再制造工艺，如激光微熔敷、飞秒激光双光子聚合等手段实现宏观部件局部表面织构化及纳米器件的再制造过程。

5.4.2 高速电弧喷涂再制造技术

5.4.2.1 现状

高速电弧喷涂再制造技术是以电弧为热源，将高压气体加速后作为高速气流来雾化和加速熔融金属，并将雾化粒子高速喷射到损伤失效的零部件表面形成致密涂层的一种工艺。该技术的原理：将两根金属丝通过送丝装置均匀、连续地分别送进电弧喷涂枪中的导电嘴内，导电嘴分别接电源的正负极，当两根金属丝端部由于送进而相互接触时，发生短路产生电弧使丝材端部瞬间熔化，将高压气体通过喷管加速后作为高速气流来雾化和加速熔融金属，高速喷射到损伤失效的零部件表面。

与普通电弧喷涂技术相比，高速电弧喷涂技术具有沉积效率高、涂层组织致密、电弧稳定性好、通用性强和经济性好等特点。目前，高速电弧喷涂再制造技术已成为再制造工程的关键技术之一，已在设备零部件的腐蚀防护和维修抢修等领域得到广泛的应用。

高速电弧喷涂再制造技术应用范围包括：

（1）提高零部件的常温防腐蚀性能。采用高速电弧喷涂技术对舰船甲板进行防腐治理，经多年应用证明其防腐效果显著，预计使用寿命可达 15 年以上。

（2）提高零部件的高温防腐蚀性能。电站、锅炉厂的锅炉管道、转炉罩裙等部分常因氧化、冲蚀磨损和熔盐热腐蚀而出现损伤，采用高速电弧喷涂新型高铬镍基合金 SL30 以及金属间化合物基复合材料 $Fe-Al/Cr_3C_2$ 进行高温腐蚀、冲蚀治理，防腐寿命可达 5 年以上。

（3）提高零部件的防滑性能。采用 FH-16 丝材高速电弧喷涂舰船主甲板，进行防滑治理，取得了良好的效果。

（4）提高零部件的耐磨性能。高速电弧喷涂再制造技术可用于修复大轴、轧辊、气缸和活塞等零部件的表面磨损，如蒸汽锅炉引风机叶轮叶片的磨损，可用高速电弧喷涂再制造技术对其进行修复，修复表面无须机械加工处理，但使用寿命却可成倍增加。

5.4.2.2 挑战

（1）高速电弧喷涂再制造技术的理论一直是该技术研究的重点，但目前相关理论体系还不够完善。高速电弧喷涂再制造技术的涂层形成机理、涂层与基体的结合机理等还需进一步研究。

（2）高速电弧喷涂再制造技术与超声速火焰喷涂和等离子喷涂等技术相比，高速电弧喷涂涂层与基体的结合强度还相对较低、涂层孔隙率较高。为满足先进再制造工程的需要，需要进一步提升高速电弧喷涂再制造产品的性能和寿命。

（3）目前，高速电弧喷涂普遍采用人工喷涂作业手段，生产效率较低，作业环境较差，迫切需要加快自动化甚至智能化的高速电弧喷涂再制造技术研究。

5.4.2.3　目标

高速电弧喷涂再制造技术经历了多年的发展，在再制造工程领域已得到广泛的应用。该技术未来发展的主要目标有：

（1）继续深入基础理论研究，揭示高速电弧喷涂再制造技术机理，建立完善的理论体系，理论研究对精确控制涂层的质量和性能是至关重要的。

（2）研究更高性能的喷涂材料、喷涂设备及喷涂技术。如新型体系设计的复合材料、纳米材料和非晶材料，在设备方面有在电弧喷涂技术基础上外加气体、超声、电磁及环境保护等作用的新型喷涂技术等。

（3）开发应用自动化和智能化高速电弧喷涂系统，实现高速电弧喷涂技术的高度产业化，以提高生产效率和质量，改善作业环境。

（4）加强高速电弧喷涂再制造技术在关键零部件上的推广应用，拓展应用范围。目前高速电弧喷涂再制造技术的规范化程度不高，质量控制体系不全面，未来应加强该技术的规范管理和推广应用，推动再制造业的发展。

5.5　智能化再制造成形技术和现场应急再制造成形技术

智能化再制造成形技术是再制造技术发展的主流方向，是实现工业化进程中的必要环节。未来工业发展将主要向着智能化及自动化方向发展，逐渐减少人力成本，而对于再制造技术来说，智能化再制造成形技术将会是再制造成形技术的一大跨越。现有的再制造成形技术主要以手工操作及设计为主，未来的智能化再制造将会实现智能化和自动化，大大节约人力成本，提高生产效率。

现场应急再制造成形技术是再制造技术一大应用领域，由于再制造技术是针对现有设备出现损伤而进行的技术性修复，而当工业领域中使用的大型设备出现损伤时则必须进行现场再制造技术处理。对于大型设备而言，这种技术往往应用在大型工业车间或者野外环境中，如船舶、石油化工、矿业以及航空航天等领域。现场应急再制造成形技术通常具有紧迫性和突发性，现场设备出现损伤失效往往会造成巨大的经济损失，严重的还会造成生命财产安全危险。因此，现场应急再制造成形技术是再制造技术必须重视和发展的领域。

5.5.1　智能化再制造成形技术

5.5.1.1　现状

利用微束等离子弧、电子束、激光等高能束和能场，基于能束能场、电弧喷涂、电弧堆焊和电刷镀等再制造成形技术，实现了汽车发动机缸体、飞机发动机叶片和矿采设备关键零部件等的再制造，推动了再制造产业化发展，但是再制造生产有的还依赖于手工作业，虽然有的实现了自动化作业，但是自动化程度不高，急需提升自动化、智能化水平。

实际的再制造环境中，构件损伤部位和损伤形状多种多样，很少有构件只是简单的平面损伤，而且损伤部位平坦易于修复，实际的再制造构件损伤程度和损伤位置多种多样，这也就意味着对损伤部位的再制造首先要考虑工装夹具问题，很多损伤部位在构件内部，如桶状内壁的修复，一些叶轮叶片的根部位置等，如果对这些位置采用激光修复，则激光头由于尺寸问题很难操作，因此实际的再制造技术受尺寸工装的限制很大。图5-9为受损的叶轮片示意图，在狭小的尺寸范围内进行再制造成形修复较为困难。

图 5-9　受损的叶轮片

更为关键的是，再制造构件损伤情况多种多样，再制造不是进行简单的修复，而是将受损部位修复至原有形貌，如果受损部位形状复杂而且构件原有几何形状也较为复杂，那么很多时候即使采用手工的方式仍然很难对受损部位进行原状修复。这就需要解决两大问题：一是对受损部位的三维形貌进行测量并构建模型，即依据构件在该部位的原有形貌，再结合实际受损部位形貌进行逆向几何模型构建；二是根据所构建的几何模型，使得再制造设备能够自动按照几何模型进行逐步修复。这将涉及三维形貌测量系统、三维模型构建及路径规划系统以及最终的设备行走控制系统，多个系统的耦合及匹配是智能化再制造的关键所在。

实际上，目前再制造工程领域很难达到自动化水平，多个系统的构建及耦合涉及复杂的控制装置和计算机技术，要求有极高的专业性。目前在激光增材制造中广泛使用的自动化成形系统实际上要简单得多，在增材制造过程中，只需要建立三维的 CAD 模型，再利用分层软件进行分层，之后设备可以按照规划好的路径进行扫描，最后便可成形出所需要的产品。图5-10为典型的增材制造三维模型构建及实际成形图，图5-11为智能化再制造主要工艺流程图。实际上，和增材制造相比，再制造的修复需要复杂的几何数据的采集和模型构建，同时再制造技术是在原有的构件上进行立体成形，相对于增材制造而言要求更加复杂，这也是再制造技术很难实现智能化的重要原因。

5.5.1.2　挑战

再制造技术实际上是一个多学科交叉技术，不仅涉及材料学科、控制学科、机械学

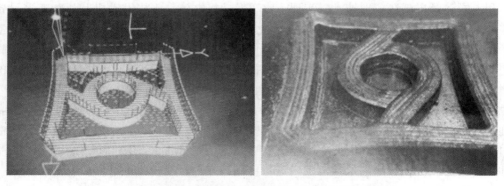

图 5-10 典型的增材制造三维模型构建及实际成形

图 5-11 智能化再制造主要工艺流程

科，还涉及计算机学科、管理学科和自动化学科等，再制造技术不仅在于工艺的研发设计，还在于设备的保障和功能设计，因此再制造技术的发展涉及多个方面的内容，需要多个学科交叉并协同发展，需要整合多个学科知识，构建学科交叉平台，在学科交叉背景下综合多方面考虑进行协同发展，图 5-12 为智能化再制造成形技术设计多学科交叉示意图。因此，再制造技术在实现智能化的过程中面临着很多的困难和挑战，主要包括：

（1）再制造三维形貌数据的采集和处理较为困难，现有的设备功能有限，很难依据所构建的几何模型进行编程并设计运行路径，在机器人自动控制方面，涉及的控制技术及计算机技术很难解决。

（2）现代机械和装备对再制造成形质量要求越来越高，尤其是航空装备对再制造工艺要求更为苛刻，实际的再制造过程中不仅要考虑到再制造的几何修复，更重要的是性能修复，在智能化过程中，如何能够在保证几何形貌的同时还保证性能要求是智能化再制造的一大难点。

（3）根据不同的基体材料和性能要求，研制不同的熔敷材料体系，利用自动化设备优化再制造成形工艺参数还需要做大量的工作。

5.5.1.3 目标

再制造技术的智能化过程是再制造技术发展历程中的重要一环，传统的再制造技术主要偏向于手工工艺，在再制造产品质量及效率上很难保证，因此实现再制造技术由手工向自动化及智能化方向发展是再制造技术发展过程中的必经一环。实际上再制造智能化的实现难度很大，为了实现再制造智能化发展，必须克服多个困难。现有的很多技术理念都可以为智能化再制造成形技术提供技术参考，目前增材制造技术已经逐渐向智能化及自动化

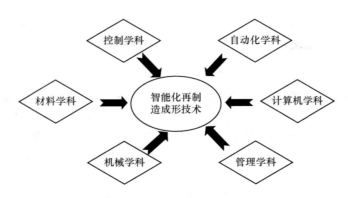

图 5-12 智能化再制造成形技术设计多学科交叉示意图

方向发展，虽然增材制造技术和再制造技术在实际工艺方法等方面有很大差异，但是在智能化发展方向上，再制造技术还有很多地方可以借鉴增材制造技术。为了实现再制造的智能化过程，真正实现再制造过程的智能化、自动化，有以下几个目标：

（1）精确控制再制造工艺参数，实现厚度、稀释率和性能自由调整的熔敷层，进而完成对航空装备等高精度、高性能的高端装备的再制造过程。

（2）建立自动加工系统的材料与工艺专家库，实现对不同基体材料、不同性能要求零部件的快速再制造。

（3）研发零件损伤反演系统和自动化再制造成形加工系统，实现装备再制造加工过程（再制造成形和后续机械加工）的一体化，具备完成表面再制造与三维立体再制造的能力。

智能化再制造在国内甚至是国际上仍然处于起步发展阶段，学科交叉性带来的技术难度使得智能化再制造技术的发展非常困难，但随着技术的不断革新，智能化再制造技术会经过全面的发展和蜕变。目前，很多关于增材制造的技术方法都可以被再制造技术所借鉴，在智能化方面，两种技术具有很大的关联性，基于增材制造技术的闭环控制系统实际上也是增材制造智能化的一部分，对于再制造技术来说，闭环控制技术仍然可以转化为再制造技术智能化的一部分，图 5-13 为闭环控制技术增材制造成形产品实例。可以看出，闭环控制技术的引入能够有效提升成形件的产品质量。

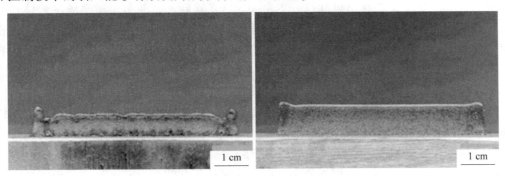

图 5-13 闭环控制技术增材制造成形产品实例

5.5.2　现场应急再制造成形技术

5.5.2.1　现状

工业大型装备和野外服役装备设施需要实施现场应急再制造。近年来，再制造成形技术和工艺设备主要针对车间作业需要而研发，针对装备现场应急再制造成形的技术尚不能满足装备发展和再制造产业发展的需要。再制造过程并不是对受损构件进行简单的修复，而是对受损构件进行技术性的复原和修复，不仅是几何形貌上的复原，更重要的是性能上的复原。再制造过程是很复杂的技术过程，对于实际再制造产品修复过程中的很多数据是未知的，包括所需再制造产品的原始材料成分、组织形态、性能要求、几何精度要求以及原始构件在再制造过程中可能受到的影响程度等。对于现场应急再制造成形技术，尤其是野外作业的设备再制造，不仅涉及再制造装备的运输和安装、能源的供给以及相关后处理设备，同时更多的是如何快速设计再制造方案，包括快速进行受损部位三维形貌的测量、工装夹具的设计、再制造具体路径的设计、材料的选用及工艺方法的选择等。再制造过程实际上是具有很大风险性的技术过程，尤其是对于现场应急再制造成形技术来说，再制造的失误或者失败可能会导致重大的经济损失，因此再制造过程尤其是现场应急再制造成形技术具有更大的技术挑战，图 5-14 为现场应急再制造成形技术主要工艺流程。

图 5-14　现场应急再制造成形技术主要工艺流程

5.5.2.2　挑战

现场应急再制造成形技术在具体实施过程中会面临很大的挑战和风险，现场应急再制造成形过程中会面临各种问题，对于一些应急场合，尤其是野外服役装备的现场应急再制造成形，不仅涉及大型设备的运输、安装和调试等环节，对于现场应急再制造成形技术而言，往往面临着紧急的修复困难，因此，如何在很短的时间内探明再制造构件的具体损伤情况及材料性能要求，并给出再制造方案是一大技术难题。目前再制造系统一般体积规模较大，虽然也有研究单位研制移动方舱类的移动式再制造成形系统，但实际的操作过程仍然面临很多困难。再制造技术尤其是现场应急再制造成形技术，在实际制造过程中还要考虑实际产品的附加值，需要考虑的不仅是技术层面上的问题，还要考虑成本等方面的问题。现场应急再制造成形技术主要面临以下挑战：

（1）集约化再制造材料技术难度大。装备金属零件材料千变万化，为了获得再制造零件良好成形性和最佳服役性能，针对不同的金属零件，再制造往往需选用或研制良好性能的再制造材料，这种情况难以满足现场应急再制造的要求。

（2）野外作业环境和制约因素复杂，应急再制造工艺实施及其产品质量控制难度大。

（3）现场应急再制造成形零件一般需要机械后加工处理才能保证零件表面粗糙度和尺

寸精度，但大型再制造成形零件现场后加工处理效率低且实施困难。

现场应急再制造成形技术是一个突发性技术工程处理问题，现场应急再制造问题往往具有很强的突发性和不可预测性，因此现场应急再制造成形技术的处理也是突发事件的处理问题，实际的现场应急再制造问题往往面临很大的经济甚至是生命财产安全风险，因此现场应急再制造成形技术比常规的再制造技术面临的技术难度更大。

5.5.2.3　目标

现场应急再制造成形技术是再制造技术的重要部分，与制造业不同，再制造技术面临的实际工件以及实际损伤情况各种各样，没有标准性的产品分类，尤其是对于现场应急再制造成形技术而言，需要进行再制造技术处理的构件以及处理方法各种各样，因此对于现场应急再制造技术来说，不仅要研发和确定应急工艺技术，还要建立整个应急再制造成形环节的各种保障环节。总体上来看，现场应急再制造成形技术需要构建以下几个目标：

（1）建立集约化的再制造材料体系和具有移动作业、伴随保障功能的先进再制造工艺装备系统，并在主要行业领域应用。

（2）建立适用于野外作业环境的现场应急再制造成形工艺实施规范和质量检验标准。

（3）实现大型装备零部件局部损伤部位的现场应急再制造成形和加工，快速恢复装备服役性能。

5.6　再制造加工技术

以损伤零部件及其再制造成形层为对象，以切削减材加工、特种加工等技术作为材料去除手段，满足再制造零部件的尺寸精度及服役需求的技术统称为再制造加工技术。对再制造零部件而言，无论是表面损伤还是体积损伤，经过刷镀、喷涂或熔覆修复成形后，都需要后续再制造加工方可满足其尺寸精度及表面功能要求。因此，再制造加工技术是再制造工艺链的关键环节。

再制造成形层与基材的表界面特性是影响再制造零部件服役性能的关键，同时也是影响再制造加工的重要因素。例如，电刷镀再制造成形技术与熔覆再制造成形技术获得的成形层特性及界面结合特性差异较大，因此在进行再制造加工时面临不同的技术挑战；激光、喷涂等能量束再制造成形技术获得的成形层通常具有高硬度、高耐磨和高耐蚀的性能，这也给再制造加工带来挑战。铣削、车削及磨削等加工技术均可用于再制造加工，针对难加工材料开发的切削-滚压复合、切削-超声辅助滚压复合、增减材一体化智能再制造、砂带磨削和低应力电解等先进加工技术将是未来再制造加工重点研发对象。

5.6.1　以铣削、车削及磨削为主的再制造加工技术

5.6.1.1　现状

铣削、车削及磨削等传统机械加工手段已有多年研究成果积累，此类加工技术具有稳定、成熟的工艺积累，因此成为再制造加工必不可少的技术；铣削、车削及磨削等作为再制造加工技术可以实现大部分再制造零部件的机械加工。相对于传统机械加工而言，针对再制造成形层的加工技术的研究历史较短，因此使用传统切削手段进行再制造成形层加工

的研究仍有潜力可挖掘。对典型离心式压缩机叶轮材料 KMN 铁基激光增材成形层的铣削加工性能进行了研究，通过分析切屑形貌、加工过程振动情况和铣削力等获得了激光增材成形层铣削加工特性，指出同参数下增材成形层铣削力及铣削过程振动均显著大于基体材料；分析了通过在合金粉料中添加适量稀土元素对成形层铣削颤振抑制的有效性，揭示了含异质元素增材成形层铣削加工减振机理。通过对镍铬基不锈钢激光熔覆层的车削加工性能的研究表明，随着切削深度的增加，切削力增大、表面质量变差、加工硬化现象显著。

5.6.1.2　挑战

目前，以传统铣削、车削及磨削为主的再制造加工技术面临的挑战主要集中在以下几个方面：

（1）再制造成形层与基材界面结合特性不尽相同，后续切削加工过程会对界面结合强度产生一定影响，进而影响再制造零部件的服役性能。因此，界面结合特性与再制造加工技术的匹配关系有待进一步研究。

（2）具有高硬度、高耐磨性的成形层可视为难加工材料，在进行成形层加工时会出现诸如切削振动剧烈、加工表面质量较差及刀具寿命短等问题，因此针对不同性能再制造成形层的切削加工特性和工艺体系还有待深入研究。

（3）航空航天、海工装备领域蕴含高附加值的零部件逐渐成为再制造研究的热点，此类零部件的复杂轮廓、弱刚性以及恶劣服役环境等给再制造加工过程带来挑战，基于逆向工程的再制造成形层三维建模、再制造成形层加工工艺策略及再制造零部件尺寸精度控制等均成为切削再制造加工的主要挑战。

5.6.1.3　目标

（1）深入研究不同再制造成形技术获得的成形层与基材的界面结合特性，建立再制造成形技术与再制造加工技术之间的匹配关系，为再制造加工技术选择提供理论指导。

（2）研究不同再制造成形层切削加工特性及刀具结构对再制造成形层的切削加工适应性，建立再制造成形层切削加工工艺体系，达到抑制切削振动、提高加工质量、提高刀具寿命及提高再制造加工效率的目的。

（3）重构复杂轮廓、弱刚性零部件再制造模型，控制加工尺寸精度，规划工艺路径，实现复杂零部件的高效、高精度再制造加工。

5.6.2　切削-滚压复合再制造加工技术

5.6.2.1　现状

滚压表面强化是改善零件表面应力状态、提高其抗疲劳性能的有效手段，目前已广泛应用于航空航天和精密机械等领域。切削-滚压复合再制造加工技术是指对经过切削的再制造成形层表面进行滚压加工，通过加工表面的微塑性变形改善成形层应力状态、提高服役寿命。该技术主要应用于使用传统切削技术时成形层加工表面质量、应力状态无法满足使用需求的情况。铝合金板材表面激光熔覆层滚压如图 5-15 所示。通过滚压对车削加工的激光熔覆层残余应力的影响研究表明，合适的滚压可引起激光熔覆层的塑性变形，并在激光熔覆层表面形成了残余压应力。通过表面深滚对铝合金上激光熔覆层疲劳强度的影响研究表明，滚压在熔覆层表面引入了残余压应力，压应力影响层深度超过 1 mm，疲劳强度显著提升。

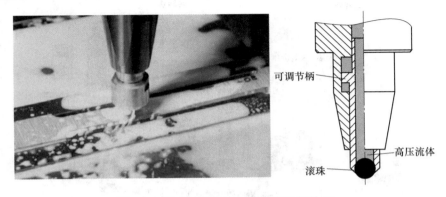

可调节柄

高压流体

滚珠

图 5-15 铝合金板材表面激光熔覆层滚压

5.6.2.2 挑战

再制造成形层的切削−滚压复合再制造加工技术主要存在如下挑战：

（1）再制造成形层材料微观组织结构与传统锻造、铸造材料有一定差异，滚压技术对再制造成形层性能的影响机理有待深入研究，切削−滚压复合再制造加工技术对再制造成形层微观组织结构、应力状态的耦合影响机理是该技术所面临的挑战。

（2）超声辅助滚压有助于零部件加工后表面的改性及延寿，与滚压技术相比，超声辅助滚压的技术优势明显。因此，切削−超声辅助滚压复合加工对再制造成形层的影响机理、工艺适应性及其装备开发等有待深入研究。

5.6.2.3 目标

（1）获得滚压技术对不同再制造成形层性能影响机理，建立完善的切削−滚压复合加工工艺体系，改善再制造零部件的表面质量及应力状态，提高抗疲劳性能，进而提高再制造零部件的服役寿命。

（2）揭示超声辅助滚压对不同再制造成形层性能影响机理，建立适用于再制造成形层的切削−超声辅助滚压复合加工工艺体系，开发适用于不同结构零部件的配套工艺装备，提高再制造加工性能及加工效率。

5.6.3 增减材一体化智能再制造加工技术

5.6.3.1 现状

目前零部件再制造过程中，增材成形和成形层加工通常是分开进行的，即首先利用增材成形设备进行零部件再制造成形涂覆，随后将工件转移到机械加工装备上进行成形层加工。增材成形和减材加工工位改变不仅导致生产效率低下，而且会因为定位基准变化导致加工精度降低，甚至会导致再制造零部件报废。在此背景下，增减材一体化智能再制造加工技术，即一次装夹在同一工位完成损伤零部件的增材成形及减材加工，逐渐成为再制造领域的研究热点。DMG 等国内外机床生产商已推出增减材一体化智能再制造加工设备，如 DMGMORILAS-ERTEC653D（图 5-16）将激光增材技术与铣削加工中心相结合，首先通过激光增材系统形成增材成形零部件，然后自动切换进行精密机械加工。基于此技术优势，增减材一体化智能再制造加工技术也成为再制造加工的重要技术之一。

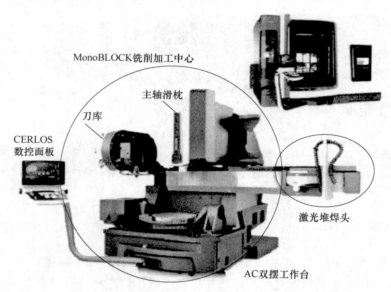

图 5-16　DMGMORILAS-ERTEC653D 配置图

5. 6. 3. 2　挑战

增减材一体化智能再制造加工技术应用于再制造加工存在以下挑战：

（1）能束能场再制造成形获得的成形层通常具有较高温度，高温下材料性能会发生一定改变，如强度下降等，在增材成形层高温、强度较低时进行减材加工，必将降低加工难度、提高加工质量及加工效率。因此，减材加工时机、切削加工参数和刀具结构等问题是最大化发挥增减材一体化智能再制造加工优势所面临的挑战。

（2）增材成形通常伴随大量的能量输入，减材加工过程通常需要切削液进行冷却、润滑，因此增减材复合加工中的热–冷、干–湿加工环境变化对装备系统设计提出较高要求，如何降低冷热交替对材料性能影响，如何避免增材成形、减材加工过程干涉及其对装备系统的影响，开发增减材专用数控系统、实现增减材过程智能控制，均是增减材一体化智能再制造加工技术面临的挑战。

（3）开发增减材智能加工系统，实现增减材加工过程中成形质量和加工质量等的实时监控及反馈调节，开发适用多种类型零部件、可实现多种再制造成形技术的增减材一体化加工及降低增减材加工成本，也是需要应对的挑战。

5. 6. 3. 3　目标

（1）建立与不同再制造成形手段相匹配的增减材一体化智能再制造加工工艺体系，实现不同再制造成形层的增减材加工最佳时机决策。

（2）解决增减材设备存在的热–冷、干–湿加工干涉及相互影响问题，开发适用度广的增减材一体化智能再制造加工装备，在保证加工质量与加工效率的前提下，降低加工成本。

5.6.4 砂带磨削再制造加工技术

5.6.4.1 现状

砂带磨削作为一门新的机械加工技术，因其具有加工效率高、适应性强、应用范围广、使用成本低和操作安全方便等优点，广受现代制造业各个领域的青睐。砂带磨削因兼有磨削和抛光的双重作用，其工艺灵活性和适应性非常强，在复杂曲面加工中可以充分发挥磨削精度高、表面加工质量高和一致性好的优良性能，同时砂带磨削具有弹性磨削的特点，除了能在加工后的工件表面形成残余压应力来提高疲劳强度外，在曲面型面平滑过渡方面也有很好的拟合效果。航空发动机台架试验证明，叶片经过高精度的砂带磨削加工之后，航空发动机的气流动力性能可以明显提高 1%~2%。因此在再制造领域中，砂带磨削对复杂曲面高性能构件的再制造有着不可替代的作用。

目前我国仍然普遍采用人工抛磨方式，其效率低下且环境恶劣，再制造加工出的复杂曲面和高性能构件具有表面质量差及型面精度难以保证等问题。目前，国外针对复杂曲面高性能构件的砂带磨削加工已经初步实现自动化，但是相关技术及装备严格保密。在国内，虽然很多院校针对高性能构件的砂带磨削加工做了大量的研究工作，但是大部分还处于实验阶段。国内企业如重庆三磨海达磨床有限公司针对砂带磨削再制造技术已取得一定进展，针对某航空发动机叶片的再制造生产需要，已研发出了七轴六联动数控砂带磨床（图 5-17），并已经在某航空发动机厂的再制造生产中成功应用。

图 5-17　七轴六联动数控砂带磨床

5.6.4.2 挑战

砂带磨削再制造加工工艺研发以及加工装备系统智能化等方面存在着诸多挑战，主要包括：

（1）针对复杂曲面、小加工空间零部件砂带磨削易干涉问题的工艺方案设计，即包括复杂曲面的路径规划、自动化检测和控制技术在内的复杂曲面高性能构件砂带磨削工艺与磨削参数化技术研究与系统开发。

（2）多轴智能数控砂带磨床装备结构的优化设计与制造。

5.6.4.3　目标

建立复杂曲面零部件砂带磨削工艺体系，建立适用性广的砂带磨削智能装备系统。

5.6.5　低应力电解再制造加工技术

5.6.5.1　现状

电解加工以离子溶解的方式对材料进行去除，加工过程不会对加工表面引入残余应力、硬化层和灼伤等，且不受材料硬度、强度的影响，广泛应用于微细加工及难切削材料加工。因此，低应力电解再制造加工作为再制造加工技术之一，对提高再制造修复层的加工质量及加工效率具有重要意义。李法双等研究了电解加工技术在激光熔覆层中的应用，并开发了用于再制造成形层的柔性电解加工设备，建立了电解加工的材料去除率模型，并验证了模型的可靠性。郝庆栋等研究了电解抛光技术在压缩机叶片再制造加工中的应用，获得了较高的电解抛光质量。

5.6.5.2　挑战

低应力电解再制造加工技术应用于再制造加工存在以下挑战：

（1）电解加工在电场、化学场和流场的综合作用下发生，研究电解加工不同再制造成形层的钝化机理、探索再制造成形层电解加工的微观断裂剥离机制是该技术成功应用所面临的挑战。

（2）研究再制造成形层的电解加工工艺体系，包括面向再制造的电解加工阴极工具结构设计；高精度、多轴联动和高效智能的电解加工设备研发，基于电解加工技术的复杂型面再制造成形层的形貌及精度恢复也是面临的重要挑战之一。

5.6.5.3　目标

（1）揭示再制造成形层电解加工的钝化机理及微观断裂剥离机制，以实现精密加工，实现再制造成形零部件高效、高质量加工。

（2）建立与复杂曲面成形层尺寸精度与表面质量恢复相适应的电解加工工艺体系，开发与复杂扭曲面相适应的柔性智能电解加工设备。

──────── 本 章 小 结 ────────

绿色再制造成形技术是在废旧零部件损伤部位沉积成形特定材料，以便恢复零部件的形状和性能、甚至提升其性能的技术。该技术与传统制造技术有本质区别，主要针对已经经过加工成形并损坏的零部件进行恢复和提升。再制造成形技术体系分为表面损伤再制造成形技术和体积损伤再制造成形技术两大体系。再制造成形技术主要包括再制造成形材料技术、纳米复合再制造成形技术、能束能场再制造成形技术、智能化再制造成形技术和再制造加工技术等。再制造成形技术在再制造产业中发挥着重要作用，是再制造领域研究和应用的重点。

再制造成形材料技术是再制造领域的重要组成部分。根据材料状态、成分构成和界面结合状态的不同，再制造成形材料可以分为多种类型。冶金结合材料体系主要适用于手工电弧堆焊、气体保护堆焊、激光熔覆等再制造技术。机械-冶金结合材料体系适用于熔结和热喷涂再制造技术。镀覆成形材料体系适用于电镀、电刷镀、阳极氧化和化学转化膜处理等再制造技术。气相沉积成形材料体系适用于物理气相沉积和化学气相沉积等再制造技术。各种再制造技术和成形材料体系都有各自的特点和应用领域，在实际应用中均取得重要进展。

纳米复合再制造成形技术是一种将纳米材料与传统表面维修技术结合，研发出先进的再制造成形技术的方法。这种技术包括纳米复合电刷镀技术、纳米热喷涂技术、纳米涂装技术等。通过在零件表面制备含纳米颗粒的复合涂层或纳米结构表面层，可以赋予零件表面新的性能，如提高硬度、强度、韧性、耐蚀性和耐磨性等。纳米复合电刷镀技术利用电刷镀液中加入纳米颗粒，制备出具有优良性能的纳米复合电刷镀涂层。纳米热喷涂技术则使用新型热喷涂技术将纳米结构颗粒喷涂到零件表面，提高其性能。特别是陶瓷或金属陶瓷复合涂层在增加耐磨性、热障等方面具有重要作用。纳米复合再制造成形技术在再制造领域有着广阔的应用前景。

能束能场再制造成形技术利用能量束和能量实现机械零部件的再制造，包括激光再制造成形技术和高速电弧喷涂再制造技术等。激光再制造成形技术可以通过激光熔覆和激光快速成形等方法对零部件进行修复，并已广泛应用于航空、汽车、石油等领域。高速电弧喷涂再制造技术利用电弧和高速气流将金属喷射到零部件表面形成致密涂层，可提高零部件的防腐蚀性能、耐磨性能和防滑性能。这些再制造技术的应用可以提高零部件的寿命和性能，对于装备备件的制造和维修具有重要意义。

现场应急再制造成形技术是再制造技术在现场应急情况下的应用领域，主要针对大型设备在野外环境中出现损伤的紧急修复需求。该技术的特点是紧迫性和突发性，快速修复设备损伤可以减少经济损失和安全风险。目前，现场应急再制造成形技术面临一些挑战，如再制造材料技术难度大、野外作业环境复杂、现场后加工困难等。因此，实现现场应急再制造成形需要解决这些问题，并建立集约化再制造材料体系、适用于野外环境的工艺实施规范以及现场应急再制造成形工艺装备系统。该技术的目标是快速恢复大型设备的功能，提高修复效率和质量。然而，现场应急再制造成形技术面临着技术、经济和管理等方面的挑战，需要综合考虑各种因素来确保成功修复。因此，该技术需要构建集约化的再制造材料体系、移动作业的工艺装备系统，并建立应急工艺技术、质量检验标准和保障环节。实现这些目标可以提高现场应急再制造成形技术的应用效果和效率。

智能化再制造成形技术是再制造技术的主流方向，可以实现智能化和自动化，降低人力成本，提高生产效率。然而，智能化再制造面临着一些挑战，包括三维形貌数据的采集和处理困难、再制造质量要求高、熔敷材料体系的研发等。为了实现智能化再制造，需要克服这些难题，并实现精确控制再制造工艺参数、建立材料与工艺专家库、研发零件损伤反演系统和自动化再制造成形加工系统。目前，智能化再制造技术仍处于起步阶段，但随着技术的发展和创新，智能化再制造有望得到全面发展。增材制造技术在智能化再制造方面具有很大的借鉴价值，闭环控制技术也可以转化为智能化再制造的一部分。智能化再制造技术的实现将提升再制造过程的智能化程度和产品质量。

再制造加工技术是以切削减材加工、特种加工等手段对损伤零部件及其再制造成形层进行加工的技术。再制造加工技术是再制造工艺链的关键环节，能满足再制造零部件的尺寸精度和服役需求。目前主要的再制造加工技术包括铣削、车削、磨削等传统机械加工技术。这些技术具有稳定、成熟的工艺积累，可以实现大部分再制造零部件的机械加工。此外，切削–滚压复合再制造加工技术、增减材一体化智能再制造加工技术、砂带磨削再制造加工技术和低应力电解再制造加工技术也是研究的重点。这些技术可以改善再制造成形层的性能和加工质量，提高再制造零部件的表面质量、应力状态和抗疲劳性能。

习　题

5-1　什么是再制造成形技术，包括哪些技术内容？

5-2　什么是再制造成形材料技术？简述任一体系的现状、挑战和目标。

5-3　什么是纳米复合再制造成形技术？简述任一纳米复合再制造成形技术的现状、挑战和目标。

5-4　什么是能束能场再制造成形技术？简述任一能束能场再制造成形技术的现状、挑战和目标。

5-5　什么是现场应急再制造成形技术？简述其关键技术的现状、挑战和目标。

5-6　什么是智能化再制造成形技术？简述其关键技术的现状、挑战和目标。

5-7　什么是再制造加工技术？简述任一再制造加工技术的现状、挑战和目标。

6 绿色再制造工程管理技术与方法

本章提要：阐述再制造管理的概念，分析其影响因素，介绍其主要内容和再制造工程管理体系。分别介绍多寿命周期管理技术、精益再制造生产管理方法、成组再制造生产管理技术方法、清洁再制造生产管理方法、再循环资源计划管理方法、再制造质量管理技术方法等的概念、具体内容和应用情况。

6.1 面向再制造全过程的管理内容与方法

6.1.1 基本概念

再制造管理指以废旧产品的再制造为对象，以产品（零件）循环升级使用为目的，以再制造技术为手段，对产品多寿命周期中的再制造全过程进行科学管理的活动。再制造活动位于产品生命周期中的各个阶段（图 6-1），对其进行科学管理能够显著提高产品的利用率，缩短生产周期，满足个性化需求，降低生产成本，减少废物排放量。

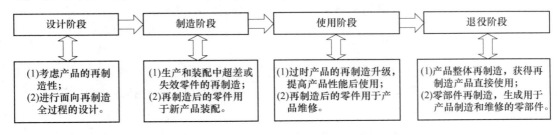

图 6-1　再制造在产品全寿命周期中的作用

根据再制造时间和地点，可将再制造分为 4 个阶段：再制造性设计阶段（指在新产品设计过程中对产品的再制造性进行设计、分配，以保证产品具有良好的再制造能力）；废旧产品回收阶段（即逆向物流，指将废旧产品回收到再制造工厂的阶段）；再制造生产阶段（指对废旧产品进行再制造加工生成再制造产品的阶段）；再制造产品使用阶段（指再制造产品的销售、使用直至报废的阶段）。再制造管理主要是对这 4 个阶段的再制造活动来进行系统管理。

6.1.2 再制造管理影响因素分析

再制造管理着眼于优化废旧产品再制造的整个过程，获得低成本、高性能、生态环保的再制造产品，实现产品的可持续利用。通过分析再制造在产品各个阶段的作用，可以明确以下因素对再制造各阶段的管理具有重要的影响（表6-1）。

表 6-1　再制造管理的阶段及影响因素

阶　段		主要影响因素
再制造性设计	新产品设计	再制造性标准的确定、分配、验证等
废旧产品回收	废旧产品收购	废旧产品品质、数量、地域及收购成本等
	废旧产品运输	产品的形状、大小、运输的安全性、经济性、方便性等
	废旧产品储存	产品的老化、体积、环境性等
	相关法律法规	废旧产品回收体系、相关约束及支持力度等
再制造生产	废旧产品再制造预处理	废旧产品的易拆解性、易清洗性及分类、结构、材料、故障模式等
	再制造加工	废旧产品失效形式、再制造技术、经济性、环境性等
	再制造产品性能测试	再制造产品性能特征、零件品质、试验设备等
再制造产品使用	再制造产品销售	再制造产品的成本、价格、市场区域、客户心理等
	再制造产品使用	售后服务、易用性、环境性、工况等
	再制造产品信息	产品的性能、零件信息等

当然很多影响因素在具体执行某一类或多类产品的再制造过程中都应给予充分考虑，而且在产品概念设计阶段考虑产品的再制造性非常有必要，这也属于再制造管理的内容，但属于产品早期的管理，这里所指的再制造全过程是从产品报废后的回收开始，经再制造生产、再制造产品使用直至产品终端处理的整个过程。通过对再制造全过程的管理，可以优化资源，降低成本，缩短再制造周期，提高产品可持续利用的能力。

6.1.3　再制造管理主要内容

再制造管理主要是针对表6-1中所列再制造各个阶段的影响因素，利用先进的管理方法，对再制造进行系统管理，包括对各阶段的管理和整个系统中各个技术单元的管理。

6.1.3.1　再制造各阶段的管理

再制造包括前述4个阶段，每个阶段的管理又根据地点、时间的不同而相对独立，对其进行科学的管理，关系到再制造各个环节的正常运行。

（1）回收阶段的管理。回收阶段的管理主要指废旧产品从用户流至再制造工厂的过程。国外将此过程称为逆向物流，美国部分学校还开设了逆向物流学课程。我国将这个过程叫作废品物流，主要是指对生活垃圾的回收，对其中的有用材料，也仅采用了回收材料的形式，是一种材料循环形式，而再制造可以实现产品再循环。此阶段的管理主要是指对具有较高附加价值的废旧产品进行回收、分类、仓储、运输到再制造厂整个过程的管理，包括废旧产品标准、回收体系、运输方式、仓储条件、废旧产品包装、分类等的管理，主要目的是建立完善的逆向后勤体系，降低回收成本，保证具有一定品质的废旧产品能够及时、定量地回收到再制造厂，并保证再制造加工所需废旧产品的质量和数量。对该阶段的管理，可以显著降低再制造企业的成本，保证产品质量。

（2）生产阶段的管理。再制造生产阶段的管理包括对再制造企业内部的生产设备、技术工艺、操作人员及生产过程进行管理，以保证再制造产品的质量。此阶段是废旧产品生成再制造产品阶段，对再制造产品的市场竞争力、质量、成本等具有关键影响作用，尤其是对高新再制造技术的正确使用决策，可以决定产品的质量和性能。该阶段的管理是整个再制造管理的核心部分。

（3）使用阶段的管理。使用阶段的管理包括对再制造产品的销售、售后服务、再制造产品客户信息等进行的管理。再制造产品不同于原产品，是产品经过性能提升后的高级形式，但在再制造理念还没有得到广泛的推广时，普通客户心理上认为其仍属于旧产品，因而对其销售活动应该建立在一定的客户心理研究基础上进行，使再制造理念得到广泛推广，并采用特定的销售管理方法。另外，再制造产品的分配渠道也不完全等同于原产品，需要建立相应的销售渠道。该阶段的管理是再制造产业经济价值和环境价值的体现。

（4）再制造性的管理。再制造性作为一个独立于某类废旧产品再制造全过程之外、立足于产品设计阶段的体系，主要包括对产品再制造性的设计、分配、评价及验证等内容。对再制造性的管理可以直接影响到废旧产品再制造能力的大小，影响到再制造产品的综合效益。在产品设计阶段进行再制造性管理，需要综合考虑产品的性能要求及环境要求，对产品末端处理的再制造能力进行设计，包括设定产品的再制造性指标，确定再制造性指标的分配方法，明确再制造性评价及验证体系等。

6.1.3.2　再制造管理的技术单元

（1）技术管理。再制造是以废旧产品作为加工的毛坯，其技术要求高于制造产品，是一个高科技的产业，对其进行技术的管理具有重要的意义。主要内容包括物流技术、制造技术、修复技术、升级技术、信息技术、管理技术、清洗、检测等，对其进行正确的管理，有助于建立科学的再制造流程，获取最佳的再制造工艺。

（2）质量管理。质量管理应贯穿于再制造的全过程，包括再制造回收毛坯质量、废旧产品拆解分类及检测、再制造加工的质量控制、产品包装、销售及售后服务等，整个质量控制体系关系到再制造产业的经济社会效益。总的来讲，质量管理应包括质量规划、质量检测、流程控制、各类产品的质量标准及与国际接轨的再制造规范的制定等。

（3）信息管理。再制造是一个信息高度集中的产业，具有显著特点。原产品制造时所使用的原料具有明确的计划性，而再制造所需毛坯的来源依靠于各个逆向物流系统中所回收的产品的数量和质量，与各个地区的废旧产品的废弃量有很大关系，形成了其特殊性。而不同地区间的信息管理能够实现产品以最有效的方式及时、定量地到达再制造工厂，并采用最优化的再制造方式，保证产品的质量和尽量短的周期。信息管理主要包括产品的再制造性数据、废旧产品数量及质量预测数据、废旧产品供应链数据、加工过程信息、再制造产品需求信息、再制造对设计过程的反馈信息。对这些数据进行处理，提取其中的有效信息，不但关系到再制造产业的良性发展，也能够对产品的设计提供有益的帮助。

6.1.3.3　系统管理

系统管理主要包括逆向物流系统、再制造生产系统、政策法规系统、再制造产品服务系统、消费者使用系统等。通过对整个系统的考虑，对某类再制造产品的毛坯、生产、使用进行综合的评估，并设定最优化的管理模式，为再制造的发展提供科学的生产链。

6.1.4　再制造工程管理体系

　　由以上分析可知，再制造管理是再制造体系内的一个重要内容，能够优化再制造产业体系的资源配置，创造最高的经济效益和环境效益。将再制造作为一个系统工程进行考虑，总结再制造管理体系框架（图 6-2）。

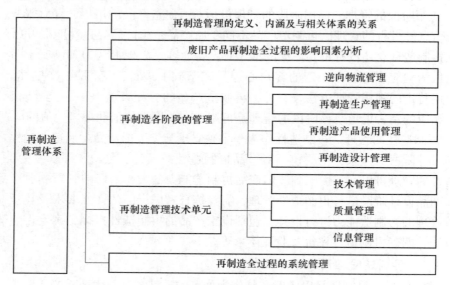

图 6-2　面向产品全寿命周期的再制造管理体系

　　以系统管理为特点的再制造管理涉及的内容相当广泛，各部分之间联系紧密，同时又有不同的侧重点。例如，逆向物流主要由回收企业完成，并通过初步的分类，将可再制造的毛坯送回再制造厂，而毛坯的品质对再制造产品的质量具有显著的影响。再制造生产主要由独立的再制造企业或者产品原制造商完成，并承担了再制造产品的销售。同时，由于废旧产品在品质、数量和时间上的不确定性，各个部分之间又相互产生影响，如废旧产品的回收量与再制造企业毛坯需求量之间相互影响。所以，以系统的观点，立足于现代化信息管理的基础，认真研究再制造系统的特点，形成科学的再制造管理体系，对促进再制造产业发展具有重要影响。

6.2　基于再制造的多寿命周期管理技术

6.2.1　基本概念

　　多寿命周期的提出和研究始于 20 世纪 80 年代，随着可持续发展的提出而逐渐得到发展，但目前尚没有明确的概念。部分学者提出了基于绿色制造的产品多生命周期工程，并将其定义为：从产品多生命周期的时间范围内来综合考虑环境影响、资源综合利用问题和产品寿命问题的有关理论和工程技术的总称，其目标是：在产品多生命周期时间范围内，使产品回用时间最长，对环境的负影响最小，资源综合利用率最高。所认定的多生命周期包括了产品报废后将旧产品及零部件直接或整修后使用，也包括进行冶炼后生成新材料的使用。

基于再制造的产品多寿命周期的理解是：制造服役使用的产品达到物理或技术寿命后，通过再制造或再制造升级，生成性能不低于原品的再制造产品，实现再制造产品或其零部件的高阶循环服役使用，直至达到完全的物理报废为止所经历的全部时间。产品多寿命周期既包括对产品整体的多周期使用，也包括对其零部件的多周期使用。多寿命周期中的再制造产品要求含有原产品零件的比率不低于 2/3。基于再制造的产品多寿命周期服役时间为：

$$L = T + \sum_{i=1}^{n} T_i \tag{6-1}$$

式中　L——多寿命周期总时间；

T——制造后产品的第一次寿命时间；

n——可再制造的次数；

T_i——第 i 个再制造产品使用时间。

产品的多寿命周期不是简单的原性能产品的重复制造，而是要不断地提升产品的性能，实现产品寿命和性能的"新生"，使得通过再制造形成的产品既来源于原产品，也在性能上优于原产品，只有如此，才能满足产品在不同时间、空间中的可持续利用要求。

6.2.2　产品多寿命周期管理的发展基础

多寿命周期产品符合确保提高人类生活质量和促进经济可持续发展的要求，它的出现与发展，也符合自然界一般规律发展的自然哲学原理。

（1）多寿命周期符合事物的循环发展观点。循环是自然界的普遍原理，良好的产品自身系统也应该是一个循环系统。老子曰："周行而不殆，可以为天下母。"实现产品自身系统中物质、能量及性能的良性循环，是产品发展的最好基石。目前产品大多实行的是单生命周期降阶开环使用模式，即"原料→产品→老旧失效产品→废料"的断裂链条；但按照事物的循环发展观点，产品的发展也应效法自然系统的循环原理，形成"原料→产品→再制造→产品"的高级闭合循环周期，使产品系统整合到生态系统的大循环之中。产品的多寿命周期使用能够实现产品系统内物质、能量及效能的高效循环利用，实现产品系统资源（包括性能、材料、能量、生产力及费用等）的良性循环。因此，产品的多寿命周期管理是产品循环发展的必然要求。

（2）多寿命周期符合自然界层次结合度的递减原理。美国系统理论专家 E. 拉兹洛指出："当从初级组织层次的微观系统走进较高层次的宏观系统，我们就是从被强有力的、牢固地结合在一起的系统走向具有较微弱和较灵活的结合能量的系统。"产品系统是由元件、零件到部件这样由局部到整体、由低层到高层的层次结构，随着层次由低（元件）到高（产品）的推进，系统的结合度呈现出递减的趋势。当自然界的高层系统解体时，低层系统（即零部件）仍然保持相对的功能稳定性和完整性，具有可重新利用性。所以，多寿命周期遵循了产品系统层次结合度递减的自然哲学思想。

（3）多寿命周期符合产品发展中量变到质变的原理。产品研制及发展经历了从无到有、从低级到高级的过程，体现了产品的不断运动发展。但产品的进步发展首先要根据新技术进步和用户需求进行局部再制造升级，增加产品功能，使之适应不同时间或者条件下的用户要求，实现原产品的可持续升级性利用。经过若干次再制造升级的量变后，产品发展到一定阶段，所有的量变信息反馈到研制阶段，结合最新技术信息，可以实现产品换代型号的研制及生产，这是产品发展的质变阶段。因此，产品发展过程中再制造的量变过程，促进了产品型号发展的质变发展。由此可见，再制造工程在产品中的升级应用，符合了产品发展过程中局部量变到换代质变的哲学思想。

（4）多寿命周期符合产品的可持续利用思想。产品的出现是根据用户需要而在一定历史条件下设计并生产形成的静态产品，其性能只会随着时间推移而劣化，但人类对产品性能的需求则会随着时间的推移而不断提高，这种差异性会导致产品快速地达到技术报废状态。产品的静态消极存在状况显然不符合事物普遍发展的观点。而通过对落后产品的再制造升级，能够显著地提高产品性能，有效地解决产品的内部固有矛盾，实现产品由静态降阶使用发展到动态升阶使用的多寿命周期模式。因此，基于再制造升级技术的产品多寿命周期，符合产品自身可持续利用的观点。

6.2.3　基于再制造的产品多寿命周期管理基础

6.2.3.1　物质基础

虽然产品设计时要求采用等寿命设计，但实际上无法达到所有零件同寿命的理想状态。现实中产品零件寿命存在两个差异性，即异名零件寿命的不平衡性和同名零件寿命的分散性，而且都是绝对存在的。零件寿命的差异性也完全适于部件、总成和机械设备。产品零部件寿命的实际差异性为产品再制造提供了生产的物质基础。再制造加工可对达到寿命极限或剩余寿命低于产品下一个寿命周期的可再制造件进行加工，恢复其配合尺寸和性能，满足再制造产品的性能要求，延长其寿命达到下一个寿命周期，从而实现多寿命周期。

6.2.3.2　理论基础

产品的性能劣化是导致废旧产品报废的主要原因，而产品性能的劣化符合"水桶理论"，即产品到达寿命并不是所有零件的性能都劣化，而往往是关键零部件的磨损等失效原因导致了产品总体性能的下降，无法满足使用要求而退役。这些关键零部件就成了影响产品性能中的最短木板，那么只要将影响产品性能的这些关键"短板"恢复强化，就可能提高产品的整体性能。而通过再制造升级可以实现性能的强化提升，恢复并提高到达寿命的产品中核心件的性能，从而来实现产品的多寿命周期使用，这为多寿命周期的发展提供了理论基础。

6.2.3.3　技术基础

产品的多寿命是按时间的先后序列展开的，每一次寿命的再制造都滞后于前者，这为先进技术的发展提供了时间上的可能。所以，产品每个寿命周期的再制造相对前次生产过程都具有技术上的后发优势，能不断吸纳最先进的科学技术，解决前次生产中无法解决的难题，从而恢复或提升产品性能，实现产品的多寿命周期循环应用。这种前次制造与退役后再制造的时间差所引起的技术进步，成为基于再制造的多寿命周期产品性能可以达到甚至超过新品的主要技术基础。

6.2.3.4　经济基础

多寿命周期产品具有巨大的经济效益，能够实现产品附加值的多周期应用。产品附加值是指在产品的制造过程中加入到原材料成本中的劳动力、能源和加工设备损耗等成本。一般产品的附加值都远远高于原材料的成本，这为再制造生产提供了充足的利润空间。例如，汽车发动机原材料的价值只占 15%，附加值却高达 85%。通过再制造实现产品多寿命周期使用，可以充分保留产品的附加值，降低产品的寿命周期成本。例如，多寿命周期发动机的再制造生产能耗不到新品的 50%，劳动力消耗是新品中的 67%，材料消耗不到新品的 20%，具有巨大的经济效益。

6.2.3.5 社会基础

无论任何国家，都存在着区域发展水平的不平衡性，即发展水平的高低是相对的，这种地区的不平衡性和人们的消费水平差异，造成了对产品需求的多样性，这为多寿命周期产品提供了广阔的市场销售空间。多寿命周期产品能够实现资源的最大化利用，预防环境污染，减少材料消耗，建立新的经济增长点，并促进就业，保持社会的可持续发展，是支撑和建设和谐社会的有效技术手段，具有重大的社会和环境效益。所以，多寿命周期产品的发展具备了坚实的社会基础。

传统的产品全寿命周期模式中，末端产品的处理大多采用回收材料的方案，这既是对已消耗资源的巨大浪费，又需要投入新的能源并产生污染，是一种低端的资源化方式。以再制造作为核心手段，来实现产品的多寿命周期循环使用，这是落实科学发展观的重要举措，也是建设资源节约型、环境友好型社会的有效技术手段。因此，产品多寿命周期工程是一个系统的工程，其出现是时代发展的选择，具有科学的发展基础。为了进一步推动多寿命周期工程发展，需要不断地开展理论研究，完善制定相关政策法规，形成多寿命周期产品的优化设计、控制及评价方法；也需要优先规划研究先进再制造技术、先进表面工程技术、信息化再制造技术、再制造质量控制技术以及环境评价等关键技术，以促进基于再制造的产品多寿命周期工程的全面发展，实现对已消耗资源的最大化利用，在不断提高人类生活水平的基础上，缓解产品制造所带来的资源和环境压力，实现人类社会的可持续发展。

6.2.4 基于再制造的产品多寿命周期关键技术

6.2.4.1 面向多寿命周期的产品设计及评价技术

产品是否面向再制造设计直接影响着产品易于再制造的水平，也决定了产品多寿命周期循环的质量。而产品的再制造性是衡量产品再制造能力的基本指标，因此，产品再制造性设计是实现基于再制造的产品多寿命周期的前提条件。

面向多寿命周期的产品设计及评价技术重点发展方向如下：

（1）再制造性设计建模技术，分析传统设计要素与再制造性设计的相互关系，研究可拆解、标准化、模块化、材料等具体设计要素在再制造性设计中的应用，建立再制造性定性设计模型。

（2）再制造性指标设计技术，分析来自再制造、制造、用户等不同单位内容、表述形式、抽象程度、关系结构的产品信息数据模型，形成面向多寿命周期产品制造的再制造性指标确定、解析、分配、预计等设计方法，建立再制造性指标量化设计技术方案。

（3）再制造性设计评价技术，分析产品功能特性、失效模式、可持续要求，优化再制造性物理、数学模型以及参数、函数的描述规律，建立再制造性评估方法。

6.2.4.2　先进再制造工程技术

再制造技术就是在通过产品再制造来实现产品多寿命周期过程中所用到的各种技术的统称，是实现废旧产品再制造生产高效、经济、环保的具体技术措施，也是实现基于再制造的产品多寿命周期工程的关键核心技术。其主要包括拆装技术、清洗技术、检测技术、加工技术、磨合试验技术和涂装技术，其中对废旧件的再制造加工恢复是再制造技术的核心内容。

作为多寿命周期工程中的关键技术，先进再制造工程技术重点发展方向如下：

（1）快速再制造成形技术，主要研究再制造材料熔覆沉积动力学及其界面演化机理、再制造成形过程中备件形变机理、高能束快速再制造沉积成形路径智能控制机理等，建立基于机器人的快速废旧件再制造成形系统，实现零件精确"控形"与"控性"的结合，满足对市场的快速响应及特殊场合下的备件需求。

（2）高效自动化拆装技术，重点研究废旧产品的拆解深度、拆解序列及虚拟拆解技术方法，建立快速无损拆解模型，实现高效自动化拆解和零部件的自动化装配，解决当前以手工拆解为主而导致的效率低下问题，实现再制造的批量化高效生产。

（3）绿色清洗技术，主要研究废旧件基于物理作用的清洗技术，减少化学清洗剂的应用，减少再制造过程中的废液排放量，实现绿色清洗。

6.2.4.3　先进表面工程技术

表面工程技术是实现废旧产品核心件性能恢复或提升的关键技术，也是再制造的重要技术支撑。传统的表面工程技术在再制造生产中具有一定的限制，如部分技术环境污染较为严重，生产效率低，多为手工作业等，这些特点无法适应多寿命周期产品中批量化、绿色化、市场化的要求。

先进表面工程技术作为基于再制造的产品多寿命周期工程的关键技术，其重点发展方向如下：

（1）纳米表面工程技术，研究纳米材料的表面效应、宏观材料的表面纳米化以及纳米电刷镀、纳米等离子喷涂等技术，实现再制造后零件性能的提升。

（2）自动化表面技术，研究自动化电刷镀技术、自动化等离子喷涂技术等，实现传统表面工程技术的自动化加工，增强在批量化再制造生产中的应用能力。

（3）绿色表面技术，研究低污染或无污染的表面工程应用技术，减少表面技术应用过程中的环境污染排放量。

6.2.4.4　再制造质量控制技术

再制造质量控制技术是指为使再制造产品达到规定的质量性能要求，在再制造生产过程中所采取的质量控制措施和方法。产品的再制造质量控制技术是实现再制造产品性能优于或等同于新产品的重要保证，也是产品多寿命周期的关键技术。

再制造质量控制技术的重点发展方向如下：

（1）再制造毛坯剩余寿命评估技术，研究废旧件寿命评估模型，通过超声技术、射线技术、磁记忆效应检测技术等测试技术，来对产品表面尺寸、形状和内部损伤等综合质量进行检测，并判明剩余寿命，科学保证再制造件质量。

（2）再制造过程在线质量监控技术，研究再制造加工中的各种工艺参数对质量的影响规律，通过智能化传感技术、数字处理技术、可视化技术等实现对再制造加工质量与尺寸、形状精度的在线动态检测和修正。

（3）再制造产品的质量检测与评价技术，主要研究再制造产品零部件性能与质量的无损检测技术、再制造产品零部件性能与质量的破坏性抽检技术、再制造产品性能和质量的综合实验及评价技术等。

6.2.4.5 信息化再制造技术

多寿命周期产品的每次新寿命周期都不是原产品的简单重复，而需要根据市场的需求不断地进行功能或性能升级，满足不同时期对产品的需求，因此，需要在再制造过程中不断地应用信息化技术，来进行管理、提升再制造的效益和再制造产品的质量。

信息化再制造技术的重点发展方向如下：

（1）信息化再制造升级技术，即在再制造过程中通过嵌入信息化模块等方法来提升产品的信息化功能，满足产品的高质量、多寿命周期发展要求，主要研究包括再制造升级的决策与评估技术（包括多寿命周期产品再制造时间与成本分析、再制造升级的工艺过程及优化控制）、再制造升级技术与方法（包括信息化模块嵌入技术、产品再设计技术、再制造升级的信息与控制系统及管理集成模式等）。

（2）信息化再制造管理技术与方法，即研究信息化技术在再制造管理过程中的应用，提高再制造生产效益，研究内容包括再制造资源管理计划、再制造精益生产管理、成组再制造技术等。

（3）虚拟与柔性再制造技术，即利用虚拟再制造与柔性再制造技术来实现产品的快速再制造设计、生产及资源重组配置，响应对再制造产品的需求，重要内容有虚拟再制造技术（虚拟再制造建模技术、虚拟再制造加工、虚拟再制造设计、虚拟再制造装配等）和柔性再制造技术（再制造生产传感器技术、柔性再制造物流技术、柔性再制造过程可视化技术等）。

6.2.4.6 多寿命周期产品环境技术

多寿命周期产品具有与传统单寿命周期产品不同的服役模式，其资源占有使用率也不同，对环境影响不同，因此，需要正确评价并应用多寿命周期产品环境技术，来促进产品多寿命周期中的环境效益。

多寿命周期产品环境技术重点发展方向如下：

（1）环境影响评价技术，建立多寿命周期产品的环境影响清单，借鉴生命周期评价的方法，形成多寿命周期产品的环境影响评价方案和技术途径，形成多寿命周期产品的环境影响与效益的价值评估方法，建立多寿命周期产品环境影响评价的货币化表征方案，量化环境影响的测度。

（2）环境影响分析技术，研究多寿命周期产品生产过程的环境影响评价，并根据评价结果，确定相关参量的重要度，优化改良生产工艺过程。

（3）再制造清洁生产技术，研究再制造过程中的清洁生产方法和技术，形成绿色再制造生产工艺，减少环境影响。

6.3 精益再制造生产管理方法

6.3.1 基本概念

精益生产包括：有效地运用现代先进制造技术和管理技术成就，以整体优化的观点，以社会需求为依据，以发挥人的因素为根本，有效配置和合理使用企业资源，把产品形成全过程的诸要素进行优化组合；以必要的劳动，确保在必要的时间内，按必要的数量，生产必要的零部件；杜绝超量生产，消除无效劳动和浪费，降低成本、提高产品质量，用最少的投入，实现最大的产出，最大限度地为企业谋求利益。

精益生产既不同于单件生产方式，也不同于大批量生产方式，而是综合了两者的优点，避免了前者的高成本和后者的生产体系僵化，强调以人为中心，提倡"多面手"，一专多能。最大限度地激发人的主观能动性，把企业的生产组织与生产过程的全过程从产品开发设计、生产制造到销售及服务等一系列的生产经营要素，进行科学、合理的组合，杜绝无效劳动，使工厂的工人、设备、投资、厂房以及开发新产品的时间等一切投入都大为减少，而生产出的产品品种和质量却更多更好。从而形成一个能够适应市场及环境的变化，从而达到以最少的投入，实现最大的效益的管理体制。

6.3.2 再制造中的精益生产模式应用

再制造中的精益生产主要是在再制造企业里同时获得高的再制造产品生产效率、高的再制造产品质量和高的再制造生产柔性。与大批量生产的泰勒方式相反，再制造生产组织中不强调过细的分工，而是强调再制造企业各部门、各再制造工序间相互密切合作的综合集成，重视再制造产品设计、生产准备和再制造生产之间的合作与集成。再制造企业的精益生产应具备下述具体特征：

（1）以人为本。充分发挥企业职工的创造性。在再制造的精益生产模式中，企业不仅将任务和责任最大限度地托付给在再制造生产线上创造实际价值的工人，给他们施加工作压力，而且还根据再制造工艺中的拆解、检测、清洗等具体工艺要求和变化，通过培训等方式扩大工人的知识技能，提高他们的生产能力，使他们学会相关再制造工序作业组的所有工作，不仅是再制造生产、再制造设备保养、简单维修，甚至还包括工时、费用统计预算。工人在这种既受到再制造企业重视又能掌握多种生产技能，成为"多面手"的情况下工作，不再枯燥无味地重复一个同样的动作，必然会以主人翁态度积极地、创造性地对待自己所需负责的工作。

工人是企业的主人，在生产中享有充分的自主权。在再制造精益生产过程中，生产线上的每一个工人在生产出现故障时都应有权让一个工区的生产停下来，并立即与小组人员一起查找故障原因、作出决策、解决问题、排除故障。同时，企业应把雇员看作比机器更为重要的固定资产，在采用精益生产方式的企业中，所有工作人员都是企业的终身雇员，不能随意淘汰，这说明精益生产最强调人的作用。在再制造生产中以再制造产品的用户为"上帝"，在再制造产品开发中要面向用户，按订单组织并根据废旧产品资源及时生产，并与再制造产品用户保持密切联系，快速及时提供再制造产品和提供优质售后服务。

（2）简化流程。简化组织机构是再制造精益生产的先决条件。精益生产在再制造产品设计中采用了并行设计方法，包括再制造的物流设计、生产方式设计、性能设计等方面，都需要对再制造产品进行全面的设计，还要满足当前市场环境对再制造后产品的需求。因此，在再制造产品开发开始，就由再制造产品设计、工艺和工业工程等方面的人员组成项目组。在再制造产品开发设计过程中，由于集中了各方面的人员，处理大量的信息可在组内完成，因而使信息的传递得到简化，系统反应十分灵活。即使遇到冲突和问题也可以在开始阶段得到解决，使重新设计的再制造产品不但满足工艺生产要求，还能最大限度地符合用户的功能和费用要求。这种并行开发方法简化了产品开发过程，使产品开发所需时间和力量都减少了一半，同时在整个产品制造过程中，工人以生产小组的形式参加全部生产活动，也使组织机构得到简化。

再制造精益生产模式要简化与协作厂的关系。再制造的协作厂包括提供废旧产品的逆向物流企业、提供替换零部件的生产企业、提供再制造产品销售的企业，以及提供技术和信息支撑的相关单位。再制造的生产厂与这些协作厂之间不应再是以价格谈判为基础的委托和被委托关系，而应相互依赖，息息相通。在新的再制造产品开发阶段，再制造生产厂要根据以往的合作关系选定协作厂，并让协作厂参加新的再制造产品开发过程，提供相关信息和技术支持。再制造厂和协作厂采用一个确定成本、价格和利润的合理框架，通过共同的成本分析，研究如何共同获益。当协作厂设法降低成本、提高生产率时，总装厂则积极支持、帮助并分享所获得的利润。在再制造产品生产制造阶段，再制造厂充分放权，它仅把再制造生产所需的替换或需再制造加工零部件的性能规格要求提供给协作厂，协作厂则负责具体的供应或再制造。再制造厂与协作厂之间的这种相互渗透、形似一体的协作形式，不仅简化了再制造厂的产品再制造设计工作，简化了再制造厂与协作厂的关系，也从组织上保证了再制造物流工作的完成，能够最大限度避免再制造过程中物流不确定性的问题。

简化再制造生产过程，减少非生产性费用。在再制造精益生产过程中，凡是不直接使再制造产品增值的环节和工作岗位都被看成是浪费，因此再制造精益生产采用准时制生产方式，应该提高预测的可靠性，即从废旧产品物流至再制造工厂到生产成再制造产品再到销售，基本采用没有中间存储（中间库）的、不停流动的、无阻力的再制造生产流程。与此同时，工厂还需要适当撤销间接工作岗位和中间管理层，从而减少资金积压，减少非生产性费用。在再制造拆解、清洗、加工等工艺中尽量采用成组技术，实现面向订单的多品种高效再制造生产。

简化再制造产品检验环节，强调一体化的质量保证。再制造产品的质量是再制造企业的生命，相对制造企业来说，由于废旧产品来源及质量的不确定性，对再制造产品的质量更应该给予高度重视。再制造精益生产应采用一体化质量保证系统，以再制造工序的流水线生产方式划分相应的工作小组，如拆解组、清洗组、检测组、加工组等，以这些再制造生产小组为质量保证基础。小组成员对产品零部件的质量能够快速和直接处理，拥有一旦发现故障和问题，即能迅速查找到起因的检测系统。同时，由于每一个小组对自己所负责的工序零部件给予高度的质量检测保证，可相应取消专用的零部件检验场所，只保留产品整体的检测区域。这不仅简化了再制造产品的检验程序，保证了再制造产品的高质量，而且可节省费用。

（3）追求完美。再制造的精益生产把追求完美作为再制造生产坚持不懈的目标，不断地改进再制造生产中的拆解、清洗、加工、检测等技术工艺和再制造生产方式，不断降低再制造成本，力争无废品、零库存和再制造产品品种的多样化。

再制造精益生产中的以人为本、简化流程、追求完美，说明再制造的精益生产不仅是一种生产方式，更主要的是一种适于现代再制造企业的组织管理方法。在再制造生产中采用精益生产方式无需大量投资，是迅速提高再制造企业管理和技术水平的一种有效手段。随着它在再制造企业中不断得到重视及应用，实行及时生产、减少库存、看板管理等活动，确保工作效率和再制造产品质量，将能够推动再制造企业创造更加明显的经济和社会效益。

6.4　成组再制造生产管理技术方法

6.4.1　基本概念

成组技术研究如何识别和发掘生产活动中有关事物的相似性，并把相似的问题归类成组，寻求解决这一组问题相对统一的最优方案，以取得所期望的经济效益。它是改变多品种、小批量生产落后面貌的过程中产生的一门生产技术科学，是合理组织中小批量生产的系统方法。成组技术已发展到可以利用计算机自动进行零件分类、分组，不仅应用到产品设计标准化、通用化、系列化及工艺规程的编制过程，而且在生产作业计划和生产组织等方面也有较多的应用。

成组技术应用于机械加工方面，是根据零件的结构形状特点、工艺过程和加工方法的相似性，将多种零件按其工艺的相似性分类成组以形成零件族，把同一零件族中零件分散的小生产量汇集成较大的成组生产量，再针对不同零件的特点组织相应的机床形成不同的加工单元，对其进行加工的。经过这样的重新组合可以使不同零件在同一机床上用同一个夹具和同一组刀具，稍加调整就能加工。这样，成组技术就巧妙地把品种多转化为"少"，把生产量小转化为"大"，由于主要矛盾有条件地转化，这就为提高多品种、小批量生产的经济效益提供了一种有效的方法。

成组工艺实施的步骤包括：（1）零件分类成组；（2）制订零件的成组加工工艺；（3）设计成组工艺产品；（4）组织成组加工生产线。

6.4.2　成组技术在再制造生产中的应用

因再制造与制造的生产工艺存在明显差别，阻碍了成组技术在再制造企业的推广应用，但现代化的再制造企业生产方式及生产工艺要求再制造企业在拆解、清洗、加工等工艺过程中应用成组技术，把中、小批的再制造产品设计、再制造和管理等方面作为一个生产系统整体，创造性地应用成组技术，统一协调生产活动的各个方面，不断提高综合经济效益。

（1）成组技术在再制造性设计中的应用。再制造性设计是指在产品设计阶段考虑如何提高产品末端时的再制造能力，主要包括提高产品的标准化程度，提高产品的可拆解性、零部件的可检测性、失效零部件的可恢复性，加强产品的模块化结构等。在设计中大量采用成组技术指导设计，可以赋予各类零件以更大的相似类，提高零部件的易分类性，最大限度地实现零件的拆装、检测、清洗、加工的批量化，提高产品易于再制造的能力。尤其在当前产品生产批量日益变小，产品种类日益增多的情况下，采用成组技术可以提高不同类产品零件间的相似性，实现不同品种产品进行再制造时零件加工的批量化，提高小批量产品的再制造效益。另外还由于再制造产品也具有继承性，使往年累积并经过考验的有关再制造的经验在生产中再次应用，这有利于保证再制造产品质量的稳定。

（2）成组技术在再制造生产工艺中的应用：

1）在再制造物流中的应用：进行分类成组运输，提高运输效率。可以根据废旧产品的种类、地点、质量、时间、距离、运送目的地、装卸方式等要素进行运输分类编码，实现不同品质废旧产品的合理、科学逆向物流输送，最大效率地满足生产对毛坯的需求。

2）在再制造拆解和装配中的应用：可根据废旧产品的连接件形式、拆装工具、拆装地点、拆装时间、技术要求、顺序要求、材料特性等要素进行拆装分类编码，有效安排拆装流程，提高拆解的规范化和科学化，另外对拆解后的零件按要求进行分类，也便于进行检测。

3）在清洗中的应用：清洗是再制造生产中的特有步骤，也占用大量的工作，传统的再制造清洗存在分类不科学、效率低下等缺点，按照成组技术的特点，根据零件形状、清洗要求、清洗方式、清洗地点、清洗阶段等要素进行分类编码，可以对清洗进行全程控制，实现批量化清洗，提高清洗效率，降低环境污染。

4）在再制造检测中的应用：因再制造需要使用原有的废旧产品的零部件作为毛坯进行生产，所以需要根据生产再制造产品的质量要求，在不同阶段，分批次地对废旧产品、拆解后的零部件、清洗后的零部件、再制造加工后的零部件及装配中的零部件进行检测。可以根据成组技术的原理，按照检测阶段、检测设备、检测特征、对象特点、质量要求等要素进行分类编码，形成不同检测方法下的批量化和规范化检测，提高检测效率和可靠性。

5）在失效零件再制造加工中的应用：采用各类机床或表面工程等技术恢复失效零件的性能达到新品的标准，是再制造产品获得高附加值的主要方式，可大量采用成组技术来提高再制造加工效率。再制造加工中可以按照零件形状、失效形式、加工方法、安装方式、技术要求、生产阶段、生产批量、加工时间等要素进行分类编码。

（3）在再制造生产组织管理方面的应用。成组加工要求将零件按一定的相似性分类形成加工族，加工同一加工族有其相应的一组机床设备。因此，成组生产系统要求按模块化原理组织生产，即采取成组生产单元的生产组织形式。在一个再制造生产单元内有一组工人操作一组设备，再制造加工一个或若干个相近的加工族，在此再制造生产单元内可完成失效零件全部或部分的恢复性生产加工。因此，成组生产单元是以加工族为生产对象的产品专业化或工艺专业化（如热处理等）的生产基层单位。成组技术是计算机辅助管理系统技术基础之一。这是因为运用成组技术基本原理是将大量信息分类成组，并使之规格化、标准化，这将有助于建立结构合理的生产系统公用数据库，可大量压缩信息的储存量；由于不再是分别针对一个工程问题和任务设计程序，可使程序设计优化。此外采用编码技术是计算机辅助管理系统得以顺利实施的关键性基础技术工作，成组技术恰好能满足相似产品及分类的编码。

总之，成组技术是提高多品种、中小批量产品再制造生产效率和水平的有效方法，也将会成为增加再制造生产效益的一种基础管理技术。在多品种、中小批量再制造生产企业中实施成组技术，能够减少工艺过程设计所需的时间和费用，减少设备调整所需的时间和费用，缩短工件在再制造生产过程中的运输路线，提高再制造加工效率，缩短再制造产品生产周期，提高设备利用率，节省再制造生产面积，降低废品率，减少人员需要量，简化生产管理工作，提高对再制造产品改型的适应能力，给再制造企业带来显著的技术经济效益。

6.5　清洁再制造生产管理方法

6.5.1　基本概念

清洁生产是指不断采取改进设计、使用少污染甚至无污染能源和原料、采用先进的工艺技术与设备、改善管理、综合利用等措施，从源头削减污染，提高资源利用效率，减少或者避免生产、服务和产品使用过程中污染物的产生和排放，以减轻或者消除对人体健康和环境的危害。因此，清洁生产可以理解为工业发展的一种目标模式，即利用"清洁"的能源、原材料，采用"清洁"的生产的工艺技术，生产出"清洁"的产品。同时，实现清洁生产，不是单纯从技术、经济角度出发来改进生产活动，而是从生态经济的角度出发，基于合理利用资源、保护生态环境的这样一个原则，考察工业产品从研究、设计、生产到消费的全过程，以期协调社会和自然的相互关系。

清洁生产技术也叫无害环境技术、低废无废技术或绿色技术，是指在生产过程中采用的减少污染产生的先进工艺与技术。它主要包括原材料替代、工艺技术改造、强化内部管理和现场循环利用等类型。清洁生产技术应用与推广的有效与否将直接影响我国环境产业发展，并将影响到我国可持续发展战略的成败。清洁生产技术主要包括以煤为主的各种节能降耗技术、各种物料回收与综合利用技术、各种新型清洁生产技术等。

清洁再制造生产管理是指在再制造生产过程中，采用清洁生产方式，使再制造生产过程中的自然资源和能源利用合理化、经济效益最大化、对人类和环境的危害最小化。其目的是通过清洁再制造生产管理，不断地提高再制造生产效益，以最小的原材料和能源消耗，生产尽可能多的再制造产品，提供尽可能多的服务，降低成本，增加产品和服务的附加值，以获取尽可能大的经济效益。

6.5.2　再制造过程的清洁生产应用

再制造与清洁生产两者都体现出了节约资源和保护环境的理念，都是支撑可持续发展战略的有效技术手段，相互之间存在着密切联系。再制造的生产方式是实现废旧产品的重新利用，这一过程实现了资源的高质量回收和环境污染排放最大化的减少，所以再制造本身就是一种清洁生产方式。同时，再制造生产本身也属于制造生产过程，所以在再制造生产过程中采用清洁生产技术，可以进一步减少再制造生产过程的资源消耗和环境污染，实现再制造的资源和环境效益的全过程最大化。

从再制造所使用的毛坯来看，它是退役的废旧产品，本身蕴含了大量的附加值，所以其相当于采用了最优的清洁能源完成了大量毛坯成形。而且再制造过程本身相对制造过程来说消耗的材料和能源极少，是非常完美的清洁生产过程。再制造生产的最终产品属于绿色产品的范畴，符合清洁生产的产品要求，所以再制造产品也是清洁生产的产品。

为了进一步减少再制造过程的资源消耗和降低环境污染，参考清洁生产的内容，可在再制造生产过程中应用清洁生产技术。再制造过程的清洁生产主要应做好下述几点：

（1）尽量采用"清洁"的能源。尽量采用各种方法对常规的能源采取清洁利用，如电、煤及各种燃气的供应等；加强对太阳能、风能等可再生能源的利用，例如可以采取太阳能灯实现生产照明等；不断探索清洁能源的利用途径和技术方法。

（2）采用"清洁"的再制造生产过程。优先选择无毒、低毒、少污染的材料和备件。再制造过程中尽量少用和不用有毒有害的原料，以防止原料及产品对人类和环境产生危害；同时替代原废旧产品中毒性较大的材料及零件，对废旧产品中的高污染材料和零件进行合理处理，减少其废弃后的环境危害；在再制造所需新备件使用中，要采用无毒、无害的最新技术备件产品，防止使用过程中对人类的危害。

开发新的工艺技术，采用和更新生产设备，淘汰陈旧设备，提高资源利用率。采用能够使资源和能源利用率高、原材料转化率高、污染物产生量少的新工艺和设备，代替那些资源浪费大、污染严重的落后工艺设备；在生产工艺设备的选择上，不只是将费用作为设备的选择前提，而将设备工作过程中的环境影响作为重要的考核指标。

改革生产工艺，优化生产程序，减少生产过程中资源浪费和污染物的产生。尽量减少再制造生产过程中的各种危险性因素，如高温、高压、低温、低压、易燃、易爆、强噪声、强振动等；采用可靠和简单的再制造生产操作和控制方法，尽最大努力实现少废、无废生产；对企业内部的物料进行内部循环利用；完善再制造生产管理，不断提高科学管理水平，减少无效劳动和消耗。

开展资源综合利用，尽可能多地采用物料循环利用系统，如水的循环利用及重复利用，以达到节约资源，减少排污的目的。通过资源、原材料的节约和合理利用，使原材料中的所有组分通过生产过程尽可能地转化为产品，使废弃物资源化、减量化和无害化，减少污染物排放，实现清洁再制造生产。

强化科学管理，改进再制造生产操作。工业污染有相当一部分是由于生产过程管理不善造成的，只要改进操作、改善管理，不需花费很大的经济代价，便可获得明显的削减废物和减少污染的效果。主要方法包括：落实岗位和目标责任制，杜绝跑冒滴漏，防止生产事故，使人为的资源浪费和污染排放减至最小；加强设备管理，提高设备完好率和运行率；开展物料、能量流程审核；科学安排生产进度，改进操作程序；组织安全文明生产，把绿色文明渗透到企业文化之中，等等。推行清洁生产的过程也是加强生产管理的过程，它在很大程度上丰富和完善了工业生产管理的内涵。

（3）生产"清洁"的产品。再制造产品生产前有一个重新设计的过程，尤其对因环境或技术原因而退役的产品，设计时应考虑再制造产品全寿命周期的环境评价，不但要减少再制造产品生产过程中的材料和能源消耗，而且少用昂贵和稀缺的原料。再制造产品在使用中要满足国家的环境保护要求，并且尽可能地减少对环境的污染排放量，同时要保证在使用过程中以及使用后不含危害人体健康和破坏生态环境的因素。再制造产品的包装合理，不过度包装，包装材料可以实现无害化回收重新利用。再制造产品使用后退役时要易于回收、再制造和再循环，实现产品的多寿命周期使用。再制造产品的使用寿命和使用功能合理，减少资源和能源的浪费。

再制造企业要在已开展清洁生产活动的基础上，通过完善组织机构和规章制度等措施，不断促使企业连续、长久地推行清洁生产，为社会的可持续发展做出更大的贡献。

6.6 再制造资源计划管理方法

6.6.1 基本概念

制造资源计划是从物料需求计划（MRP）发展而来的。MRP 的基本功能是将主控进度计划转化为零部件的进度计划和原材料的订购计划。其基本依据是产品构成、零部件的加工周期、材料的订货周期以及部件和产品的装配周期。MRP 的系统结构如图 6-3 所示，其输入包括主控进度计划、物料清单、库存记录。其输出有主报告与辅助报告两部分：主报告的内容包括零部件进度计划与订单和原材料、外购件订单等；辅助报告的内容包括例外报告、计划变更报告和运行控制报告等。MRP 实现了生产管理由宏观的以产品为核心的生产计划向微观的以零部件和原材料为核心的生产计划的转变，其效益主要体现在 3 个方面：原材料和在制品库存显著减少；对需求变化的响应速度加快，产品转换时间缩短，产品转换费用降低；设备利用率得到提高。

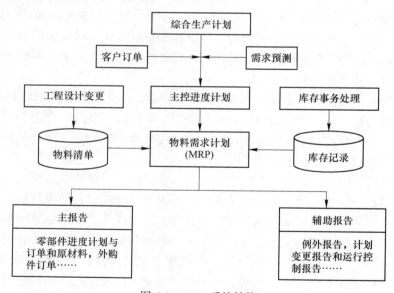

图 6-3   MRP 系统结构

制造资源计划是以物料需求计划 MRP 为核心、覆盖企业生产活动所有领域、有效利用资源的生产管理思想和方法的人–机应用系统，表示为 MRP-Ⅱ。MRP-Ⅱ 系统是站在整个企业的高度进行生产、计划及一系列管理活动。它通过对企业的生产经营活动做出有效的计划安排，把分散的工作中心联系起来进行统一管理。因而，MRP-Ⅱ 是将企业的生产、财务、销售、采购、技术管理等子系统综合起来的一体化系统，各部分相互联系，相互提供数据。MRP-Ⅱ的核心在于各级计划系统，计划是为实现一定的目标而制订的行动方案；控制是为保证计划的完成而采取的措施。

6.6.2 现代化再制造生产对 MRP-Ⅱ 的需求

由于当前产品生产的批量变小、个性化增强、功能寿命缩短，对建立在大批量产品退役基础上的传统再制造生产模式带来了一定的冲击，要求现代化再制造企业能够通过快速地生产资源重组和物流管理，实现从传统的大批量再制造生产，变换成小批量、个性化、柔性化、可重组的生产模式，即可以在一定的资源内，通过重组，实现多型号、多模式、多功能的再制造生产模式。这种生产背景下强烈要求再制造企业重视并运用 MRP-Ⅱ，通过企业内部的资源调整和管理，来适应并解决新形势下再制造的批量与管理、批量与效益之间的矛盾。

同时，为适应毛坯供应市场和产品需求市场的条件和要求，再制造生产中也面临着毛坯的不确定性、再制造产品的多样性、再制造生产过程的变动性、再制造技术条件的不确定性、再制造计划的模糊性以及再制造物料供应中毛坯件和新件库存的复杂性与动态性等多方面的问题，这些问题都不同程度地困扰着再制造企业的生产、管理和销售。而且，多品种型号使再制造生产中毛坯质量、数量及时间等因素更加不确定。再制造企业要想完全满足客户对多变的产品个性和功能的需求，提供最大的再制造产品客户服务，库存投资就会提高，生产效益会降低，如因废旧件物料供应存在的不确定性而导致企业只能间断性地进行再制造生产时，这种矛盾就会在再制造企业中显得尤为突出。新的市场竞争要求再制造企业管理有超越传统的模式，不断应用现代信息科技，使自己的视野更加宽阔，能够在短时间内获得更多的优质准确信息，改变资源计划和物流中的不确定性因素，实现基于精确资源的再制造生产保障。

因此，再制造企业需要一个高度集成的信息系统（MIS）和生产计划系统，即采用以 MRP-Ⅱ 为核心的 MIS 系统，从产品市场竞争的实际出发，以废旧产品定生产，以销售定生产，以再制造计划与质量控制为主线的管理模式。再制造企业运用 MRP-Ⅱ 将能够体现再制造生产供给链上废旧产品逆向物流信息、生产资金信息、再制造设备资源信息、再制造人才和技术信息的集成，体现了再制造管理和生产技术的集成。

6.6.3 再制造的生产资源管理

再制造生产资源管理的基本内容是对生产活动进行计划与控制。

6.6.3.1 再制造的生产计划

再制造生产是以废旧产品作为生产的主要原料，而废旧产品的供应显著区别于制造企业所需原料的供应，其具有数量、质量、时间的不确定性，对再制造生产计划造成了直接的影响。再制造生产计划也可以分为以下 5 个层次。

（1）综合生产计划。综合生产计划的任务是根据毛坯回收数量与质量、市场需求和企业资源能力，确定企业年度生产再制造产品的品种与产量。通常可以采用数理规划的方法制订综合生产计划。典型的线性规划模型如下。

假设再制造企业有 m 种资源，用于生产 n 种再制造产品，其中第 j 种再制造产品的年产量为 X_j，若 a_{ij} 表示生产一件第 j 种产品所需的第 i 种资源的数量，G_j 表示生产一件第 j

种产品所获得的利润，b_i 表示第 i 种资源可用的数量。试确定最佳产品品种的组合和最佳年产量。

目标函数（以再制造企业的最大利润 z 为优化目标）及约束条件为：

$$\max z = \sum_{j=1}^{n} G_j X_j \tag{6-2}$$

$$\text{s.t.} \sum_{j=1}^{n} a_{ij} X_j \leqslant b_i \quad (i = 1, 2, \cdots, m)$$

$$X_j \geqslant 0 \quad (j = 1, 2, \cdots, n)$$

（2）主控进度计划。主控进度计划即最终再制造产品的进度计划，是根据综合生产计划、市场需求和再制造企业资源能力而确定的。也可以采用数理规划的方法制订主控进度计划，只是此时的优化目标是企业生产资源的充分利用。例如，以机床负荷率为优化目标，其线性规划模型如下：

目标函数（以机床负荷率 S 为优化目标）及约束条件为：

$$\max S = \frac{\sum\limits_{k=1}^{12} \sum\limits_{i=1}^{p} \sum\limits_{j=1}^{n} d_{ij} X_{jk}}{\sum\limits_{k=1}^{12} \sum\limits_{i=1}^{p} t_{ik}} \tag{6-3}$$

$$\text{s.t.} \sum_{i=1}^{n} d_{ij} X_{jk} \leqslant t_{ik} \quad (i = 1, 2, \cdots, p)$$

$$0 \leqslant X_{jk} \leqslant X_j \quad (j = 1, 2, \cdots, n)$$

附加约束条件为：

$$\begin{cases} \sum X_{jk} = X & (j = 1, 2) \\ X_{jk} = 0 & (j = 5, 6, 7; \ k = 1, 2, \cdots, 6) \\ X_{45} = X_4 \\ \vdots \end{cases}$$

式中　d_{ij}——生产一件第 j 种产品所需第 i 种设备台时数；

　　　X_{jk}——第 j 种产品第 k 月产量；

　　　t_{ik}——第 i 种设备第 k 月用台时数；

　　　p——设备种数。

上述模型中的附加约束条件通常由订货要求所确定。

（3）物料需求计划。物料需求计划将最终的产品进度计划转化为零部件的进度计划和原材料（外购替换件）的订货计划。物料需求计划明显受废旧产品供应的数量、质量和时间的影响。

（4）能力计划。确定满足物料需求计划所需要的人力、设备和其他资源。

（5）废旧产品供应预测。通过科学预测和评估，确定一定时期内用于再制造的废旧产品所供应的数量及质量，对综合生产计划、主控进度计划和物料需求计划进行修订。

6.6.3.2　再制造生产控制

再制造生产控制用于确定生产资源和原料是否满足生产计划需要，如不能满足则需通过调整资源或更改计划使资源与计划达到匹配。再制造生产控制主要包括以下内容：

（1）原料控制。对废旧产品的数量、质量进行控制，使其既满足生产要求，又不在再制造厂造成大量库存。

（2）车间控制。车间控制是指对生产过程和生产状态进行控制，使其符合生产计划要求。

（3）库存控制。为保证生产计划的顺利执行而对原材料、生产辅助材料、备件和废旧产品的库存进行控制。

（4）制造资源计划。制造资源计划是指将物料需求计划、能力计划、车间控制、库存控制和原料控制等集成在一起，实现生产及资源的优化管理。

（5）准时制生产系统。准时制生产系统指完全根据需求进行生产的一种控制方式，可以最大限度地减少库存。

6.6.4 再制造的生产过程管理方法

再制造生产过程是指废旧产品进入再制造生产领域到成为再制造产品的全部活动过程，包括劳动过程和自然过程。前者是劳动者使用劳动手段直接作用于废旧产品及其零部件，使其按预定的目的变成再制造产品的过程；后者是某些情况下，生产借助自然力的作用，使劳动对象发生物理或化学的变化，如冷却、干燥、自然失效等。再制造生产过程是由许多工艺阶段和工步、工序组成的，合理的组织生产就是要使整个生产的各个环节都能相互衔接、协调配合，使人力、设备、生产面积得到充分利用，取得最佳效果。为此，在生产过程的组织中必须注意生产过程的连续性、协调性及均衡性，加强生产的现场管理。

加强生产过程的现场管理，可以消除无效劳动和浪费，排除不适应生产活动的异常现象和不合理现象，不断提高劳动生产率，提高经济效益。再制造生产的现场管理应主要抓好以下几项工作：

（1）制订和执行现场作业标准，实行标准作业。标准作业是现场有效地进行生产的依据，是生产力三要素有效组合的反映，它包括生产节拍、工艺流程、操作规程等。

（2）建立以生产线操作人员为主体的劳动组织。现场管理的实施要保证生产第一线人员能够连续生产，为生产第一线操作人员创造、准备好一切生产条件。

（3）彻底消除无效劳动和浪费。现场管理人员应不定期地配合生产第一线人员分析工时利用、生产动作、作业顺序、操作方法和工艺流程，进行查定，以不断加强与完善现场管理，增强日程管理的有效性。

（4）目视管理。要让每一个工作人员和现场管理者一目了然地了解生产进行的情况，为此需要建立一系列的标准，如生产线平面布置标准化，在平面布置图表上应注明设备位置、每个工作地和每个人员的岗位以及各工序管理的布局，并张贴于生产现场；标准作业图及作业指导书应发至每一工作地或每一工作岗位，等等。

（5）作业组合的改善。要应用工业工程的理论和方法，经常不断地对生产系统中的物流、人流、工艺流、信息流的合理性、经济性进行分析，寻求生产过程组织、设备布置和作业方法的不断合理化，提出布局的改善意见，使生产现场的作业始终保持良好、经济、高效运行。

（6）增强设备的自动检测能力。根据生产线以及设备的特点，可以设法给机床上加上相应的自动检测装置，如定位停车装置、满负荷运转装置、设备异常时的报警装置等，这样可以大大改善现场管理，进行优质、高效率的生产。

（7）建立安全、文明生产保证体系。安全、文明生产是现场管理的基础。现场管理应致力于治理生产现场松、散、脏、乱、差的毛病，实施整顿、整理、清扫、清洁、礼貌的文明生产，建立安全、文明生产的保证体系。

6.7　再制造质量管理技术方法

6.7.1　基本概念

再制造产品质量要求不低于新品质量，并由于在再制造过程中大量新技术的采用，往往会使再制造产品在某些技术指标上能优于新品。再制造质量保证不但要有好的再制造技术应用，还应该有好的再制造生产质量管理技术和方法，要有高的再制造管理工作质量和科学的再制造决策。

再制造质量管理是指为确保再制造产品生产质量所进行的管理活动，也就是用现代科学管理的手段，充分发挥组织管理和专业技术的作用，合理地利用再制造资源以实现再制造产品的高质量、低消耗。实际上，质量管理的思想来源于产品质量形成需求，再制造过程同样是产品的生产过程，再制造后产品的质量与制造的新产品相似，是通过再制造活动再次形成的。因此，再制造质量管理具有全员性、全过程性和全面性等特点，在具体的要求和实现措施上更加具有目的性。

再制造生产过程中质量管理的主要目标是全面消除影响再制造质量的消极因素，确保反映产品质量特性的那些指标在再制造生产过程中得以保持，减少因再制造设计决策、选择不同的再制造方案、使用不同的再制造设备、不同的操作人员以及不同的再制造工艺等而产生的质量差异，并尽可能早地发现和消除这些差异，减少差异的数量，提高再制造产品的质量。

6.7.2　再制造质量管理方法

（1）再制造全员质量管理。产品再制造有许多环节，需要由多人、甚至多个单位参加。因为每个成员（单位或个人）的工作质量最终都要反映到再制造质量上来，因此，每个成员都有一定的质量管理职能，都必须提高自己的工作质量，要把产品再制造所有有关人员的积极性和创造性调动起来，人人做好本职工作，个个关心工作质量，实行全员质量管理。

（2）再制造全过程质量管理。因为再制造质量是再制造工作全过程的产物，其影响因素在全过程都起作用，所以要实行全过程质量管理，要强化产品再制造全过程的质量检验工作，针对全过程制订具体质量检测方法。

（3）再制造全面质量管理。再制造质量是多种因素综合作用的结果，忽略哪一个因素都可能带来不利后果。所以，在首先抓住关系到质量的主要因素的同时，必须对再制造各方面的工作实行全面质量管理，即对影响质量的一切因素进行管理。

6.7.3　再制造工序的质量管理

再制造的生产过程包括从废旧产品的回收、拆解、清洗、检测、再制造加工、组装、检验、包装直至再制造产品出厂的全过程，在这一过程中，再制造工序质量管理是保证再制造产品质量的核心。

工序质量管理是根据再制造产品工艺要求，研究再制造产品的波动规律，判断造成异常波动的工艺因素，并采取各种管理措施，使波动保持在技术要求的范围内，其目的是使再制造工序长期处于稳定运行状态。为了进行好工序质量管理，要做好以下几点内容：

（1）制订再制造的质量管理标准，如再制造产品的标准、工序作业标准、再制造加工设备保证标准等。

（2）收集再制造过程的质量数据并对数据进行处理，得出质量数据的统计特征，并将实际执行结果与质量标准比较得出质量偏差，分析质量问题和找出产生质量问题的原因。

（3）进行再制造工序能力分析，判断工序是否处于受控状态和分析工序处于管理状态下的实际再制造加工能力。

（4）对影响工序质量的操作者、机器设备、材料、加工方法、环境等因素进行管理，以及对关键工序与测试条件进行管理，使之满足再制造产品的加工质量要求。

通过工序质量管理，能及时发现和预报再制造生产全过程中的质量问题，确定问题范畴，消除可能的原因，并加以处理和管理，包括进行再制造升级、更改再制造工艺、更换组织程序等，从而有效地减少与消除不合格产品的产生，实现再制造质量的不断提高。工序质量管理的主要方法是统计工序管理，采用的主要工具为管理图。

6.7.4 再制造质量控制技术方法

产品再制造质量控制的目的和作用在于监视再制造过程中各环节产生的问题，预防故障的出现，减少废品率，保证再制造产品质量。产品再制造的质量控制技术可直接借鉴产品制造和维修中的常用基本工具来进行质量控制。

在产品全面质量管理中，PDCA（或称 PDCA 循环）方法是一种基本的工作方法，它是由美国著名质量管理学家威廉·爱德华兹·戴明（1900~1993）首先提出并使用的。PDCA 指计划（Plan）、实施（Do）、检查（Check）、处理（Action）。它可概括为 4 个阶段、8 个步骤及常用统计工具（表6-2）。

表6-2 PDCA 循环

阶 段	步 骤	质量控制方法
计划	1. 找出存在问题，确定工作目标	排列图、直方图、控制图
	2. 分析产生问题的原因	因果图等
	3. 找出主要原因	排列图、相关图等
	4. 制订工作计划	对策表
	5. 执行措施计划	严格按计划执行，落实措施
实施	6. 调查效果	排列图、直方图、控制图
检查	7. 找出存在问题	转入一下个 PDCA 循环
处理	8. 总结经验与教训	工作结果标准化、规范化

PDCA 循环是有效进行任何工作的合乎逻辑的工作程序。在质量管理中，PDCA 循环

得到了广泛应用，取得了很好的效果。称其为 PDCA 循环，是因为这 4 个过程不是运行一次就完，而要周而复始进行。一个循环完了，解决了一部分问题，可能还有其他问题，或又出现新问题，再进行下次循环。

全面质量管理活动的运转离不开管理循环，改进与解决质量问题，赶超先进水平的各项工作，都要运用 PDCA 循环的科学程序。不论提高产品质量，还是减少不合格品，都要提出目标，编制计划；计划不仅包括目标，也包括实现目标的措施；计划制订后，要按计划检查，了解是否达到预期效果和目标；找出问题和原因并处理，将经验和教训制订成标准、形成制度。在 PDCA 循环过程中，每一个阶段都有规定的内容及需要确定的问题，同时在每个阶段为解决各类问题或达到工作的目标，将会采取不同的方法。在 PDCA 循环中，常用的质量控制方法有多种。这里，着重介绍排列图、直方图、控制图和因果图在质量控制上的应用原理。

6.7.4.1　直方图

直方图是将数据按大小顺序分成若干间隔相等的组，以组距为底边，以落入各组的数据频数为高度，按比例构成的若干直方柱排列的图。直方图适于对大量数据进行整理加工，找出其统计规律，即分析数据分布的形态，以便对其总体的分布特征进行推断。直方图主要图形为直角坐标系中若干顺序排列的矩形，各矩形底边长相等，为数据区间，矩形的高为数据落入各相应区间的频数。

直方图是统计大批量产品公差尺寸的常用方法，这种方法可直观地找出符合或不符合规定技术条件的数据信息，适于产品检验时发现超差产品。进行直方图分析时的主要步骤如下：

（1）统计数据。将产品检测数据统计汇总，制成数据表。

（2）总结数据。把统计数据按标准分类汇总，形成有关数量与尺寸的数据表，就可以根据规定好的判据，形成产品质量分布规律，但这样的分布规律还不是最好的，还不够直观，因此用图形表示出来。

（3）绘制直方图。通过直方图，很容易找到零件尺寸最集中的区间，与标准尺寸范围比对会发现，大部分零件尺寸合格，集中在合格尺寸范围内，仅有少数零件超差，这样就可以知道，生产加工过程没有大问题，找到导致少数零件超差的原因即可。

这种方法基于产品阶段的零件检验，起源于传统质量管理理论。

例题：从某再制造厂对轴涂层进行切削加工中的一批零件中抽出 100 件测量其厚度，结果见表 6-3。标准值为 3.50±0.15，根据测量数值绘制直方图。

表 6-3　例题数据表

序号	A	B	C	D	E	F	G	H	I	J
1	3.56	3.46	3.48	3.50	3.42	3.43	3.52	3.49	3.44	3.50
2	3.48	3.56	3.50	3.52	3.47	3.48	3.46	3.50	3.56	3.38
3	3.41	3.37	3.47	3.49	3.45	3.44	3.50	3.49	3.46	3.46
4	3.55	3.52	3.44	3.50	3.45	3.44	3.48	3.46	3.52	3.46
5	3.48	3.48	3.32	3.40	3.52	3.34	3.46	3.43	3.30	3.46
6	3.50	3.63	3.59	3.47	3.38	3.52	3.45	3.48	3.31	3.46

序号	A	B	C	D	E	F	G	H	I	J
7	3.40	3.54	3.46	3.51	3.48	3.50	3.63	3.60	3.46	3.62
8	3.48	3.50	3.56	3.50	3.52	3.46	3.48	3.46	3.52	3.56
9	3.52	3.48	3.46	3.45	3.46	3.54	3.54	3.48	3.49	3.41
10	3.41	3.45	3.34	3.44	3.47	3.47	3.41	3.48	3.54	3.47

画出直方图，见图6-4。由图可见，零件的厚度尺寸在3.45~3.50范围内最多。若将标准值3.50±0.15标在图上，即可看出已有一部分超出公差范围。

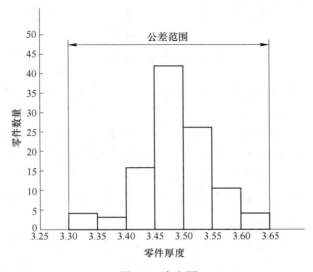

图6-4　直方图

应用再制造数据绘制直方图，可以判断出再制造质量存在着问题，但存在什么问题，还需要采用排列图、因果图等工具，进一步分析原因，找出问题所在。

6.7.4.2　控制图

控制图是对生产过程中产品质量状况进行实时控制的统计工具，是质量控制中最重要的方法。控制图可用于反映产品再制造过程中的动态情况（能够反映质量特征值随时间的变化），以便对产品再制造质量进行分析和控制。主要图形为直角坐标系中的一条波动曲线，横坐标表示抽取观测值的顺序号（或时间），纵坐标表示观测值的质量特征值。

控制图法有很多种，常见的有 $\overline{X}$-R 图（平均值–极差控制图，图6-5）、$\tilde{X}$-R 图（中位数–极差控制图）、X-R_s 图（单值–移动极差控制图）、P_n 图（不合格品数控制图）、P 图（不合格品率控制图）、C 图（缺陷数控制图）、U 图（单位缺陷数控制图）等7种。这里简要介绍绘制控制图的基本过程。

图6-5中，横坐标为样本号，纵坐标为产品质量特性，CL为中心线，UCL为上控制界限线，LCL为下控制界限线。生产过程中，定时抽取样本，把测得的数据点描在控制图中。如果数据点落在两条控制界限之间，且排列无缺陷，表明生产过程正常，过程处于控

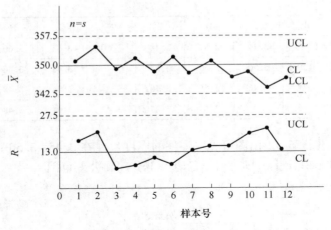

图 6-5 平均值–极差控制图

制状态；否则表明生产条件异常，需采取措施，加强管理，使生产过程恢复正常。

绘制控制图的主要过程如下：

（1）统计数据。绘制控制图，检查质量波动或稳定性的原始数据必须来源于产品定期定量检验。收集、整理数据时一般采集 20 组数据，每组 5 个样本。这种检验要确保：1）在稳定的生产速率下，抽样的时间间隔大致相同；2）在稳定的生产速率下，抽样的间隔数量或批次一致；3）尽可能提高抽样密度，使抽样的产品样本数量或时序样本数量均能较多。

（2）计算各组平均值 $\overline{X}_i$ 及极差 R_i。平均值指本组检验结果平均值；极差指本组检验结果中最大值与最小值的差。

（3）确定中心线位置，画出中心线。中心线分为平均值图中心线和极差图中心线，通常这两个图绘于同一图中，公式分别如下：

平均值图中心线：
$$CL = \overline{\overline{X}} = \frac{\sum\limits_{i=1}^{k} \overline{X}_i}{K}$$

极差图中心线：
$$CL = \frac{\sum\limits_{i=1}^{k} R_i}{K}$$

（4）确定上下控制线位置，画出上下控制线：

平均值图控制上限：
$$UCL = \overline{\overline{X}} + A \times \overline{R}$$

平均值图控制下限：
$$LCL = \overline{\overline{X}} - A \times \overline{R}$$

极差图控制上限：
$$UCL = C \times \overline{R}$$

极差图控制下限：
$$LCL = B \times \overline{R}$$

上述公式中 A、B、C 是由每组样本数决定的系数，可从专用系数表中查得，这个系数是必要的，它根据检验样本数确定，由于样本数越少，可能出现的波动越不易确定，其规律性越难得出，因而系数越大；样本数很多时则相反。

（5）根据数据作图。根据计算数据绘制直角坐标系，以横坐标为时序或样本序号，以纵坐标为质量特征值，首先绘制出平均值图或极差图中的中心线和控制上下限，然后按样本顺序或抽样的时序绘制各样本的质量特征实测值，并依次将其连接起来形成图形。

例：某零件规格为$\phi31^{+0.010}_{+0.002}$，其尺寸控制图（平均值图）如图 6-6 所示。由控制图可以看出其质量特征值的变化趋势，也可看出是否有周期性变化。

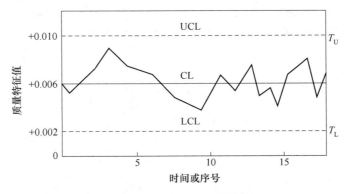

图 6-6　尺寸控制图（平均值图）

6.7.4.3　排列图

排列图又叫帕雷托图，是用来寻找主要矛盾或关键因素的一种工具。排列图可以找出影响产品再制造质量的主要问题，通过寻找关键问题并采取针对性措施，以确保产品再制造的质量。

排列图法基于累加方法绘图，横坐标为数据分类，纵坐标是件数。首先绘制的是数据分布中比例最大的，依次排列比例逐渐下降。这样直观地找到系统中影响最大的部分，各部分间的关系非常清楚。排列图中直方部分单独排列，曲线按各部分关系叠加。通过这种方法可迅速找到关键影响因素。绘制步骤如下：

（1）统计数据。取得与所分析问题有关的各类数据。

（2）数据分类。根据问题特点、部分结构等因素将统计数据划分为不同区域，并计算各区域数据在总统计中的比例关系及累计比例增长。

（3）绘制排列图。通过绘制图形，可将各部分故障情况在全部故障中的比例关系和地位表现出来，还可将故障情况发展趋势通过曲线描述出来。因此，排列图法可以直观地显示很多信息，是质量控制中的一种经常使用的方法。

绘制排列图有一个条件，就是判据，这是这种方法使用的基础，同时也是目的。一般来说，累计频率达到0~80%的称为 A 类因素或关键因素，只要按从比例最高到最低的关系排列各组数据，就会找到 0~80%比例的因素，可能是 1 个，也可能是 2 个或 3 个；处于80%~95%比例的因素称 B 类因素，其对系统的影响要比关键因素弱；处于 95%~100%的称 C 类因素，也叫次要因素，它对系统的影响更低。无论哪类因素，都可能不是由某一单独部分组成的，这样就很容易地将各影响因素进行分类，从而制订相应的改进和控制措施。这里要说的是，处于 80%~95%的部分并不是指其影响因素达到 80%~95%，它仅占

15%，同样，次要因素仅占 5%。

6.7.4.4　因果图

为分析产生质量问题的原因以便确定因果关系的图叫作因果图，如图 6-7 所示。按其形状又称树状图或鱼刺图。因果图由质量问题和影响因素两部分组成，图中主干箭头所指为质量问题，主干上的大枝表示大原因，中枝、小枝、细枝等表示原因的依次展开。因果图的重要作用在于明确因果关系的传递途径，并通过原因的层次细分，明确原因的影响大小与主次。如果有足够的数据，可以进一步找出影响平均值、标准差以及发生概率方面的原因，从而做出更确切的分析，确保产品质量符合规定要求。

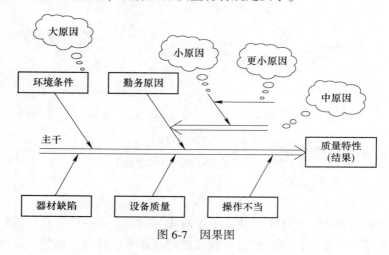

图 6-7　因果图

本 章 小 结

再制造管理是对废旧产品再制造全过程进行科学管理的活动，以提高产品利用率、缩短生产周期、满足个性化需求、降低成本和减少废物排放量为目标。再制造分为四个阶段：再制造性设计阶段、废旧产品回收阶段、再制造生产阶段和再制造产品使用阶段。再制造管理受多个因素影响，包括再制造各阶段的管理和技术单元的管理。以系统管理为特点的再制造管理涉及广泛的内容，各部分相互联系紧密且具有不同的侧重点。逆向物流由回收企业完成，毛坯品质对再制造产品质量影响显著。再制造生产由再制造企业或产品原制造商完成，并负责再制造产品销售。废旧产品的品质、数量和时间的不确定性相互影响各个部分。系统管理和现代化信息管理是实现科学再制造管理体系以促进再制造产业发展的关键。

多寿命周期管理技术是基于再制造的理念，综合考虑环境影响、资源利用和产品寿命等问题的一种管理方法。它的目标是在产品多寿命周期内，实现产品回用时间最长、对环境负面影响最小、资源综合利用率最高。多寿命周期包括将旧产品及零部件直接或整修后使用，以及通过冶炼生成新材料的使用。产品的多寿命周期不仅包括对整体产品的多周期使用，还包括对零部件的多周期使用。在多寿命周期中，再制造产品要求含有原产品零部件的比例不低于 2/3，并要不断提升产品性能，实现产品寿命和性能的"新生"，以满足可持续利用的需求。多寿命周期产品管理的发展基础包括符合事物的循环发展观点、自然界层次结合度的递减原理、产品发展的量变到质变原理以及可持续利用思想。

精益再制造生产管理方法是一种以整体优化为基础的方法，它通过有效地运用先进制造技术和管理技术，以社会需求为依据，发挥人的因素为根本，优化产品生产的各个要素，实现降低成本、提高产品质量的目标。与单件生产和大批量生产方式不同，精益生产综合了两者的优点，强调人为中心，提倡"多面手"，并通过合理组合生产要素，杜绝无效劳动，减少资源投入的同时提高产出。在再制造领域，精益生产模式能够实现高效率、高质量和高生产柔性。再制造企业通过部门间紧密合作，注重产品设计、生产准备和再制造生产的配合与集成，实现精益生产的目标。以人为本、简化流程和追求完美是再制造中精益生产的具体特征。通过精益再制造生产管理方法，企业可以实现最大效益的管理体制。

成组再制造生产管理技术方法是一种通过将生产活动中具有相似性的问题进行分类和解决的方法，以实现经济效益。它是一种合理组织中小批量生产的系统方法，通过计算机自动分类、分组，应用于产品设计、生产计划和生产组织等方面。在机械加工方面的应用中，成组技术根据零件的相似性将多种零件分类成组，形成零件族，并通过重新组合机床、夹具和刀具等实现高效的加工。在再制造生产中，成组技术在拆解、清洗和加工等工艺过程中的应用可以提高再制造产品的生产效率和水平，减少时间和费用，缩短生产周期，提高设备利用率，节省资源投入，降低废品率，简化生产管理工作，并提高对产品改型和适应能力，从而为再制造企业带来显著的效益。

清洁再制造生产管理方法是一种通过采用清洁生产方式，减少对人体和环境的危害的方法。清洁生产是针对生产活动中的污染物产生和排放，采取改进设计、使用清洁能源和原材料、先进工艺技术、管理和综合利用等措施，减少污染物产生和资源浪费的目标模式。应在再制造过程中尽量采用清洁能源，采用清洁再制造生产过程，改革工艺、优化生产程序，强化科学管理，并生产清洁的再制造产品。再制造产品要经过重新设计，满足环境保护要求，减少材料和能源消耗，确保在使用和退役过程中对人体和环境没有危害。再制造企业应通过完善组织机构和规章制度等措施，持续推行清洁生产，为可持续发展做出贡献。

再循环资源管理方法与物料需求计划（MRP）相结合，以满足再循环生产的需求。再循环、死循环生产计划涉及综合计划、主计划、物料需求计划、能力计划和供应预测等五个层次。再循环资源管理涉及原料控制、车间控制、库存控制、制造资源计划和及时制生产系统等方面。再循环生产过程管理方法包括制订和执行现场作业标准，建立以生产线操作人员为主体的劳动组织，消除无效劳动和浪费，进行目视管理，改善作业组合，增强设备的自动检测能力，建立安全和文明生产保证体系。再循环资源管理的目标是实现资源与计划的匹配，减少浪费，提高效率和经济效益。

再制造产品质量应不低于新品，且在技术指标上有时更优。好的再制造质量管理要有好的再制造技术应用和科学的再制造生产质量管理技术和方法。再制造质量管理具有全员性、全过程性和全面性等特点，需在具体的要求和实现措施上更加具有目的性。再制造质量管理方法包括再制造全员质量管理、再制造全过程质量管理、再制造全面质量管理。对于再制造工序的质量管理，需要研究再制造产品的波动规律并采取管理措施，通过统计工序管理和工具的应用进行有效的质量控制。在 PDCA 循环中，排列图、直方图、控制图和因果图等常用方法可用于再制造的质量控制。

习　题

6-1 什么是再制造管理，其影响因素有哪些？

6-2 什么是基于再制造的产品多寿命周期，其发展基础和管理基础是什么？

6-3 基于再制造的产品多寿命周期的关键技术包括哪些？

6-4 精益生产包括哪些？再制造企业的精益生产具备哪些特征？

6-5 什么是成组技术，其步骤包括哪些？简述任一成组技术在再制造生产中的应用情况。

6-6 什么是清洁再制造生产管理？再制造过程的清洁生产主要应做哪几点？

6-7 什么是再制造资源计划管理？MRP-Ⅱ 的含义是什么？

6-8 再制造生产计划包括哪些层次？再制造生产控制包括哪些内容？

6-9 什么是再制造质量管理，其方法包括哪些？

6-10 再制造工序的质量管理包括哪些内容？

6-11 在产品全面质量管理中，PDCA（或称 PDCA 循环）方法是一种基本的工作方法，简述任一在 PDCA 循环中常用的质量控制方法。

7 再制造升级

本章提要： 阐述再制造升级的发展背景，介绍其基本概念和本质属性，辨析其与再制造和产品改造的关系，分析其发展需求。在再制造升级实施模式分析的基础上，选取机床为典型案例，进行基于功能的再制造升级分析。

7.1 再制造升级的内涵

7.1.1 再制造升级的发展背景

随着技术更新的日益加快，大量尚未达到物理寿命的产品面临着因技术原因而退役的境况，这不但造成了大量的资源浪费和环境污染，还增加了企业的经济负担，并影响了企业的生产能力。传统的再制造方式能够恢复产品原来的性能，但无法实现因功能而废弃产品的重新再制造利用，即因功能而废弃的产品在采用传统的性能恢复的方式进行再制造后，虽然能够得到性能恢复，但无法满足用户对产品更高性能的需求。因此，基于越来越多产品因功能废弃的现状，对传统性能恢复的再制造方式提出了巨大的挑战。再制造升级因为要在再制造中使用大量的新技术，其实施模式、设计要求、保障资源及工程应用，都具有一定的独特性，复杂于传统的再制造模式，因此，需要进一步针对这些问题进行研究，探索科学的再制造升级内涵体系及其在实施应用中的问题，来提高再制造升级研究与应用水平。

通过在产品再制造中进行性能或功能升级的再制造方式，即进行功能废弃产品的再制造升级，可使旧品的性能得到快速提升，实现旧品中蕴含的资源和价值得到最大限度的再利用，缓解资源短缺与资源浪费的矛盾，减少大量的失效、报废产品对环境的危害，并因再制造升级产品的费用较低，可以高效益满足人们生活和企业生产的需求。以欧美等国为代表的发达国家已经实现了对汽车、工程机械、铁路机车、国防产品、医疗设备、复印机等机电产品的再制造升级。

徐滨士院士在 1999 年的中国工程院咨询报告中就将再制造升级作为再制造的一种重要模式提出，但当时再制造升级并未得到应有的重视，大多仍然是以产品性能恢复为目的的开展再制造生产。我国也可以重点在老旧机床再制造及其数控化升级、汽车及其零部件、重大技术产品、工程机械、农用机械、矿山机械及典型军用产品中开展再制造升级，来实现工业化向信息化的跨越式转变，支持发展节能环保的战略型新兴产业。

7.1.2　基本概念

产品再制造升级是指以功能或性能退役的老旧产品作为加工对象，通过专业化升级改造的方法来使其性能超过原有新品水平的制造过程。其生产对象主要是功能或性能退役的老旧产品，其专业化升级改造方法主要包括先进技术应用、功能模块嵌入或更换、产品结构改造等，其升级后的性能要求优于原产品的性能，最终可以实现产品自身的可持续发展和多寿命周期升级使用，再制造升级包括在升级过程中所涉及的所有技术、方法、组织、管理等内容。产品再制造升级是产品改造的重要高品质组成部分，是高效益提升旧品性能的最佳途径。

再制造升级是再制造的重要技术模式，是提升再制造产品质量和市场适应性的主要技术手段。其是以需提升性能或功能的老旧机电产品作为对象，以产品再制造为手段，以先进技术应用、功能模块嵌入和产品结构改造为方法，以全面的机电产品再制造生产质量要求为保证，来实现老旧机电产品性能的恢复或功能的提升，最终实现机电产品自身的可持续发展和多寿命周期升级使用。

再制造升级是人们对提升旧品性能所共同认知基础上的实现方法论，主要强调的是基于产品再制造过程基础上的产品性能提升。由于再制造升级本身是一种旧品的高品质再制造生产过程系统，对它的描述可以参考相应的系统论的分析原理，归纳出产品再制造升级具有以下主要特征：

（1）再制造升级是实现产品性能升级的一种有效方式，通过过时产品的再制造过程来实现产品性能增长。

（2）再制造升级具有工程的完整性、复制性和可操作性。

（3）再制造升级具有毛坯性能的个体性和数量与质量的不确定性。

（4）再制造升级具有性能可认知性和升级目标多样性。

（5）再制造升级具有市场需求性和产品自身发展的规律性。

（6）再制造升级可视为一种认识产品生长的广义模型或框架。

7.1.3　本质属性

对再制造升级基本概念的分析和认识，可以给出再制造升级的本质属性：

（1）再制造升级是实现产品自身生长的方法论，是在较少资源消耗情况下高效益满足用户、企业与社会功能需求的重要手段。

（2）再制造升级是科技快速发展时代，产品功能急剧更新环境条件下，减少原生资源消耗的重要手段，它采用制造与再制造系统的组织结构、规模化的生产方式、规范化的工作流程管理、系统化的运作机制、可量化的目标评价方法、先进的技术工艺手段和系统再设计的现代设计思想，持续提升产品性能，实现产品满足用户和生产需求情况下的产品功能先进化、资源消耗减量化、环境污染最小化、综合效益最大化。

（3）再制造升级的核心观念是源于对事物循环发展观和可持续生长观的认识，核心手段是再制造优化设计、模块的可替换性、技术的可更新性，其过程需要应用到多个领域的科学知识，是制造、机械、材料、环境、信息和管理等多学科的综合，要实现多学科知识在产品再制造升级工作中的有效融合和有序协调发展。

（4）再制造升级的实施应用，可以有效应对快速科技发展对产品功能需求的快速变化所带来产品淘汰速度加快的挑战，在满足人类生活和生产要求的情况下，避免产品大量生产所带来资源匮乏加剧、环境污染恶化等问题。

实施再制造升级，是一个系统性和综合性都很强的问题，与再制造技术、企业管理、公共管理、社会学、环境学、法律学以及社会伦理等科学知识密切相关，需要解决多维度、多层次诸多问题的优化协调。从维度上看，再制造升级要解决产品从原材料、设计、制造、销售、使用以及旧品的回收、拆解及再制造升级等环节的长时间维度、广空间维度的优化运行问题；从层次上看，要解决较高层次的再制造升级战略问题，其次要解决实施再制造升级的目标问题和技术策略问题。因此，需要从系统工程角度，深入研究再制造升级的理论体系、运行模式、实施方法和设计保障等，建立再制造升级实施的实用模型和方法，探讨建立再制造升级的运行模式、实施方法、技术选择等的方法，为实施再制造升级提供直接支持。

7.1.4 概念辨析

（1）再制造升级与再制造的关系。从再制造概念内涵可知，再制造包括两个主要部分：一是再制造恢复，二是再制造升级。因此，再制造升级是再制造工程的重要组成部分，是实现旧品高品质再制造利用的最佳模式，尤其随着技术的快速发展，产品因功能落后而退役的情况越来越多，再制造升级也必将在再制造实施中发挥越来越重要的作用。

作为再制造的重要技术方法，再制造升级在逆向物流、实施工艺等方面都和恢复性的再制造具有相同之处，即回收的物流都具备时间、品质、数量的不确定性，都需要进行拆解、清洗、检测、加工、装配、涂装等步骤，其与恢复性再制造主要的不同之处为：

1）在旧品要求上更严格，即既要能够拥有足够的剩余寿命，又要能够进行模块的替换、结构的改造等，满足新品功能的需求。

2）在工艺设计方面一般要求恢复原来的性能，所以工序设计内容较少，而再制造升级要求更高，是要在原来的约束基础上，进行相应的对结构或模块的重新配置或改造，设计内容相对复杂。

3）在加工阶段，传统的再制造要求进行零件尺寸或性能的恢复，而再制造升级除了性能恢复外，许多还要求进行功能提升、结构改造、模块替换，要求标准更高。

总的来说，除了拥有全部的再制造工艺技术外，再制造升级还需要新增加许多特殊的技术要求，在产品设计、生产加工、销售等步骤都具有一定的特殊性，对其进行深入研究，可以丰富再制造工程理论，为再制造升级的实施提供支撑。

（2）再制造升级与产品改造的关系。产品升级改造可有三种模式：一是通过直接在原产品上加装或改装新模块来增加功能，一般增加功能后并不延长原产品的剩余使用寿命；二是通过改变产品结构来改变产品用途；三是在改造中对原产品通过全面的拆解、清洗、加工、装配等类似再制造的工艺步骤，使改造后产品使役寿命等于或超过原新产品的使役寿命，同时在此改造过程中通过增加新模块和利用新技术来提升产品的性能和功能。我们将第三种升级改造方法称为再制造升级。与前两种产品改造方法相比，再制造升级有以下特点：一是更加规范的操作要求，即再制造升级需要按照标准的产品再制造工艺来进行操作，需对产品全面拆解，将所有零件都恢复到或超过新件质量要求并按新品质量进行装配，更利于保证产品升级后的质量；二是更高的质量要求，即产品再制造升级是一种对产品全面的性能恢复和功能的升级，再制造升级后产品使役寿命要求达到或超过新产品的使役寿命，属于全新产品的重新使用。

因此，产品再制造升级是产品再制造和改造的重要组成部分和实施手段，在产品质量上标准更高，是废旧产品再制造和改造发展的高品质选择。

7.1.5　再制造升级发展需求

（1）理清再制造升级思路。一是将再制造升级纳入产品发展和建设的总体规划之中，提供经费保证；二是要严格论证，突出重点，有选择性地对重点产品实施升级改造，利用有限的资金，选择那些尚未达到最高使役年限并有可能完全恢复寿命的系统进行再制造升级；三是要采取由再制造基地和工业部门合作完成的模式，即实现需求方与工业部门联合进行方案论证，并联合实施的再制造升级模式。

（2）完善再制造升级管理。一是要完善产品再制造升级工作有关的法规政策，明确产品再制造升级工作的重要地位、主要目标和重点方向；二是要完善产品再制造升级的管理制度，建立和完善产品再制造升级的竞争机制、评价机制、监督机制和激励机制，提高产品再制造升级的实施效益和决策的科学性；三是要完善产品再制造升级的管理，形成集中领导、有机协调、运行高效的管理体系，实现产品再制造升级的组织实施与管理。

（3）发展再制造升级技术。一是坚持性能升级与功能升级相结合的方式，即在增加产品信息化新功能的同时，还要坚持通过传统的再制造或表面强化等技术手段，来提高产品本体的可靠性、保障性等使用性能，实现产品的最大化效益利用；二是要坚持通过产品的全寿命周期管理，提高产品末端时的再制造升级能力。在产品设计时对产品的可再制造升级性进行考虑，进行模块化、通用化设计，提前规划升级改造的时间、内容、功能以及效能等问题；三是加强产品再制造升级所需高新技术的开发和储备。加强加快升级所需高新技术的开发工作，开展信息技术等产品再制造升级通用性核心技术和关键技术的研究，为升级工作长期、持续、顺利地进行奠定良好的技术基础。

7.2　机床数控化再制造升级综合分析

再制造升级实施是一个由粗到精、由浅到深、由特殊到一般的过程，逐渐应用各种关键技术，按照"发现问题–分析问题–解决问题"的思路展开，构建产品再制造升级运行模式。典型再制造升级案例需要选取多个具有明显特性的产品进行研究，本节在再制造升级实施模式分析的基础上，选取机床为典型案例，进行基于功能的再制造升级分析。

7.2.1　机床数控化再制造升级概念

数控机床是一种高精度、高效率的自动化设备，是典型的机电一体化产品。它包括机床主体、数控系统、伺服驱动及检测等部分，每部分都有各自的特性，涉及机械、电气、液压、检测及计算机等多个领域的技术。

老旧机床数控化再制造升级是利用计算机数字控制技术和表面工程等技术，对老旧机床进行数控化改造，恢复或提高机床的机械精度，实现数控系统及伺服机构两方面的技术合成。再制造升级后数控机床的加工精度高、生产效率高、产品质量稳定，并可改善生产条件，减轻工人劳动强度，有利于实现现代化生产管理的目标。机床数控化再制造升级可以充分利用原有资源，减少浪费，绿色环保，并可达到机床设备的更新换代和提高机床性能的目的，而资金投入要比从原材料起步进行制造的新数控机床少得多，对环境污染也小很多。

近年来，我国已积极开展了对机床数控化再制造升级技术的研究，如武汉华中数控股份有限公司先后完成了 50 多家企业数百台设备的数控化再制造升级，为国家节约了数亿元设备购置费。一般来说，数控化再制造升级一台普通机床的价格不到相同功能新数控机床的一半。因此，对旧机床进行数控化再制造升级具有重大意义，既能充分利用原有的旧设备资源，减少浪费，又能够以较小的代价获得性能先进的数控设备，满足现代化生产的要求，符合我国的产业政策。

7.2.2 机床再制造升级的总体设计及路线

7.2.2.1 总体原则

在保证再制造升级机床工作精度及性能提升的同时，兼顾一定的经济性和环境性。具体来讲，就是先从技术和环境角度对老旧机床进行分析，考察能否对其进行再制造升级，其次要看这些老旧机床是否值得再制造升级，再制造升级的成本有多高，如果再制造升级成本太高的话，就不宜进行。如机床核心件已经发生严重破坏（如床身产生裂纹甚至发生断裂），这样的机床已不具备再制造升级的价值，必须回炉冶炼。再如机床主轴如果发生严重变形、主轴箱也已无法继续使用，则也不具备再制造升级的价值，虽然这类机床可通过现有的技术手段将其恢复，但再制造升级的成本较高。

机床零部件级再制造升级根据零部件的不同可以分为四个层次，即再利用、再修复、再资源化及废弃处理。床身、立柱、工作台、箱体等大中型铸件，由于时效性和稳定性好，再制造升级技术难度及成本低，而重用价值高，力求完全重用。主轴、导轨、蜗杆副、转台等机床功能部件，精度及可靠性要求高，新购成本也很高，因此通常需要对其进行无损检测及技术性检测，然后采用先进制造技术和表面工程技术对其进行再制造升级或恢复，达到或超过新制品性能要求而重用。废旧机床中还有一部分淘汰件和易损件，一般采用更换新件的方式以保证再制造升级机床的质量，这些废旧件的重用一般采取降低技术级别在其他产品中再使用的方式实现资源循环重用。此外密封件、电气部分通常会做报废弃用处理。

7.2.2.2 升级内容

老旧机床数控化再制造升级技术是多种技术的综合集成创新，是表面工程技术、数控技术、机床改造及修理技术的综合集成，通过系统设计，可以实现多种集成技术在机床数控化再制造升级中的综合运用，主要包括以下内容：

（1）运用高新表面工程技术和机床改造及修理技术高质量地恢复与提升机床机械结构性能。可采用纳米表面技术、复合表面技术等先进的表面工程技术，结合传统机床维修方法，实现机床导轨、溜板、尾架等典型零部件的磨损、划伤表面尺寸形状和位置精度恢复与性能强化，从整体上提升机床机械结构精度。

（2）采用修复、强化与更换、调整传动部件等方法恢复与提高旧机床的传动精度。可采用修复、强化与更新、调整等方法恢复与提高旧机床的运动精度，如通过更换滚珠丝杠提高传动精度，通过自动换刀装置提高刀具定位精度，采用多种方法提高主轴回转精度。对机床的润滑系统及动配合部位采用纳米润滑减摩技术以提高机床的润滑、减摩性能，提升机床工作效率。

（3）优选数控系统和机床的伺服驱动系统。通过在旧机床上安装计算机数字控制装置以及相应的伺服系统，整体提升机床的控制性能与控制精度，实现产品加工制配的自动化或半自动化操作。

（4）采用计算机数控技术、以纳米表面技术和复合表面技术为代表的机床先进修复技术和以纳米润滑添加剂技术、纳米润滑脂技术为代表的先进润滑减摩技术的综合集成，形成一套完整的老旧机床数控化再制造升级综合集成技术。

7.2.3　机床数控化再制造升级实施技术方案

根据机床数控化再制造升级的需求目标要求和再制造升级的一般工艺技术方案，可将机床数控化再制造升级分为老旧机床数控化再制造升级准备阶段、数控化再制造升级预处理、数控化再制造升级加工、机床数控化再制造升级后处理四个主要阶段。其具体的实施技术方案如图7-1所示。

7.2.3.1　机床数控化再制造升级准备阶段

（1）待升级的老旧机床回收。再制造升级前，首先要确定进行数控化升级的老旧机床，并将选定的老旧机床通过一定的物流运送到再制造升级车间，或者针对大型不便移动的老旧机床，则可以在具备实施条件的情况下，在现场开展再制造升级工作。

（2）进行老旧机床品质的检测分析。针对待升级的老旧机床，通过查阅其使役资料，开展其技术性能的检测与分析，明确其技术状况和质量品质，了解其生产和使役历史资料，包括设备和关键零部件失效的原因，从零部件的材料、性能、受力情况、受损情况等方面进行升级可行性分析。

（3）机床数控化再制造升级的可行性评估。根据检测分析结果，从技术、经济、性能等角度对机床再制造升级可行性进行综合评估，考察是否具备再制造升级的可能性。例如，若机床的核心件发生了严重破坏，如床身裂纹甚至断裂、机床主轴严重变形、主轴箱损毁等，这样的机床就无法保证再制造升级后的质量，或者再制造升级所需要的费用过高，不具备再制造升级价值。

（4）再制造升级方案设计。按照用户需求重要度分析结果，确定机床再制造升级需要达到的性能指标，并优化形成明确的再制造升级方案，提前规划配置再制造升级所需要的保障资源，进行机床再制造升级技术设计和工艺设计，明确针对所需达到的数控化机床精度和自动控制目标，所需要的技术手段，采取的技术设备，准备的备件资源及生产的工艺规程等，详细进行总体实施方案设计。

7.2.3.2　机床数控化再制造升级预处理阶段

老旧机床数控化再制造升级的预处理阶段主要是按照升级方案的设计内容，完成零部件升级加工前的拆解、清洗、检测及分类等预先处理内容，为再制造升级加工的核心处理

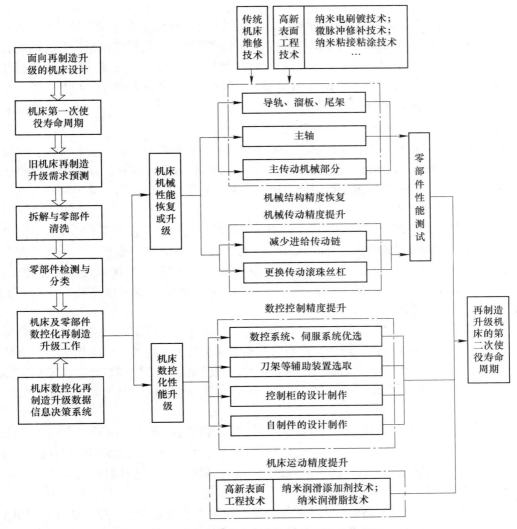

图 7-1 机床数控化再制造升级实施技术方案

步骤提供条件。主要包括：

（1）老旧机床的无损化拆解。根据无损拆解的原则，将老旧机床逐步拆解为模块或零件级水平，并在拆解过程中，对于明确的易损件（需新品替换的）、老化无法恢复或升级的零件、将被升级功能模块或零件替换的旧件，直接进行资源化材料回收，或者废弃后进行环保处理；对于可以利用的则进入清洗环节。在拆解过程中对旧机床中的废油等进行资源回收。旧机床的拆解要做到不同零件的层次化利用，即尽最大努力进行核心件或高附加值零件的恢复利用，对于确实无法利用的，可以回收材料，无法回收材料资源的，则进行环保处理，避免对环境造成危害，实现最大化的资源回收。

（2）老旧机床零部件清洗。根据拆解后的机床零件表面形状及污垢形态的要求，以满足废旧零件升级加工和装配要求为目标，采用物理或化学方法对零件进行清洗。为避免对环境的污染，应采用物理清洗方式，同时避免清洗过程对机床零部件的二次损坏，减少再制造升级的加工工作量。

（3）老旧机床零部件的检测与分类。根据再制造升级机床零部件的质量要求，为满足升级后机床的配合要求，需要对零部件的设计尺寸进行检测，尤其要保证配合件的配合间隙，对于结构没有变动的机床部位，要满足零件的设计质量要求，用设计标准来进行几何与性能参数检测。例如，可对老旧机床的主轴、导轨等关键部件开展无损检测分析。根据检测结果对机床零部件进行分类存储。

7.2.3.3　机床数控化再制造升级加工阶段

老旧机床数控化再制造升级的加工阶段是实现老旧机床性能提升的核心阶段，该阶段不但要按照传统的再制造升级工艺进行损伤零部件的性能和尺寸恢复，还需要围绕机床数控控制系统及精度的升级、机床机械结构精度的恢复与提升、机床运动系统的精度恢复与提升三方面的内容开展工作。

（1）数控控制系统及精度的升级。目前，机床数控化再制造升级需要选择合适性价比的数控系统和对应的伺服系统。考虑再制造升级的费用要求，数控系统可以采用我国自行研制的经济型数控系统，可采用步进电动机伺服系统，其步进脉冲当量值大多为 0.010 mm，实际加工后测得的零件综合误差不大于 0.050 mm，升级后的控制精度要高于当前手工操作时获得的精度。升级主要完成下列工作：

1）选定再制造升级的数控系统和伺服系统。以满足升级后功能要求为目标，确保系统工作的可靠性质量要求，合理选择适当的数控系统；按所选数控系统的档次和进给伺服所要求的机床驱动转矩大小来选取伺服驱动系统，如低档经济型数控系统在满足驱动转矩的情况下，一般都选用步进电动机驱动方式，通常数控系统和伺服驱动系统都要由一家公司配套供应。

2）选取再制造升级的辅助装置。根据机床的控制功能要求来选取适当的机床辅助装置，包括刀架等。一般来说，为保证刀具的自动换刀，可选四工位或六工位的电动刀架；对于一般的数控机床辅助装置，通常可选国内的辅件生产商，在选择时可根据其产品说明书要求，升级过程中在机床上安装调试。

3）设计和制作强电控制柜。机床数控化升级通常要求对原有电气控制部分全部更换，升级中机床的强电控制部分线路设计主要根据数控系统输入输出接口的功能和控制要求进行，需要时可配置可编程逻辑控制器（Programmable Logic Controller，PLC）；升级中的有些控制功能，应尽量由弱电控制来完成，避免因强电控制造成的高故障率。

（2）机床机械结构精度的恢复与提升。老旧机床经过了长期使役，在升级前必然存在着一些损伤，例如机床导轨等摩擦副存在的不同程度磨损，需要进行尺寸精度恢复或性能强化，恢复其机械精度，确保零件加工精度要求。

1）再制造恢复机床导轨和溜板。传统的机床导轨维修主要通过导轨磨床重磨并刮研溜板的方法来恢复其精度，但传统工艺很难恢复淬火后机床导轨的精度。所以机床再制造升级中可以采用先进的表面工程技术来修复缺损导轨，达到较高的性价比。例如，可以采用纳米复合电刷镀技术来修复与强化老旧机床导轨（图7-2）、溜板、尾架等配合面的磨损超差量，恢复其原始设计尺寸、形状和位置精度要求。若机床床面局部小范围划伤和局部碰伤，一般可采用微脉冲冷焊技术再制造恢复（图7-3）。在有条件的地方可采用传统的导轨磨削修复损伤的机床导轨，采用刮研工艺修配溜板部分精度（图7-4）。

(a)　　　　　　　　　　　(b)　　　　　　　　　　　(c)

图 7-2　老旧机床导轨磨损表面的电刷镀再制造
（a）再制造前导轨；（b）再制造过程；（c）再制造后导轨

图 7-3　导轨划伤和碰伤的微脉冲冷焊加工恢复

图 7-4　溜板精度的手工刮研工艺修配

　　2）再制造恢复主轴旋转精度。主要采用更换主轴轴承、采用纳米电刷镀技术恢复轴承座孔磨损及调整圆锥螺纹松紧度等方式来达到恢复主轴旋转精度的要求。

　　3）升级主传动机械部分。若原主轴电动机满足原来的性能要求，则可以利用原来主轴交流电动机，再升级加装一定的变频器，实现交流变频调速；通过在主轴旋转的部位升级加装主轴旋转编码器，可以实现每转同步进给切削；需要采用电磁离合器换挡的，需改进主轴箱，通过改造采用无级变速来减少变换挡数。

（3）机床运动系统的精度恢复与提升。机械传动部分的再制造升级和精度恢复，需要根据机床的结构特点和要求，完成下列工作：

1）将普通机床的梯形螺纹丝杠更换为滚珠丝杠，保障运动精度，提高运动灵活性。

2）更换原进给箱，增加传动元件，使其成为仅一级减速的进给箱或同步带传动，减少传动链各级之间的误差传递，同时增加消除间隙装置，提高反向机械传递精度。

3）采用纳米润滑脂对传动部件减摩。对于具有相对运动的部分，可采用润滑减摩技术，提高运动部位的减摩性能，降低因摩擦对运动精度的干扰。例如滚珠丝杠上可添加纳米润滑脂（图7-5），减少磨损，并实现及时的自修复。

图7-5　在滚珠丝杠上添加纳米润滑脂

4）添加纳米润滑添加剂。为提高升级后机床使役的原位自修复能力，在机床主轴箱等需要采用油润滑的部位，可以添加纳米润滑添加剂，进一步减小使役中的配合件摩擦，提高配合副的可靠性和质量。例如，在主轴箱内添加纳米润滑添加剂（图7-6），可使齿轮之间的摩擦减小，有利于提高机械效率和齿轮的使用寿命。

图7-6　在主轴箱中添加纳米润滑添加剂

7.2.3.4 机床数控化再制造升级后处理阶段

（1）数控化机床装配。按照技术要求对再制造零部件进行尺寸、形状、性能检验，将满足质量要求的零部件纳入装配环节，完成数控化机床组件、部件和整个机床的装配，保证整体配合件的公差配合精度。机床各个部件改装完毕后可进入总体性能调试阶段，通常先对机床的电气控制部分进行联机调试。由于机床数控化再制造升级可能有多种方案，随着机床类型及状态的差别，再制造升级的内容也不会完全相同，需要根据实际情况反复多次，直至达到要求为止。

（2）升级后机床性能检测。对升级后的机床按国家标准，与新出厂的产品一样进行整体性能检测，最后还要进行实际加工检验（图7-7），包括各个部件自身的精度和零件加工精度，一般应按相应的国家标准进行。

（3）数控化再制造升级机床涂装。对满足质量要求的再制造升级机床进行涂装（图7-8），准备相关的备件及说明书、保修单等附件资料。

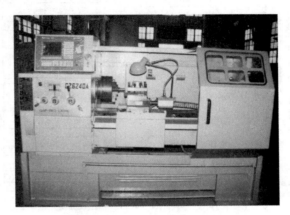

图 7-7　再制造升级车床加工精度检验

图 7-8　涂装后的数控化再制造升级机床

（4）再制造升级机床的销售及售后服务。通过售后服务来保障数控化再制造升级机床的正常使役，适时进行人员培训、机床质量保证、备件供应以及长期技术支持等各种配套服务，提高数控化再制造升级机床的利用率。

7.2.4　机床数控化再制造升级方案评价

机床再制造升级方案的评价优选，对于机床资源最终再利用率的提高以及设备能力的提升具有重要意义。经过对影响机床再制造升级方案的各种因素进行分析，建立机床再制造升级方案评价优选指标体系为：技术性指标、经济性指标、资源性指标和环境性指标，如图 7-9 所示。

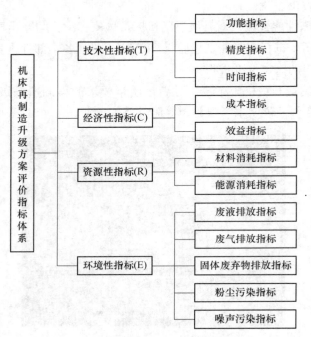

图 7-9　机床再制造升级方案评价指标体系

机床再制造升级的技术性指标（Technology，T）是废旧机床再制造升级方案评价优选最关键的指标，经分析可知，功能指标、精度指标、时间指标是影响废旧机床再制造升级方案的主要技术指标。功能指标，即通过该方案对废旧机床进行再制造升级后，再制造升级机床在功能提升方面的能力，如信息化功能等；精度指标，即通过该方案，再制造升级新机床在加工精度和加工质量方面能达到的程度；时间指标，是指通过该方案，升级为再制造新机床所需要的时间。

机床再制造升级方案的经济性（Cost，C）主要从成本指标和效益指标两个方面进行体现，当废旧机床再制造升级的经济效益远远大于成本投入时，说明再制造升级在经济上是成功的，而且效益成本的比值越大，该再制造升级方案的经济性越好。

资源性指标（Resource，R）是指采用某种机床再制造升级方案，再制造升级过程中资源消耗的指标，主要包括钢铁等原材料的消耗以及能源（主要是电能）的消耗。

环境性指标（Environment，E）是指该再制造升级方案的环境友好性能，主要包括再制造升级过程中的废气排放、废液排放、固体废弃物产生、粉尘污染和噪声污染等几个方面。

结合机床再制造升级方案综合评价指标体系的特点，采用专家打分法结合加权叠加法对机床再制造升级方案进行综合评价优选。各指标评价须进行大量的调研和数据收集，由有关专家根据试验值和经验值对不同零部件针对不同指标进行评语评价。评价评语集取（优，良，中，及格，差），对应评价值为（95，85，75，65，55）。评价值的计算可以采用加权叠加法并归一化处理得到，其计算公式为：

$$W_{kj} = \sum_{m=1}^{m_k} w_{m_k}\lambda_m / 100 \tag{7-1}$$

$$G_j = \sum_{k=1}^{4} W_{kj}\lambda_k \tag{7-2}$$

式中　　W_{kj}——再制造升级方案 j 中指标 k 的综合评价值；

w_{m_k}——指标 k 对应子指标 m 的评价值；

λ_m——子指标 m 的权重值；

m_k——指标 k 的子指标个数；

G_j——再制造升级方案 j 的综合评价值；

λ_k——指标 k 的权重值。

7.2.5　机床数控化再制造升级辅助决策信息系统

机床数控化再制造升级是一项涉及再制造升级理论、维修、机械、自动控制、电气、液压等多方面技术的系统工程，需多方面的技术支持。而在每个技术方面都有大量不同的技术项目及相应的技术指标和性能参数，因此，开发建立一套机床数控化再制造升级辅助决策信息系统，可以很方便地查询到机床数控化再制造升级需要的各种信息，辅助决策形成科学的再制造升级方案，提高机床数控化再制造升级水平。再制造技术国家重点实验室在机床数控化再制造升级过程中，在充分调研国内外众多数控机床信息的基础上，设计了数据库结构，并初步开发了机床数控化再制造升级辅助决策信息系统。

7.2.5.1　再制造升级数据库系统结构

机床数控化再制造升级是一个涉及数控系统、伺服系统、电动刀架、编码器、滚珠丝杠、维修方法、数控机床附件等很多方面信息的系统工程，这些信息之间既相互独立又有一定的关联，因此在设计库结构的时候，为了减少数据的重复性，避免不一致性，也考虑到强化数据的标准化和完整性，在设计表单时，将厂家情况、伺服系统、电动刀架、编码器、滚珠丝杠、维修方法、数控机床附件等创建为独立的表格，各个表格之间又通过相同字段关联起来，便于使用查询。机床数控化再制造升级数据库的总体结构如图 7-10 所示。

机床数控化再制造升级辅助决策信息系统是在 Windows 操作系统下的全中文界面，利用它可以了解国内外数控系统、伺服系统、电动刀架、编码器、滚珠丝杠、维修方法、数控机床附件等方面的信息，用户也可以在大量的信息中方便、快捷地查询到恰当的系统型号、性能指标、厂家情况等，这样不仅可提高工作效率，而且还节省了大量资金。

7.2.5.2　再制造升级数据库系统的基本特点

再制造技术国家重点实验室开发的机床数控化再制造信息系统采用 VB6.0 设计，界面

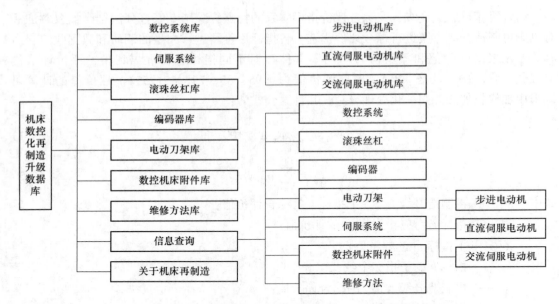

图 7-10   机床数控化再制造升级数据库的总体结构

友好, 使用方便, 数据量大, 结构设计合理, 功能容易扩展, 数据库类型容易转换, 查询方便等。在系统中, 用户除了可以进行信息查询外, 还可以在授权下, 对数据库中的数据进行添加、修改、删除、打印等管理操作。该系统充分考虑了数据的安全性和完整性, 采用口令登录的方式来保证数据的安全性, 并且根据不同的安全级别, 给用户分配不同的访问权限, 保证了数据的完整性。

机床数控化再制造升级涉及很多方面的内容, 信息繁杂, 包括数控系统、伺服系统、电动刀架装置等内容, 若能在废旧机床再制造升级时快捷、方便地查询到所需的零部件系统信息, 则对进行机床数控化再制造升级设计具有重要的指导作用。该系统可快速查询到数控系统、伺服系统等多方面的内容及相应的生产厂家状况、系统精度等情况, 方便地了解到不同零部件的生产厂家、技术指标、外观等, 也可以根据技术指标很方便地查询到零部件型号等, 供旧机床再制造升级决策时采用。

7.2.5.3   数控系统查询功能

国内外数控系统生产厂家众多, 每个厂家又有多种型号的数控系统, 每种型号具有不同的性能指标。如果想了解这方面的信息, 单击数控系统按钮, 将会出现查询窗体。从下拉列表框可以了解该信息库收集的数控厂家, 选定一个厂家名称, 按下厂家情况按钮, 即可了解该数控系统生产厂家的情况, 按下厂家产品按钮, 即可了解该厂生产的系列数控系统的名称、性能指标。选定某个具体的数控系统后, 还可进一步了解该系统的操作面板等。随着技术的不断进步, 数控厂家及数控系统还会不断发展, 为了适应这种状况, 系统还可以对这些数据进行添加、修改、删除等操作。但出于维护系统数据的安全性、完整性, 数据编辑功能必须经过授权才能使用, 否则编辑按钮不起作用。

通过该数控系统还可以查询滚珠丝杠、电动刀具、编码器、表面维修技术等各方面的信息。在机床再制造升级过程中, 一般先确定机床再制造升级后想要达到的技术指标, 那怎样来选取系统呢？这就是说已知系统的性能参数，如何决定采用什么系统的问题。该系统具有根据性能参数查询相应系统情况及生产厂家、价格等情况的功能。

7.2.6 机床数控化再制造升级效益分析

7.2.6.1 机床数控化再制造升级总体效益分析

数控机床是将计算机技术、现代控制技术、传感检测技术、信息处理技术与传统的机械制造技术综合为一体的机械制造加工产品。数控机床的附加值较高，售价较贵。以数控车床再制造升级为例，来说明机床数控化再制造升级的综合效益，主要有以下四个方面：

（1）从数控车床与普通车床的性能价格比的角度来看，采用数控车床非常必要。据有关研究资料评估，经济型数控车床与普通车床的价格比为3∶1，而同类数控车床与普通车床的性能价格比为15∶1。由于数控车床的自动化程度高，换刀、退刀等实现自动化，工作连续，减少了车床停车时间，显著提高了工作效率。

（2）对旧车床进行数控化改造与购置新的数控车床进行分析比较，在相同的使用效果条件下，旧车床数控化改造的费用仅为购置同类型新数控车床费用的 $1/5 \sim 1/3$，而且周期短，尤其是采用集成表面工程技术进行再制造升级的成本比常规方法降低费用约25%。

（3）再制造升级机床性能得到很大提升。在加工零件时，只要程序正确，数控车床的成品率几乎可达100%，而普通车床的成品率与车工的操作水平、车工操作时的情绪、操作时的工作环境等有关，所以废品率比数控车床要高，因而加工成本增加。车床再制造升级前后加工精度见表7-1，表明再制造升级后生产零件精度得到极大提升。

表 7-1 CA6140 车床再制造升级前后加工精度检测

检 验 项 目	允许误差	实测误差	升级后误差
主轴轴线对溜板移动的平行度	$a = 0.020/300$ $b = 0.015/300$	$a = 0.22/300$ $b = 0.15/300$	$a = 0.020/300$ $b = 0.015/300$
溜板移动方向与尾架顶尖套伸出方向的平行度	$a = 0.03/300$ $b = 0.03/300$	$a = 0.010/300$ $b = 0.015/300$	$a = 0.010/300$ $b = 0.015/300$
主轴轴肩支撑面的轴向圆跳动	0.02	0.015	0.005
主轴定心轴颈的径向圆跳动	0.01	0.02	0.005
主轴锥孔轴线的径向圆跳动	$a = 0.01$ $b = 0.02/300$	$a = 0.05$ $b = 0.30/300$	$a = 0.01$ $b = 0.02/300$
溜板移动在垂直平面内的直线度	0.04	0.42	0.04

7.2.6.2 基于清单的机床再制造升级环境性分析

A 清单分析

根据实践调研，以 C620-1 型废旧车床再制造升级作为案例，进行再制造升级数据收集和环境评价研究。C620-1 为卧式普通车床系列，适用于车削内外圆柱面、内锥面及其他旋转面，其再制造升级各阶段主要能源和原材料的消耗量见表7-2、表7-3。

表 7-2　再制造升级各阶段能源消耗统计

阶段	内容	能耗类型	工　艺	耗电量/kW·h	耗油量/L
1	拆解	直接能耗	电动工具,天车起吊	80	—
		运输能耗	叉车运输,采购能耗	—	5
		其他能耗	辅助照明,风扇降温,暖气取暖	80	—
2	清洗	直接能耗	机械清洗,煤油清洗	15	10
		运输能耗	起吊、转工序	1	4
		其他能耗	辅助照明、风扇降温、取暖、气泵风干配件	90	—
3	检测	直接能耗	吊运、试车	20	—
		运输能耗	送检测台检验	5	—
		其他能耗	辅助照明、风扇降温、取暖	80	—
4	升级加工	直接能耗	铸造、锻造、机械加工、热处理表面氧化处理等	462	—
		运输能耗	原材料运输、转工序运输、叉车天车吊运	26	15
		其他能耗	照明、降温、取暖等	180	—
5	装配	直接能耗	天车辅助、电动工具	80	—
		运输能耗	配件运输、标准件采购等	—	5
		其他能耗	照明、降温、取暖等	180	—
6	质量检查	直接能耗	机床起动、试车等	36	—
		运输能耗	机床起运	—	5
7	包装	—	—		0

表 7-3　再制造升级各阶段原材料消耗统计

序号	名　称	数量	用　途
1	水	500 kg	清洗剂、热处理、人机消耗等
2	钢	180 kg	配件毛坯用料
3	铁	30 kg	配件毛坯用料
4	铝	0.5 kg	配件毛坯用料
5	铜	1.5 kg	配件毛坯用料
6	橡胶	2 kg	胶垫、切削液系统用胶管
7	石棉	0.2 kg	隔热
8	L-AN46 全损耗系统用油	45 kg	三箱用油及润滑
9	电导线	50m	配电箱布线
10	聚酰胺	1 kg	导轨补偿
11	空气	10 m³	压缩空气
12	油漆	6 kg	机床油漆
13	稀料	1 kg	油漆稀释

废旧 C620-1 车床的可再制造件、需要替换件、可直接再利用件和不可再制造件见表 7-4~表7-7。

表 7-4 可再制造主要零部件（通过各种工艺手段加以修复后，可以继续使用）

序号	零部件名称	材 质	质量/kg	工 艺
1	床身	HT250	475	配磨
2	大托板	HT250	58.6	配磨、粘接
3	中托板	HT250	14.5	配磨
4	小托板	HT250	5.15	配磨
5	尾架	HT250	49	镗修孔
6	刀架座	45	6.07	刮研
7	上刀架底板	45	8	刮研
8	卡盘	45	21	磨修
9	丝杠	40Cr	12.8	车修

表 7-5 需要替换的主要零部件

序号	零部件名称	材 质	处理方式
1	轴承	GCr15	替换
2	螺栓	Q235A	替换
3	螺母	Q235A	替换
4	垫圈	Q235A（65Mn）	替换
5	轴用挡圈	65Mn	替换
6	孔用挡圈	65Mn	替换
7	销子	35	替换
8	弹簧	60Si2Mn	替换
9	摩擦片	T10	替换
10	油管	橡胶	替换

表 7-6 可直接再利用主要零部件（经清洗、检验确认后可以使用）

序号	零部件名称	材 质	质量/kg
1	手柄	HT250	0.8
2	齿轮	40Cr	1
3	光杆	45	11
4	法兰盘	Q235A	0.8
5	接合子	45	0.6
6	定位套	45	0.059
7	叉子	HT250	2.2
8	轴承座	HT250	6.1
9	摇臂	HT250	0.54

续表 7-6

序号	零部件名称	材 质	质量/kg
10	制动拉杆	HT250	1.3
11	压板	45	0.74
12	变换齿轮	45	3.8
13	止动杆	35	0.039
14	变向轴	45	8
15	管接头	35	0.056
16	带轮	HT250	14.5
17	拨杆	HT250	0.16

表 7-7 不可再制造零部件（原件经检验，确认报废）

序号	名 称	材 质	质量/kg	失效形式
1	轴 1	45	0.6	精度低
2	轴 2	45	1.4	精度低
3	制动带	65Mn	0.25	磨损
4	齿轮 1	45	1.9	点蚀
5	齿轮 2	40Cr	0.26	磨损
6	滑块	QT-H230	0.38	磨损
7	键	45	0.05	损坏
8	大螺母	青铜	0.3	磨损
9	顶尖套	45	7.7	修孔、换套
10	轧块	HT250	0.4	磨损
11	顶尖	T8A	1.86	精度低
12	夹条	HT250	0.8	配磨、更换
13	丝杠	45	1.38	磨损
14	进给丝杠	45	1.5	齿部磨尖
15	开合螺母	青铜	1.146	磨损
16	拉杆	45	0.55	变形
17	齿条	45	12.5	磨损
18	轴套	HT250	1.14	磨耗

B 环境性评测

在对环境性的计算过程中遵循 ISO 14040 标准，根据实际数据，运用寿命周期评价方法对再制造升级废旧 C620-1 车床整个周期的资源消耗、原材料损耗和环境排放进行定量分析，研究中能源数据来源于实际的统计；物料投入数据依据下料清单；辅料数据比较完备；排放数据在具体处理上依据工艺统计数据，同时参阅《工业污染物产生和排放系数手册》。C620-1 车床总质量约为 2670 kg，车床轮廓尺寸为 2418 mm×1000 mm×1267 mm。研究数据来源于报废机床的再制造升级过程，研究系统范围包括从废旧机床的拆解到再制造升级机床的包装，其中还包括电能、汽油等能源生产阶段，再制造升级过程中输入和污染物的输出边界如图 7-11 所示。

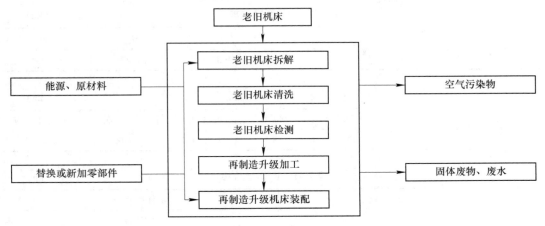

图 7-11　输入和污染物的输出边界

（1）能源消耗清单分析。废旧 C620-1 车床在整个再制造升级阶段主要使用的能源为油类和电能，因此能源消耗评价因素也以油类和电能为主。我国的发电能源以煤为主，其次是水能，核电的比重很小，2022 年，我国非化石能源发电装机占总装机容量的 49.6%，煤电占总装机容量的 43.8%，水电占 16.1%，太阳能发电占 15.3%，风电占 14.3%，核电占 2.2%，生物质发电占 1.6%。

在整个再制造升级过程中，需要消耗电能 1349 kW·h，当前每度电耗标准煤约 357 g，则该机床在再制造升级过程中总的耗煤量应为：1349×0.357 kg＝481.593 kg。同时消耗各种油类 44 L，1 L 燃油可以释放 4200 kJ 热量。由此，可以计算得出主要工艺过程的能源消耗量（表 7-8）。

表 7-8　主要工艺过程的能源消耗量　　　　　　　　　　（kJ）

主　要　工　序	直接消耗	运输能耗	其他能耗	总能耗	直接能耗比
拆解	288000	21000	288000	597000	48.24%
清洗	96000	70800	324000	490800	19.59%
检测	72000	18000	288000	378000	19.05%
再制造升级加工	1663200	156600	648000	2467800	67.41%
装配	288000	21000	648000	957000	30.09%
质检	129600	21000	0	150600	86.00%
包装	—				—

由表 7-8 可知，再制造升级一台废旧 C620-1 车床消耗总能量为 5041200 kJ。

根据制造过程的资源消耗数据调研可知：电能为 6700 kW·h，油耗为 38 kg，汽油密度约 800 kg/m³，为 47.5 L，计算总耗能为 24319500 kJ。因此，取能源消耗总指标 $u_R = 1$。

（2）环境排放清单分析。再制造升级废旧机床主要消耗电能和汽油，产生的废弃物为废气、废水以及固体废弃物，根据汽油生产、燃烧的排放系数以及火电厂每发 1 kW·h 电能产生的排放物系数，另外生产 1 kW·h 的电能产生的固体排放物为 51.136 g 的煤灰和炉渣。应用实际采集数据计算得到整个再制造升级阶段的环境排放量见表 7-9~表 7-11。

表 7-9　废气排放　　　　　　　　　（kg）

污染物	CO_2	SO_2	CO	NO_2	PM
排放量	74.7743	0.3941	5.1032	0.1125	0.1254

表 7-10　废水排放　　　　　　　　　（kg）

污染物	BOD	COD	悬浮物	可溶固形物	重金属	碳氢化合物
排放量	0.0016	0.0077	0.0014	2.1412	0.0046	0.0275

表 7-11　固体排放物　　　　　　　　　（kg）

污染物	固体废弃物
排放量	1.7180

由表可以看出，在整个再制造升级过程中，总污染物排放量为 84.4115 kg，各类污染物的排放量符合国家固体污染物排放标准、大气污染物排放标准、水污染物排放标准。因此，取环境排放总指标 $u_P = 1$（与新品制造相比，符合要求则取 1，代表满足要求）。

根据能量消耗清单和污染物排放清单计算的数据分析有如下结果：1）再制造升级消耗的能源是制造同类车床能源消耗的 1/5；2）再制造升级阶段的污染物排放量符合国家标准。

综上所述，废旧 C620-1 车床再制造升级环境性符合标准，环境资源总指标 $T_E = u_R u_P = 1$，并且具有显著的综合环境效益。

7.2.7　老旧机床再制造升级性评估

失效是废旧机床报废的主要原因，失效类型主要决定了机床再制造升级的技术可行性，技术升级性和主要零件的互换性决定了废旧机床再制造升级后能否恢复原有技术状况。本节对废旧 C620-1 车床的再制造升级数据进行了分析，可找出主要的再制造升级性影响因素，并进行了再制造升级性评价。

（1）废旧 C620-1 车床技术性、经济性模糊层次分析结构模型建立。根据废旧 C620-1 车床再制造升级性主要影响因素和废旧产品再制造升级性评价指标体系，并结合已有调研数据，建立结构模型，见表 7-12。

表 7-12　废旧 C620-1 车床再制造升级性评价指标体系结构模型

目标层	废旧 C620-1 车床再制造升级性												
指标层	技术性指标											经济性指标	
子指标层	耐用性	失效性	技术升级性	关键件的互换性	拆解性	再装配性	测试性	检测性	普通件的互换性	修复性	清洗性	回收性	回收价值性	修复价值性

（2）废旧 C620-1 车床各评价指标判断矩阵的建立。根据下层指标对上一层指标评价准则的影响重要度，可以建立权重判断矩阵，计算各级指标的相对重要度，并检验相容性指标 RI 是否在容许误差范围内。表 7-13～表 7-15 分别为得出的技术性、经济性、再制造升级性评价的判断矩阵及其相容性指标值和一致性。

1）废旧 C620-1 车床再制造升级性。判断矩阵一致性比例：0.0000，见表 7-13。

表 7-13　再制造升级性判断矩阵

废旧 C620-1 车床再制造升级性	技术性	经济性	W_i
技术性	1	3	0.7500
经济性	1/3	1	0.2500

2）技术性。判断矩阵一致性比例：0.0468，见表 7-14。

表 7-14　技术性判断矩阵

技 术 性	耐用性	失效性	技术升级性	关键件互换性	拆解性	再装配性	测试性	检测性	普通件的互换性	修复性	清洗性	W_i
耐用性	1	1/5	1/5	1/7	1/3	1/3	1/5	1/5	1/2	1/3	1/3	0.0230
失效性	5	1	3	1/3	3	3	3	3	3	3	3	0.1742
技术升级性	5	1/3	1	1	3	3	3	3	3	3	3	0.1577
关键件互换性	7	3	1	1	3	3	3	3	3	3	3	0.1985
拆解性	1/3	1/3	1/3	1/3	1	1	1	1/2	1/2	1/3	1/2	0.0459
再装配性	3	1/3	1/3	1/3	1	1	1/2	1/2	1/2	1/3	1/2	0.0431
测试性	3	1/3	1/3	1/3	1	2	1	1	1/2	1/3	1/2	0.0521
检测性	5	1/3	1/3	1/3	2	2	1	1	1/2	1/3	1/2	0.0603
普通件互换性	2	1/3	1/3	1/3	2	2	2	2	1	1/3	1	0.0713
修复性	3	1/3	1/3	1/3	3	3	3	3	2	1	2	0.0999
清洗性	3	1/3	1/3	1/3	2	2	2	2	1/2	1	1	0.0740

3）经济性。判断矩阵一致性比例：0.0176，见表 7-15。

表 7-15　经济性判断矩阵

经济性	回收性	回收价值性	修复价值性	W_i
回收性	1	1/3	1/4	0.1220
回收价值性	3	1	1/2	0.3196
修复价值性	4	2	1	0.5584

4）综合重要度计算。再计算层次总排序，即子指标层指标相对于总目标的合成权重，计算结果如表 7-16 所示。

表 7-16 合成权重的计算

废旧 C620-1 车床 再制造升级性	技术性 0.7500	经济性 0.2500	综合重要度
耐用性	0.0230	0.0230×0.7500	—	0.0173
失效性	0.1742	0.1742×0.7500	—	0.1307
技术升级性	0.1577	0.1577×0.7500	—	0.1183
关键件互换性	0.1985	0.1985×0.7500	—	0.1489
拆解性	0.0459	0.0459×0.7500	—	0.0344
再装配性	0.0431	0.0431×0.7500	—	0.0323
测试性	0.0521	0.0521×0.7500	—	0.0390
检测性	0.0603	0.0603×0.7500	—	0.0452
普通件的互换性	0.0713	0.0713×0.7500	—	0.0535
修复性	0.0999	0.0999×0.7500	—	0.0749
清洗性	0.0740	0.0740×0.7500	—	0.0555
回收性	0.1220	—	0.1220×0.2500	0.0305
回收价值性	0.3196	—	0.3196×0.2500	0.0799
修复价值性	0.5584	—	0.5584×0.2500	0.1396

由表 7-16 可得出各指标相对于总目标即废旧 C620-1 车床的合成权重，由数据清单可以计算出各权重值，由权重值和指标值的相对关系利用线性加权综合法：

$$T = \sum_{i=1}^{16} w_i \mu_A(x_i) \tag{7-3}$$

可计算出废旧 C620-1 车床的评价结果为 0.5244，参照产品的评价结果为 0.4756。

由以上计算和分析可知，环境性符合国家标准，技术性和经济性各指标计算与对比产品的比值大于 1，满足再制造升级的各项条件。因此，判定废旧车床数控化再制造升级具有较好的经济、性能和环境综合效益。

本 章 小 结

再制造升级是在技术更新快速的背景下，对功能或性能退役的旧产品进行升级改造的制造过程。它旨在提高旧产品的性能，实现资源和价值的最大化利用，减少资源浪费和环境污染，并为社会和企业提供高效益的解决方案。再制造升级需要进行专业化的改造，包括应用先进技术、嵌入或更换功能模块、改造产品结构等。它要求升级后的产品性能优于原产品，并实现产品自身的可持续发展和多寿命周期升级使用。对于实施再制造升级，需要理清思路，完善管理制度和技术开发，以推动再制造升级的发展和应用。

机床数控化再制造升级是利用计算机数控技术和表面工程技术将老旧机床进行升级改造，提高机床的精度和性能。该过程经历了准备阶段、预处理、加工和后处理等阶段，需要综合运用多种技术。机床数控化再制造升级具有降低成本、提高效率、资源循环利用和环境友好等优点。评价优选机床再制造升级方案时，需要考虑技术性、经济性、资源性和环境性等指标。建立辅助决策信息系统可以提供各种信息，辅助决策制订科学的再制造升级方案。机床数控化再制造升级能带来综合效益的提升，如附加值的增加、技术状况的恢复、环境性能的改善等。再制造升级性评估方面，失效类型和再制造升级性是关键考量因素。

习　题

7-1　什么是再制造升级，其发展背景是什么？

7-2　简述再制造升级的本质属性。

7-3　辨析再制造升级与再制造的关系。

7-4　辨析再制造升级与产品改造的关系。

7-5　再制造升级的发展需求是什么？

7-6　简述机床数控化再制造升级。

8 智能化再制造技术

本章提要： 分别介绍虚拟再制造、柔性再制造、网络化再制造、快速响应再制造、快速再制造成形系统，信息化再制造升级及其方法的基本概念、特点、关键技术和应用。

8.1 虚拟再制造及其关键技术

8.1.1 基本定义及特点

8.1.1.1 基本定义

虚拟再制造（Virtual Remanufacturing）是实际再制造过程在计算机上的本质实现，采用计算机仿真与虚拟现实技术，在计算机上实现再制造过程中的虚拟检测、虚拟加工、虚拟控制、虚拟实验、虚拟管理等再制造本质过程，以增强对再制造过程各级的决策与控制能力。虚拟再制造是以软件为主，软硬结合的新技术，需要与原产品设计及再制造产品设计、再制造技术、仿真、管理、质检等方面的人员协同并行工作，主要应用计算机仿真来对毛坯虚拟再制造，并得到虚拟再制造产品，进行虚拟质量检测实验，所有流程都在计算机上完成，在真实废旧产品的再制造活动之前，就能预测产品的功能以及制造系统状态，从而可以做出前瞻性的决策和优化实施方案。

8.1.1.2 虚拟再制造的特点

（1）通过虚拟废旧产品的再制造设计，无须实物样机就可以预测产品再制造后的性能，节约生产加工成本，缩短产品生产周期，提高产品质量。

（2）产品再制造设计时，根据用户对产品的要求，对虚拟再制造产品原型的结构、功能、性能、加工、装配制造过程以及生产过程在虚拟环境下进行仿真，并根据产品评价体系提供的方法、规范和指标，为再制造设计修改和优化提供指导和依据。同时还可以及早发现问题，实现及时地反馈和更正，为再制造过程提供依据。

（3）以软件模拟形式进行新种类再制造产品的开发，可以在再制造前通过虚拟再制造设计来改进原产品设计中的缺陷，升级再制造产品性能，虚拟再制造过程。

（4）再制造企业管理模式基于 Intranet 或 Internet，整个制造活动具有高度的并行性，又由于开发进程的加快，能够实现对多个解决方案的比较和选择。

8.1.1.3 虚拟再制造与虚拟制造的关系

虚拟再制造可以借鉴虚拟制造的相关理论，但前者具有明显不同于后者的特点。前者虚拟的初始对象是废旧产品，是成形的废旧毛坯，其品质具有明显的个体性，对产品的虚拟再制造设计约束比较大，再制造过程较复杂，而且废旧产品数量源具有不确定性，再制造管理难度较大；后者虚拟的初始对象是原材料，来源稳定，可塑性强，虚拟产品设计约束度小，制造工艺较为稳定，质量相对统一。所以，虚拟再制造技术是基于虚拟制造技术之上，相比后者更具有一定复杂程度的高新技术，具有明显的个体性。

8.1.2 虚拟再制造系统的开发环境

虚拟再制造系统在功能上与现实再制造系统具有一致性，在结构上与现实再制造系统具有相似性，软、硬件组织要具有适应生产变化的柔性，系统应实现集成化和智能化。借鉴虚拟制造的系统开发架构，可将虚拟再制造系统的开发环境分为 3 个层次：模型构造层、虚拟再制造模型层和目标系统层（图 8-1）。

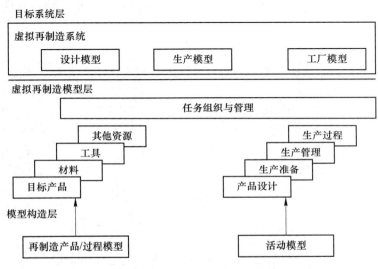

图 8-1 虚拟再制造系统开发环境

（1）模型构造层。模型构造层提供用于描述再制造活动及其对象的基本建模结构，有两种通用模型：产品-过程模型和活动模型。产品-过程模型按自然规律描述可实现每一物品及其特征，如物体的干涉、重力的影响等；活动模型描述人和系统的各种活动。产品模型描述出现在制造过程中的每一物品，不仅包括目标产品，而且包括制造资源，如机床、材料等。过程模型描述产品属性、功能及每一制造工艺的执行，过程模型包括像牛顿力学这种很有规律的过程，也包括像金属切削、成形这种较复杂的工艺过程。

（2）虚拟再制造模型层。通过使用产品-过程模型和活动模型定义有关再制造活动与过程的各种模型，这些模型包括各种工程活动，如产品再设计、生产设备、生产管理、生产过程以及相应的目标产品、材料、半成品、工具和其他再制造资源。这些模型应该根据产品类型、工业和国家的不同而不同，但是通过使用低层的模型构造层容易实现各种模型的建立与扩展。任务组织与管理模型用来实现制造活动的灵活组织与管理，以便构造各种虚拟制造/再制造系统。

（3）目标系统层。根据市场变化、用户需求，通过低层的虚拟再制造模型层来组成各种专用的虚拟再制造系统。

8.1.3   虚拟再制造系统的体系结构

借鉴"虚拟总线"的 VM 体系结构划分，可以将虚拟再制造的体系结构分为 5 层：数据层、活动层、应用层、控制层、界面层。根据虚拟再制造的技术模块及虚拟再制造的功能特点，可以构建如图 8-2 所示的虚拟再制造系统体系综合结构。该体系结构最底层为对虚拟再制造形成支撑的集成支撑环境，包括技术和硬件环境；虚拟再制造的应用基础则是各种数据库，包括 EDB、产品再制造设计数据库、生产过程数据库、再制造资源数据库等；基于这些数据信息处理基础，并根据管理决策、产品决策及生产决策的具体要求，可以形成相互具有影响作用的虚拟再制造产品设计、工艺设计、过程设计；在这些设计基础上，可以形成数字再制造产品，通过分析成本、市场、效益、风险，进而影响再制造的管理、产品、生产过程决策，并将数字再制造产品的性能评价结果反馈至集成支撑环境，优化集成支撑技术。

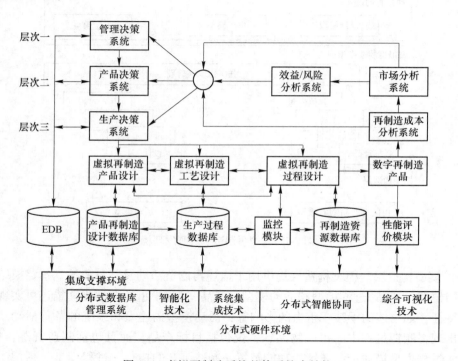

图 8-2   虚拟再制造系统的体系综合结构

8.1.4   虚拟再制造的关键技术

（1）虚拟再制造系统信息挖掘技术。虚拟再制造是对再制造过程（指从废旧产品到达再制造企业后至生成再制造产品出厂前的阶段）的本质实现，牵涉的单位多（涉及原制造企业、销售企业、环保部门等），要完成的任务多，而且企业内部所面临的技术、人员、设备等各种信息多，所以如何在繁杂的信息中利用先进技术，挖掘有用信息，进行合理的虚拟再制造设计及实现，将是虚拟再制造技术的研究基础。

（2）虚拟环境下再制造加工建模技术。再制造所面对的毛坯不是原材料，而是废旧的产品，不同的废旧产品因工况、地域、时间等条件的不同，其报废的原因不同，具有的质量也不同，显现出明显的个体性，而在再制造加工中对损坏零件恢复或者原产品的改造，均需要建立原产品正常工况下模型、废旧产品模型、再制造加工恢复或改造的操作成形模型、再制造后的再制造产品模型，而且这些模型之间需要具有统一的数据结构和分布式数据管理系统，各模型具有紧密的联系。所要求建立的模型不仅代表了产品的形状信息，而且代表了产品的性能、特征，具有可视性，能够进行处理、分析、加工、生产组织等虚拟再制造各个环节所面临的问题。这些模型的建立，是虚拟再制造进行的技术基础。

（3）虚拟环境下系统最优决策控制技术。虚拟环境是对真实环境在计算机上的体现，废旧产品的再制造可能面临多种方案的选择，不同的方案所产生的经济、社会、环境效益不同，在虚拟再制造过程中对再制造方案进行设计分析和评估，可以有效地优化设计决策，使再制造产品满足高质量、低成本、周期短的要求。如何采用数学模型来确定优化方法，怎样形成最优化的决策系统，是实现虚拟再制造最优决策的主要研究内容。

（4）虚拟环境及虚拟再制造加工技术。虚拟再制造加工是虚拟再制造的核心内容，不但可以节约再制造产品开发的投资，而且还可以大大缩短产品开发周期。虚拟再制造加工包括虚拟工艺规程、虚拟加工、产品性能估计等内容。再制造加工包括对废旧产品的拆解、清洗、分类、修复或改造、检测、装配等过程的仿真，而建立基于真实动感的再制造各个加工过程的虚拟仿真，是虚拟再制造的主要内容。通过建立加工过程的虚拟仿真，可以实现再制造的虚拟生产，为再制造的实际决策提供科学依据。

（5）虚拟质量控制及检测技术。再制造产品的质量是再制造产业价值的重要衡量标准，关系到其生存发展。通过研究数学方法和物理方法相互融合的虚拟检测技术，实现对再制造产品虚拟生产中的几何变量、机械变量和物理变量的动态模型检测，可以保证再制造产品的质量。同时，通过对虚拟再制造加工过程的全程监控，可以在线实时监控生产误差，调整工艺过程，保证产品质量。虚拟再制造检测还包括开发虚拟实验仪器模块，组装虚拟实验仪器，对生产的再制造产品进行虚拟实验测试。

（6）基于虚拟实现与多媒体的可视化技术。虚拟再制造的可视化技术是指将虚拟再制造的数据结果转换为图形和动画，使仿真结果可视化并具有直观性。采用文本、图形、动画、影像、声音等多媒体手段，实现虚拟再制造在计算机上的实景仿真，获得再制造的虚拟现实，将可视化、临场感、交互、激发想象结合到一起产生沉浸感，是虚拟再制造实现人机协同交互的重要方面。该部分的研究内容包括可视化映射技术、人机界面技术、数据管理与操纵技术等。

（7）虚拟再制造企业的管理技术。虚拟再制造是建立于虚拟企业的基础之上，对其全部生产及管理过程的仿真，虚拟再制造企业的管理策略是虚拟再制造的重要组成部分，其研究内容包括决策系统的仿真建模、决策行为的仿真建模、管理系统的仿真建模以及由模型生成虚拟场景的技术研究。

8.1.5 虚拟再制造的应用

（1）虚拟再制造企业。在面对多变的毛坯供应及再制造产品市场需求下，虚拟再制造企业具有加快新种类再制造产品开发速度、提高再制造产品质量、降低再制造生产成本、快速响应用户的需求、缩短产品生产周期等优点。因此，虚拟再制造企业可以快速响应市场需求的变化，能在商战中为企业把握机遇和带来优势。虚拟再制造企业的特征包括企业地域分散化、企业组织临时化、企业功能不完整化、企业信息共享化。

（2）虚拟再制造产品设计。现在的产品退役往往是因为技术的落后，而传统的以性能恢复为基础的再制造方式已经无法满足这种产品再制造的要求，因此需要对废旧产品进行性能或功能的升级，即在产品再制造前对废旧产品进行升级设计。这种设计是在原有废旧产品框架的基础上进行的，但又要考虑经过结构改进及模块嵌入等方式实现性能升级，满足新用户需求，因此对需性能升级废旧产品的再制造设计具有更大的约束度和难度。这也为虚拟再制造产品设计提供了广阔的应用前景。因此，开展对废旧产品的再制造虚拟设计将会极大地促进以产品性能升级为目标的再制造模式的发展。

（3）虚拟再制造生产过程。再制造生产往往具有对象复杂、工艺复杂、生产不确定性高等特点，因此，利用设计中建立的各种生产和产品模型，将仿真能力加入到生产计划模型中，可以方便和快捷地评价多种生产计划，检验再制造拆解、加工、装配等工艺流程的可信度，预测产品的生产工艺步骤、性能、成本和报价。其主要目的是通过再制造仿真，来优化产品的生产工艺过程。通过虚拟再制造生产过程，可以优化人力资源、制造资源、物料库存、生产调度、生产系统的规划等，从而合理配置人力资源、制造资源，对缩短产品制造/再制造生产周期，降低成本意义重大。

（4）虚拟再制造控制过程。以控制为中心的虚拟再制造过程是将仿真技术引入控制模型，提供模拟实际生产过程的虚拟环境，使企业在考虑车间控制行为的基础上，对再制造过程进行优化控制。虚拟再制造控制是以计算机建模和仿真技术为重要的实现手段，通过对再制造过程进行统一建模，用仿真支持设计过程和模拟制造过程，来进行成本估算和生产调度。

8.2　柔性再制造及其关键技术

8.2.1　基本概念及特点

再制造加工的"毛坯"是由制造业生产、经过使用后到达寿命末端的废旧产品。当前制造业生产的产品趋势是品种增加，批量减少，个性化加强，这造成了产品退役情况的多样性，这都对传统的再制造业发展提出了严峻考验，要求再制造业发展对废旧产品种类及失效形式适应性强、生产周期短、加工成本低、产品质量高的柔性再制造系统，以应对再制造业的巨大变化。

柔性再制造是以先进的信息技术、再制造技术和管理技术为基础，通过再制造系统的柔性、可预测性和优化控制，最大限度地减少再制造产品的生产时间，优化物流，提高对市场响应能力，保证产品的质量，实现对多品种、小批量、不同退役形式的末端产品进行个性化再制造。

制造业的加工对象是性质相同的材料及零部件，而再制造的加工对象则是废旧产品。由于产品在服役期间的工况不同、退役原因不同、失效形式不同、来源数量不确定等原因，再制造的对象具有个体性及动态性等特点。因此，柔性再制造系统相对传统的再制造系统来说，具有明显的特点和特定的难度。参照制造体系中柔性装配系统的特点，可知柔性再制造系统应具有以下特点：同时对多种产品进行再制造；通过快速重组现有硬件及软件资源，实现新类型产品的再制造；动态响应不同失效形式的再制造加工；根据市场需求，快速改变再制造方案；具有高度的可扩充性、可重构性、可重新利用性及可兼容性，实现模块化、标准化的生产线。以上特点，可以显著地提高再制造适应废旧产品种类、失效形式等产品的个性化因素，使再制造产品具有适应消费者个性化需求的能力，从而加强再制造产业的生命力。

8.2.2 柔性再制造系统的组成

借鉴柔性制造系统结构组成，典型的柔性再制造系统一般也由 3 个子系统组成，分别是再制造加工系统、物流系统和控制与管理系统，各子系统的组成框图及功能特征见图 8-3。3 个子系统的有机结合构成了一个再制造系统的能量流（通过再制造工艺改变工件的形状和尺寸）、物料流（主要指工件流、刀具流、材料流）和信息流（再制造过程的信息和数据处理）。

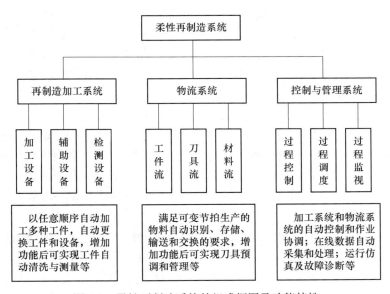

图 8-3 柔性再制造系统的组成框图及功能特性

（1）再制造加工系统。实际执行废旧件性能及尺寸恢复等加工工作，把工件从废旧毛坯转变为再制造产品零件的执行系统，主要由数控机床、表面加工等加工设备组成，系统中的加工设备在工件、刀具和控制三个方面都具有可与其他子系统相连接的标准接口。从柔性再制造系统的含义中可知，加工系统的性能直接影响着柔性再制造系统的性能，且加工系统在柔性再制造系统中又是耗资最多的部分，因此恰当地选用加工系统是柔性再制造系统成功与否的关键。

（2）物流系统。用以实现毛坯件及加工设备的自动供给和装卸，以及完成工序间的自动传送、调运和储存工作，包括各种传送带、自动导引小车、工业机器人及专用起吊运送机等。

（3）控制与管理系统。包括计算机控制系统和系统软件。前者用以处理柔性再制造系统的各种信息，输出控制 CNC 机床和物料系统等自动操作所需的信息，通常采用 3 级（设备级、工作站级、单元级）分布式计算机控制系统，其中单元级控制系统（单元控制器）是 FMS 的核心。后者是用以确保 FMS 有效地适应中小批量多品种生产的管理、控制及优化工作，包括根据使用要求和用户经验所发展的专门应用软件，大体上包括控制软件（控制机床、物料储运系统、检验装置和监视系统）、计划管理软件（调度管理、质量管理、库存管理、工装管理等）和数据管理软件（仿真、检索和各种数据库）等。

8.2.3　柔性再制造系统的技术模块

根据再制造生产工艺步骤，可知柔性再制造系统主要包括下述 5 种技术模块。

（1）柔性再制造加工中心。再制造加工主要包括对缺损零件的再制造恢复及升级，所采用的表面工程技术是再制造中的主要技术和关键技术。再制造加工中心的柔性主要体现在加工设备可以通过操作指令的变化而变化，以对不同种类零部件的不同失效模式，都能进行自动化故障检测，并通过逆向建模，实现对失效件的科学自动化再制造加工恢复。

（2）柔性预处理中心。再制造毛坯到达再制造工厂后，首先要进行拆解、清洗和分类，这 3 步是再制造加工和装配的重要准备过程。对不同类型产品的拆解、不同污染情况零件的清洗以及零件的分类储存，都具有非常强的个体性，也是再制造过程中劳动密集的步骤，对其采用柔性化设计，主要是增强设备的适应性及自动化程度，减少预处理时间，提高预处理质量，降低预处理费用。

（3）柔性物流系统。废旧产品由消费者运送到再制造工厂的过程称为逆向物流，其直接为再制造提供毛坯，是再制造的重要组成部分。但柔性再制造系统中的物流主要考虑废旧产品及零部件在再制造工厂内部各单元间的流动，包括零部件再制造前后的储存、物料在各单元间的传输时间及方式、新零部件的需求及调用、零部件及产品的包装等，其中重要的是实现不同单元间及单元内部物流传输的柔性化，使相同的设备能够适应多类零部件的传输，以及经过重组后能够适应新类型产品再制造的物流需求。理想的柔性再制造物流系统具有传输多类物品、可调的传输速度、离线或实时控制能力、可快速重构、空间占用小等特点。

（4）柔性管理决策中心。柔性管理决策中心是柔性再制造系统的神经中枢，具有对各单元的控制能力，可通过数据传输动态、实时地收集各单元数据，形成决策，发布命令，实现对各单元操作的自动化控制。通过柔性管理决策中心，可以实现再制造企业的各要素如人员、技术、管理、设备、过程等的实时协调，对生产过程中的个性化特点迅速响应，形成最优化决策。其主要是利用各单元与决策中心之间的数据线、监视设备来完成数据交换。

（5）柔性装配及检测中心。对再制造后所有零部件的组装及对再制造产品性能的检测，是保证再制造产品质量和市场竞争力的最后步骤。采用模块化设备，可以增加对不同类型产品装配及性能检测的适应性。

8.2.4　柔性再制造的关键技术

（1）人工智能及智能传感器技术。柔性制造和再制造技术中所采用的人工智能大多指基于规则的专家系统。专家系统利用专家知识和推理规则进行推理，求解各类问题（如解释、预测、诊断、查找故障、设计、计划、监视、修复、命令及控制等）。展望未来，以知识密集为特征，以知识处理为手段的人工智能（包括专家系统）技术必将在柔性制造业（尤其智能型）中起着日趋重要的关键性作用。智能制造技术（IMT）旨在将人工智能融入制造过程的各个环节，借助模拟专家的智能活动，取代或延伸制造环境中人的部分脑力劳动。智能传感器技术是未来智能化柔性制造技术中一个正在急速发展的领域，是伴随计算机应用技术和人工智能而产生的，它使传感器具备内在的"决策"功能。

（2）计算机辅助设计技术。计算机辅助设计（CAD）技术是基于计算机环境下的完整设计过程，是一项产品建模技术（将产品的物理模型转换为产品的数据模型）。无论是制造产品的设计，还是再制造前修正原产品功能的再设计，都需要采用 CAD 技术。

（3）模糊控制技术。目前模糊控制技术正处于稳定发展阶段，其实际应用是模糊控制器。最近开发出的高性能模糊控制器具有自学习功能，可在控制过程中不断获取新的信息并自动地对控制量作调整，使系统性能大为改善，其中尤其以基于人工神经网络的自学方法更引起广泛的研究，在柔性制造和再制造的控制系统中有良好的应用。

（4）人工神经网络技术。人工神经网络（ANN）是由许多神经元按照拓扑结构相互连接而成的，模拟人的神经网络对信息进行并行处理的一种网络系统，故人工神经网络也就是一种人工智能工具。在自动控制领域，人工神经网络技术的发展趋势是其与专家系统和模糊控制技术的结合，成为现代自动化系统中的一个组成部分。

（5）机电一体化技术。机电一体化技术是机械、电子、信息、计算机等多学科的相互融合和交叉，特别是机械、信息学科的融合交叉。从这个意义上说，其内涵是机械产品的信息化，它由机械、信息处理、传感器 3 大部分组成。近年来，微电子机械系统（MEMS）作为机电一体化的一个发展方向得到了特别重视和研究。

（6）虚拟现实与多媒体技术。虚拟现实（VR）是人造的计算机环境，使处在这种环境中的人有身临其境的感觉，并强调人的操作与介入。虚拟现实技术在 21 世纪制造业中将有广泛的应用，它可以用于培训、制造系统仿真、实现基于制造仿真的设计与制造和集成设计与制造、实现集成人的设计等。多媒体介质采用多种介质来储存、处理多种信息，融文字、语音、图像、动画于一体，给人一种真实感。

8.2.5　柔性再制造系统的应用

在开发用于再制造的柔性生产系统时，不仅要考虑各单元操作功能的完善，而且要考虑到该单元或模块是否有助于提高整个生产系统的柔性；不仅要改善各单元设备的硬件功能，还要为这些设备配备相应的传感器、监控设备及驱动器，以便能通过决策中心对它们进行有效控制。同时，系统单元间还应具有较好的信息交换能力，实现系统的科学决策。通常柔性再制造系统的建立需要考虑两个因素：人力与自动化，而人是生产中最具有柔性的因素。如果在系统建立中单纯强调系统的自动化程度，而忽略了人的因素，在条件不成熟的情况下实现自动化的柔性再制造系统，可能所需设备非常复杂，并减少产品质量的可靠性。所以，在一定的条件下，采用自动化操作与人工相结合的方法建立该系统，可以保证再制造工厂的最大利润。

图 8-4 为再制造工厂内部应用柔性再制造生产系统的框架示意图。由图可知，当废旧产品进入到再制造工厂后，首先进入物流系统，并由物流系统向柔性管理决策中心进行报

告，并根据柔性管理中心的命令，进行仓储或者直接进入预处理中心。预处理中心根据决策中心的指令选定预处理方法，对物流系统运输进的废旧产品进行处理，并将处理结果上报决策中心，同时将处理后的产品由物流系统运输到仓库或者进入再制造加工中心。再制造加工中心根据决策中心的指令选定相应的再制造方法，并经过对缺损件的具体测量形成具体生产程序并上报决策中心，由决策中心确定零部件的自动化再制造恢复或改造方案，然后将恢复后的零部件根据决策中心的指令由物流系统运输到仓库或者装配检测中心。装配检测中心在接收到决策中心的指令后，将物流系统运输进的零部件进行装配和产品检测，并将检测结果报告给决策中心，并由物流系统将合格成品运出并包装后进行仓储，不合格产品根据决策中心指令重新进入再制造相应环节。最后是物流系统根据决策中心指令及时从仓库中提取再制造产品投放到市场。柔性管理决策中心在整个柔性系统中的作用是中央处理器，不断地接收各单元的信息，并经过分析后向各单元发布决策指令。

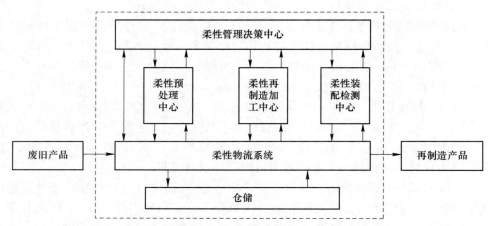

图 8-4　再制造工厂内部应用柔性再制造生产系统框架示意图

　　柔性再制造的柔性化还体现在设备的可扩充、可重组等方面。实现柔性再制造系统的设备柔性化、技术柔性化、产品柔性化是一个复杂的系统工程，需要众多的先进信息技术及设备的支持和先进管理方法的运用。

8.3　网络化再制造及其关键技术

8.3.1　基本概念

　　网络化制造是在网络经济条件下产生并得到广泛应用的先进制造模式，是需求与技术双轮驱动的结果。信息技术与网络技术，特别是因特网技术的迅速发展和广泛应用，促进了网络化制造的研究和应用。

　　随着产品生产特点和销售市场的多变，再制造企业也在不断地进行着变化和调整，以适应快速发展的技术和生产要求，借助于网络化制造的理念，大力发展网络化再制造，也将成为今后再制造发展的重要方向。

8.3.1.1　网络化再制造

网络化再制造是指：在一定的地域（如国家、省、市、地、县）范围内，采用政府调控、产学研相结合的组织模式，在计算机网络（包括因特网和区域网）和数据库的支撑下，动态集成区域内的再制造企业、高校、研究院所及其再制造资源和科技资源，形成一个包括网络化的再制造信息系统、网络化的再制造资源系统、虚拟仓库、网络化的再制造产品销售系统、网络化的废旧产品逆向物流系统等分系统和网络化的分级技术支持中心及服务中心的、开放性的现代集成再制造系统。

实施网络化再制造是为了适应当前全球化经济发展、行业经济发展和快速响应市场需求、提高再制造企业竞争力的需求，而采用的一种先进管理与生产模式。其也是实施敏捷再制造和动态联盟的需要，以及企业为了自身发展而采取的加强合作、参与竞争、开拓市场、降低成本和实现定制化再制造生产的需要。

8.3.1.2　网络化再制造系统

网络化再制造系统是企业在网络化再制造模式的指导思想、相关理论和方法的指导下，在网络化再制造集成平台和软件工具的支持下，结合企业具体的业务需求，设计实施的基于网络的再制造系统。网络化再制造既包括传统的再制造车间生产，也包括再制造企业的其他业务。根据企业的不同需求和应用范围，设计实施的网络化再制造系统可以具有不同的形态，每个系统的功能也会有差异，但是，它们在本质上都是基于网络的再制造系统，如网络化再制造产品定制系统、网络化废旧产品逆向物流系统、网络化协同再制造系统、网络化再制造产品营销系统、网络化再制造资源共享系统、网络化再制造管理系统、网络化设备监控系统、网络化售后服务系统和网络化采购系统等。

8.3.1.3　网络化再制造的基本特征

（1）网络化再制造是基于网络技术的先进再制造模式。它是在因特网和企业内外网环境下，再制造企业用以组织和管理其再制造生产经营过程的理论与方法。

（2）覆盖了再制造企业生产经营的所有活动。网络化再制造技术可以用来支持企业生产经营的所有活动，也可以覆盖再制造产品全生命周期的各个环节，可以减少再制造生产的不确定性。

（3）以快速响应市场为实施的主要目标之一。通过网络化制造，可以提高再制造企业的市场响应速度，从而提高企业的竞争能力。

（4）突破地域限制。通过网络突破地理空间上的差距给再制造企业生产经营和企业间协同造成的障碍。

（5）强调企业间的协作与全社会范围内的资源共享。通过再制造企业间的协作和资源共享，提高企业（企业群体）的再制造能力，实现再制造的低成本和高速度。

（6）具有多种形态和功能系统。结合不同企业的具体情况和应用需求，网络化再制造系统具有许多种不同的形态和应用模式。在不同形态和模式下，可以构建出多种具有不同功能的网络化再制造应用系统。

8.3.2　网络化再制造的重要特性

（1）协同性。网络化再制造系统通过协同工作，来提高再制造企业间合作的效率，缩短再制造产品开发周期，提高再制造生产中的智力资源、再制造设计资源、再制造生产资源的利用率，降低再制造成本。按照网络化协同范围和层次，可以将协同分为再制造企业间协同、零部件供应链协同、产品再制造设计与制造协同、产品再制造资源协同、再制造产品客户与供应商协同、人类需求与自然环境的协同。不同的协同有不同的技术内涵和目标，也有各自的实施技术和支持环境。

（2）敏捷性。通过实施网络化再制造，提高再制造企业的再制造产品生产能力、缩短新型再制造产品开发周期，以最快的速度，最绿色的再制造产品，响应市场和客户对个性化产品的需求，从而提高企业对市场的敏捷性。同时，应用再制造企业设计实施的网络化系统本身，也应该根据市场应用需求的变化，灵活、快捷地对系统的功能和运行方式进行快速重构。

（3）数字化。由于网络化再制造是一种基于网络的再制造系统，通过网络传递废旧产品信息、再制造设计、再制造加工、管理、商务、设备和控制等各种信息，因此，数字化是网络化再制造的重要特征，也是实施网络化再制造的重要基础。

（4）远程化。网络化再制造可以无限地延伸再制造企业的业务和运作空间，企业通过利用网络化再制造系统，可以对远程的废旧产品、新零件、加工设备等资源和过程进行控制和管理，也可以像面对本地用户一样，方便地与远在千里之外的客户、合作伙伴、供应商进行协同工作。

（5）多样性。网络化制造系统具有多样性的特点。虽然网络化制造具有相对通用的理论基础和方法，但是在结合具体企业实践的基础上设计实施的网络化制造系统，却具有多种多样的形式。如针对具体企业的需求，可以实施网络化产品定制系统、网络化产品协同设计系统、网络化协同制造系统、网络化营销系统、网络化管理系统、网络化设备监控系统、网络化售后服务系统和网络化采购系统等。

8.3.3　网络化再制造的系统模型

网络化再制造系统是一个运行在异构分布环境下的制造系统。在网络化再制造集成平台的支持下，帮助再制造企业在网络环境下开展再制造业务活动和实现不同企业之间的协作，包括协同再制造设计及生产、协同商务、网上采购与销售、资源共享和供应链管理等。借鉴网络化制造系统有关知识，图 8-5 给出了区域性网络化再制造系统的功能模型结构。

区域性网络化再制造系统的构成和层次关系如下：

（1）面向市场。整个系统以市场为中心，提高本区域再制造业及相关企业的市场竞争能力，包括对市场快速的响应能力、产品销售的市场开拓能力、再制造资源的优化利用及再制造生产能力、现代化的管理水平以及战略决策能力、逆向物流的精确保障能力。

（2）企业主体。系统的主体是以企业为主，包括政府、高校、研究单位和文化单位，是政、产、学、研、文五位一体的新概念。

（3）信息支撑。实现网络化再制造的基本条件是由网络、数据库系统构成现代信息化支撑环境。

（4）区域控制。整个系统运行由相对稳定的区域战略研究与决策支持中心、系统管理与协调中心、技术支持与网络服务中心这三大中心支持，其中战略研究与中心负责全市再

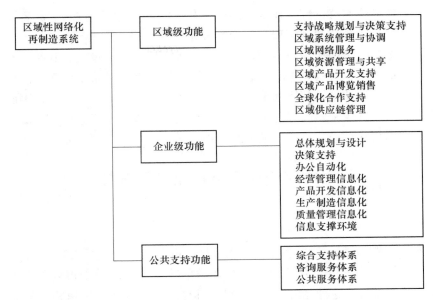

图 8-5 区域性网络化再制造系统的功能模型结构

制造业发展战略与规划，对战略级重大问题进行决策；系统管理与协调中心负责对系统运行负责、控制与协调；技术支持与网络服务中心负责对系统运行中各种技术性问题的支持和服务。

（5）应用系统。主要有废旧产品资源、市场、开发、供应等各个领域的应用系统。这些系统是动态的、可重构的，以本区域为主体，也可作全球运作。

8.3.4 网络化再制造的关键技术

在网络化再制造的研究与应用实施中，涉及大量的组织、控制、平台、工具、系统实施和运行管理技术，对这些技术的研究和应用，可以深化网络化再制造系统的应用。网络化再制造涉及的技术，大致可以分为总体技术、基础技术、集成技术与应用实施技术。

（1）总体技术。总体技术主要是指从系统的角度，研究网络化再制造系统的结构、组织与运行等方面的技术，包括网络化再制造的模式、网络化再制造系统的体系结构、网络化再制造系统的构建与组织实施方法、网络化再制造系统的运行管理、产品全生命周期管理和协同产品商务技术等。

（2）基础技术。基础技术是指网络化再制造中应用的共性与基础性技术，这些技术不完全是网络化再制造所特有的技术，包括网络化再制造的基础理论与方法、网络化再制造系统的协议与规范技术、网络化再制造系统的标准化技术、业务流和工作流技术、多代理系统技术、虚拟企业与动态联盟技术和知识管理与知识集成技术等。

（3）集成技术。集成技术主要是指网络化再制造系统设计、开发与实施中需要的系统集成与控制技术，包括设计再制造资源库与知识库开发技术、企业应用集成技术、ASP 服务平台技术、集成平台与集成框架技术、电子商务与 EDI 技术、WebService 技术，以及 COM+、CORBA、J2EE 技术、XML、PDML 技术、信息智能搜索技术等。

（4）应用实施技术。应用实施技术是支持网络化制造系统应用的技术，包括网络化制造实施途径、资源共享与优化配置技术、区域动态联盟与企业协同技术、资源（设备）封装与接口技术、数据中心与数据管理（安全）技术和网络安全技术等。

网络化再制造是适应网络经济和知识经济的先进再制造生产模式，其研究和应用，对促进再制造产业的发展，特别是中小再制造企业的发展具有非常重要的意义。但是，网络化再制造的理论、方法和系统都还处于初步发展阶段。迫切需要加大网络化再制造体系及技术研究力度，并选择实施基础好的企业开展网络化再制造的示范应用，在取得经验的基础上推广和普及网络化再制造这一先进生产模式。

8.4　快速响应再制造及其关键技术

8.4.1　基本概念

工业发达国家制造业企业竞争战略在 20 世纪 60 年代强调规模效益，70 年代强调价格，80 年代强调质量，90 年代则强调对市场需求的响应速度。由于市场需求的多变，产品的生命周期越来越短，这种趋势在 21 世纪将日趋强劲。因此，快速响应再制造技术也必将成为再制造生产的重要模式。

快速响应再制造技术是指对市场现有需求和潜在需求作出快速响应的再制造技术集成。它将信息技术、快速再制造成形技术、虚拟再制造技术、管理科学等集成，充分利用因特网和再制造业的资源，采用新的再制造设计理论和方法、再制造工艺、新的管理思想和企业组织结构，将再制造产品市场、废旧产品的再制造设计和再制造生产有机地结合起来，以便快速、经济地响应市场对产品个性化的需求。再制造业的价值如制造业一样，也取决于两个方向：面向产品和面向顾客，后者也称客户化生产，而快速响应再制造技术和快速再制造系统就是针对客户化生产而提出的。21 世纪，消费者的行为将更加具有选择性，"客户化、小批量、快速交货"的要求不断增加，产品的个性化和多样化将在市场竞争中发挥越来越大的作用，而传统的以恢复产品性能为基础的再制造方式生产出的再制造产品，必将无法满足快速发展的市场需求。因此，开展快速响应再制造技术的研究与应用具有十分重要的意义。

8.4.2　快速响应再制造的作用

通过对部分产品的快速响应再制造，可以充分利用产品的附加值，在短期内批量提高服役产品的功能水平，使产品能够迅速适应不同环境要求，延长产品的服役寿命。另外快速响应再制造还可以对特殊条件下的产品进行快速的评价和再制造，也可实现恢复产品的全部或部分功能，保持产品的服役性能。例如我国从国外购置的一些国防尖端设备在使用中，往往在关键零部件要受制于人，而通过发展再制造技术，可以逆向反求出原零部件的信息特征，生产一定的备用件或者修复原件，从而解决无法采购到备件的问题。

以信息技术为特点的高科技在产品中的应用，也使得产品的发展具有了明显的特点，如小型化、多样化、高效化等，这也对产品的再制造提出了严峻的挑战，需要建立柔性化的快速响应再制造生产线，来提高生产线对不同种类产品进行快速再制造的能力，从而节约时间、提高效率、减少成本，快速响应再制造可以快速提高产品的性能和适应环境需求的变化，短期内实现再制造产品的功能或性能与当前需求保持一致，可以使产品保持本身的可持续利用，即由静态降阶使用发展到动态进阶使用，实现产品的"与时俱进"，使其具有适应各种工作条件要求的"柔性"。

总体来讲，快速响应再制造可以对不同的产品进行快速再制造，一可以实现正常服役时期产品保持性能的不断更新，延长产品的服役寿命；二在特殊环境应用前，通过批量的快速响应再制造，使产品可以在短期内提高适应特殊环境的要求，如提高军事产品在即将发生的战场中的生命力和战斗力；三可以通过对损伤产品应用快速响应再制造系统，进行快速的诊断和应急再制造，恢复产品的全部或部分功能，保持产品的性能。

8.4.3 快速响应再制造的关键技术

（1）快速再制造设计技术。快速再制造设计技术是指针对用户或市场需求，以信息化为基础，通过并行设计、协同设计、虚拟设计等手段，来科学地进行再制造方案、再制造资源、再制造工艺及再制造产品质量的总体设计，以便满足客户或使用环境对再制造产品先进性、个体性的需求。

并行设计主要是重视再制造产品设计开发过程重组和优化，强调多学科团队协同工作，通过在再制造产品设计早期阶段充分考虑再制造的各种因素，提高再制造设计的一次成功率，达到提高质量、降低成本、缩短产品开发周期和产品上市时间及最大限度满足用户需求的目的。

协同设计是随着计算机网络的发展而形成的设计方式，它促使不同的设计人员之间、不同的设计组织之间、不同部门的工作人员之间均可实现资源共享，实施交互协同参与，合作设计。

虚拟设计是以虚拟现实技术为基础，由从事产品设计、分析、仿真、制造和支持等方面的人员组成"虚拟"产品设计小组，通过网络合作并行工作，在计算机上"虚拟"地建立产品数字模型，并在计算机上对这一模型产生的形式、配合和功能进行评审、修改，最终确定实物原形，实现一次性加工成形的设计技术。虚拟再制造设计不仅可以节省再制造费用和时间，还可以使设计师在再制造之前就对再制造中的可加工性、可装配性、可拆解性等有所了解，及时对设计中存在的问题进行修改，提高工作效率。

（2）快速再制造成形技术。快速再制造成形是基于离散-堆积成形原理，利用快速反求、高速电弧喷涂、微弧等离子、MIG-MAG 堆焊或激光快速成形等技术，针对损毁零件的材料性能要求，采用实现材料单元的定点堆积，自下而上组成全新零件或对零件缺损部位进行堆积修复，快速恢复缺损零部件的表面尺寸及性能的一种再制造生产方法。该部分内容将在 8.5 节中详细介绍。

（3）快速再制造升级技术。再制造升级主要指在对废旧机电产品进行再制造过程中利用以信息化技术为特点的高新技术，通过模块替换、结构改造、性能优化等综合手段，实现产品在性能或功能上信息化程度的提升，满足用户的更高需求。该部分内容将在 8.6 节中详细介绍。

（4）可重组制造系统（RMS）。可重组制造系统指能适应市场需求的产品变化，按系统规划的要求，以重排、重复利用、革新组元或子系统的方式，快速调整再制造过程、再制造功能和再制造生产能力的一类新型可变再制造系统。它是基于可利用的现有的或可获得的新再制造设备和其他组元，可动态组态（重组）的新一代再制造系统。该系统具有可变性、可集成性、订货化、模块化、可诊断性、经济性和敏捷性等特点。

（5）客户化生产。客户化生产方式包括模块化再制造设计、再制造拆解与清洗、再制造工艺编程、再制造、装配，以及客户生产的组织管理方式和资源的重组、变形零部件的设计与再制造技术、再制造商与客户的信息交流等。

快速响应再制造还包括虚拟再制造技术、柔性再制造技术、网络化再制造技术等，主要内容可参考前面章节的介绍。

8.5 快速再制造成形系统及其技术

8.5.1 发展背景及概念

8.5.1.1 快速成形技术发展背景

快速成形技术（Rapid Prototying，RP）是近 20 年来制造技术领域的一次重大突破，可以自动、直接、快速、精确地将 CAD 设计的数字模型物化为具有一定功能的原型或直接制造零件，可有效地支持包括军用装备零部件应急数字化再制造。目前 RP 方法制造的原型主要以非金属为主（纸、ABS、蜡、尼龙、树脂等），在大多数情况下非金属原型无法直接作为装备零部件使用，这就要求以制造金属材料零件为主要目标的直接金属成形技术必须取得快速发展。

直接金属成形技术是直接以金属材料作为处理对象的新的 RP 工艺，它是以生成最终金属零部件为目标。如何从已有的 RP 工艺直接得到金属零件，以及如何开发出新的适于直接金属成形的工艺，使 RP 技术真正具有最终产品的制造功能是当前 RP 技术研究的热点问题。采用 RP 的原理直接制造金属零件在工业上有着重要的应用，因而受到广泛的关注。据国际权威的 RP 行业协会预测未来金属零件的快速直接制造将越来越广泛，也就是说快速制造技术（Rapid Manufacturing，RM）将很可能逐渐占据主导地位，并且直接金属成形将成为应急金属零部件制造与再制造的一种重要手段。

8.5.1.2 快速成形技术在美军装备零件制造中的应用

为提高战时装备维修保障能力，发达国家都正在加强开发研究各种先进维修技术，并应用于装备保障。美国在《2010 年及其以后的国防制造工业》规划中明确提出要发展先进再制造技术："开发能迅速获得机械零件几何图形的非接触测量方法、用于快速再制造的数字化成形工艺"。已研制出高柔性的现场零件制造系统，称之为"移动零件医院"（Mobile Parts Hospital，MPH）。该系统有两个方舱；第一个方舱包含了激光沉积近净成形设备（用于零件成形，成形速度可达 3.5 in^3/h）；第二个为 5 轴数控化机床设备（5轴车铣床，用于成形后零件机械），能够在靠近战场需要的位置快速制造战损装备所需零件，并可以灵活地采用 C-130 运输机进行远程空运，或采用拖车进行陆地运输。MPH 系统可以采用钢铁、合金、钛等 57 种金属粉末制作 500 多类零件，第一台于 2003 年 11 月布置应用，至 2005 年制造了将近 15000 个零件。

采用 MPH 后，维修人员只需携带罐装的金属粉末，一旦出现紧急的备件需求，可在非常短的时间内完成备件的制造，大大减少备件采购、储存和运输费用，以及购买、储存和跟踪备件所消耗的物力、人力及时间。虽然目前的快速成形制造技术和制造工艺还不能完全满足美军对"快速成形制造系统"的最终要求，但许多关键技术将在近年内取得突破。

8.5.1.3 快速再制造成形相关定义

快速再制造成形是基于离散–堆积成形原理，利用高速电弧喷涂、微弧等离子、MIG-MAG堆焊或激光快速成形等技术，针对损毁零件的材料性能要求，采用实现材料单元的定点堆积，自下而上组成全新零件或对零件缺损部位进行堆积修复，快速恢复缺损零部件的表面尺寸及性能的一种再制造加工方法。

快速再制造成形技术是最近在制造领域的快速成形技术的基础上发展起来的，但又与之有所不同。再制造成形技术是以废旧的零部件作为毛坯，通过修复成形达到原有产品的形状尺寸和性能，而直接快速成形则是从无到有，全部零件都是堆积成形而成。因此，快速再制造成形需要首先采用反求技术对磨损的金属零部件进行反求，获得零件的缺损模型，通过与金属零件的标准模型进行对比，得到零件的再制造模型，然后结合MIG堆焊等表面成形工艺方法，进行缺损表面的快速成形。快速再制造成形是产品零部件再制一种重要的方法，是集信息技术、新材料、金属快速成形、先进加工、产品维修等为一体的先进再制造技术。

8.5.2 快速再制造成形技术思路

快速再制造成形主要功能是实现损毁零件的快速生成，基本工作步骤如下：当平台接收到损毁产品零件时，首先对损毁零件进行快速损伤评估，判断可否进行再制造。如果可以进行再制造，则选用图8-6所示步骤，即用快速高精度三维数据扫描系统对损伤零件进行扫描，建立缺损零件模型，并通过与数据库中零件的原始模型进行对比，反求再制造加工模型并生成自动成形程序，根据零件性能质量要求，选用合适的快速成形技术方案，迅速恢复零件尺寸，并通过高速数控加工设备的后处理保证零件的几何精度，然后检测零件质量，达到要求的则可以迅速安装应用。

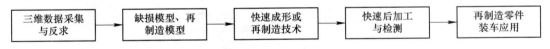

图 8-6 缺损零件的快速再制造成形步骤

快速再制造成形平台采用综合集成建设模式，主要包括四个子系统：零部件再制造数据库、快速三维扫描及再制造建模系统、再制造快速成形系统、成形零件的后处理数控加工系统等四部分（图8-7）。这四部分通过信息技术及机器人技术的应用而融合为一体，并且形成一个开放式结构，具有持续扩展能力，将逐步在成形技术类型、成形零件种类上予以完善拓展。

8.5.3 系统工作原理及程序

再制造技术国家重点实验室利用表面工程技术领域的优势，结合MIG堆焊的特点，研制和开发了基于机器人MIG堆焊熔覆的快速再制造成形系统。该系统在同一机器人上将机器人技术、反求测量技术、快速成形技术综合在一起，实现高扫描精度，快速成形，高智

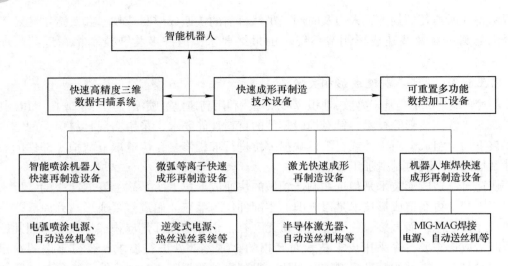

图 8-7   快速再制造成形平台的系统组成

能化程度，广泛的适应范围，良好的开放性，能对磨损金属零件进行再制造成形，使得再制造成形件性能达到或超过原始件性能要求水平。图 8-8 为该系统的工作原理图。待再制造的零部件，首先进行预处理，再通过反求技术获得零件的缺损模型，通过与金属零件的 CAD 模型进行对比，结合 MIG 堆焊工艺，进行成形路径规划，从而进行 MIG 堆焊熔覆再制造成形。

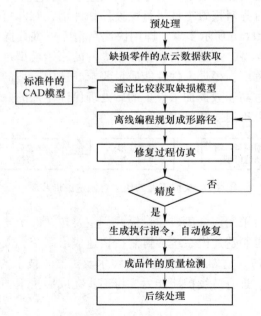

图 8-8   系统工作原理图

图 8-9 为基于机器人 MIG 堆焊熔覆的快速再制造成形系统框架图，由图可以看出，系统的功能包括零件缺损模型的获取和处理、缺损模型重构、再制造成形路径的规划、成形的仿真等。系统的工作程序如下：

（1）机器人抓取三维激光扫描仪对零件表面进行点云数据的采集，获取零件的三维模型。

（2）使用点云数据处理软件，以三维逆向工程的原理构建出再制造的修复模型。

（3）离线编程来实现修复路径的规划并生成机器人焊接的控制程序。

（4）结合焊接工艺参数，进行再制造成形路径规划和成形过程的仿真。

（5）仿真成功后，机器人执行程序，抓取焊枪进行一系列的动作，完成实际生产。

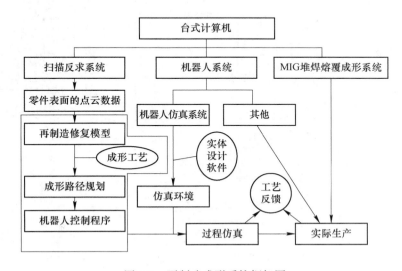

图 8-9　再制造成形系统框架图

8.5.4　机器人 MIG 堆焊再制造成形系统设计

机器人 MIG 堆焊熔覆再制造成形系统是基于金属缺损零件再制造的要求而开发的，它在同一机器人上将机器人技术、反求测量技术、快速成形技术综合在一起，能满足扫描精度高，成形快速，智能化程度高，适应范围广，开放性好等功能要求，适于金属零件的制造与再制造，为金属缺损零件提供了一种可行的再制造成形方法。

8.5.4.1　硬件系统

基于机器人 MIG 堆焊熔覆再制造成形系统的硬件部分主要由四个子系统构成：作为执行机构的机器人系统，作为反求装置的三维激光扫描仪反求系统，作为熔覆成形机构的 MIG 焊接电源系统，作为中央控制器的台式计算机（图 8-10）。

（1）ABBIRB 2400/16 机器人系统。该机器人本体属于 6 轴关节式机器人，运动半径 1450 mm，承载能力 16 kg，最大速度 5000 mm/s。在额定载荷下以 1000 mm/s 速度运动，机器人的六个轴同时动作时，其单向姿态可重复度 0.06 mm，线性路径精确度 0.45~1.0 mm，线性路径可重复度 0.14~0.25 mm。

控制器为 S4Cplus，它是整个机器人系统的神经中枢，负责处理焊接机器人工作过程中的全部信息和控制其全部动作。

（2）MIG 焊熔覆成形设备。焊接设备由 Fronius 全数字 TransPulsSynergic 4000 型脉冲 MIG 焊机、焊枪、送丝机构、供气装置组成。Fronius 全数字 Trans Puls Synergic 4000 型脉

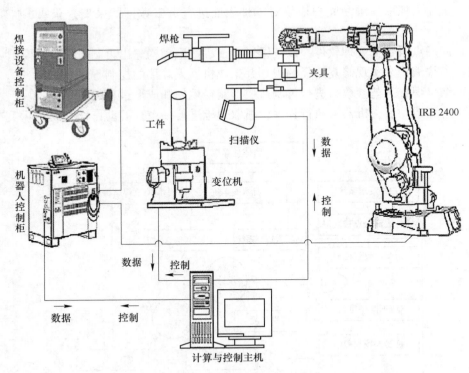

图 8-10　系统结构示意图

冲 MIG 焊机采用脉冲电流，可用较小的平均电流进行焊接，可以精确控制到一个脉冲过渡一个熔滴，实现近似无飞溅焊接，母材的热输入量低，焊接变形小，适于全位置焊接。Fronius 全数字焊机采用数字信号处理器（DSP），只需改变电脑软件就可以控制焊机的输出特性，实现对焊接过程的精确控制，适于对焊接质量和精度要求较高的焊接。供气装置为工业氩气瓶，气体为 80%Ar+20%CO$_2$（体积分数）。

（3）三维激光扫描仪反求系统。三维激光扫描仪反求系统由线激光器、Lu 050（加拿大渥太华 Lumenera 公司生产）摄像机和相关控制卡组成。激光类型为 CDRHCLASS Ⅱ；摄像机图像传感器的尺寸为 1/3 英寸，5.8 mm×4.9 mm 阵列，有效像素数为 640×480，拍摄图像的灰度级别为 0~255 级；扫描仪通过 USB 2.0 接口规范与计算机相连，由驱动程序接口实现数据和控制信号的传输，采样频率为 20 fps，扫描固定时，扫描精度为 0.048 mm。

（4）中心计算机。该系统采用一台工业控制计算机作为整个系统的过程控制中心，通过相应的接口电路控制各个子系统进行数据处理和再制造零部件的反求及成形。

（5）周边装置。周边装置是指与机器人本体、焊接设备、扫描设备共同完成某种特定工作的辅助设备，包括各种支座、工件夹具、工件（包括夹具）变位装置、安全防护装置，以及焊枪喷嘴清理装置，焊丝剪切装置等，可以保证该系统顺利、安全、环保地完成再制造成形作业。

8.5.4.2　软件系统

系统软件环境除各硬件系统的驱动程序及辅助设计类软件外，还包括自行开发的 Trv

文件。Trv 文件主要包括反求系统的标定、零件反求扫描测量和数据处理、缺损模型重构，焊接熔覆成形路径的规划等功能模块。

（1）反求系统的标定模块。该模块的主要任务是确定扫描仪坐标系与机器人末端坐标系之间的变换矩阵，工作界面如图 8-11 所示。

（2）零件反求扫描测量模块。模块的主要任务包括测量参数与方式的设定、数据采集及数据存储等，工作界面如图 8-12 所示。

（3）数据处理模块。主要用来进行数据平滑、数据精简、数据去噪、数据拼接与分割等关键的数据处理操作。

（4）缺损模型重构模块。基于点云数据的模型重构主要包括生成损伤零件的三角化模型与拟合标准零件模型两部分。该模块的操作界面如图 8-13 所示。

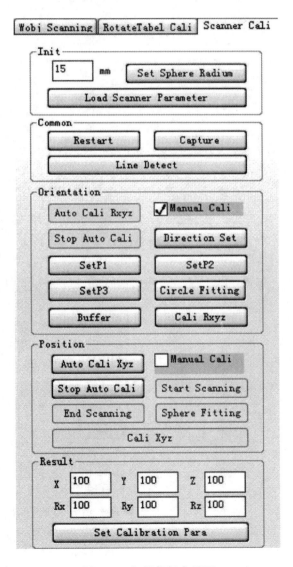

图 8-11　扫描仪标定界面

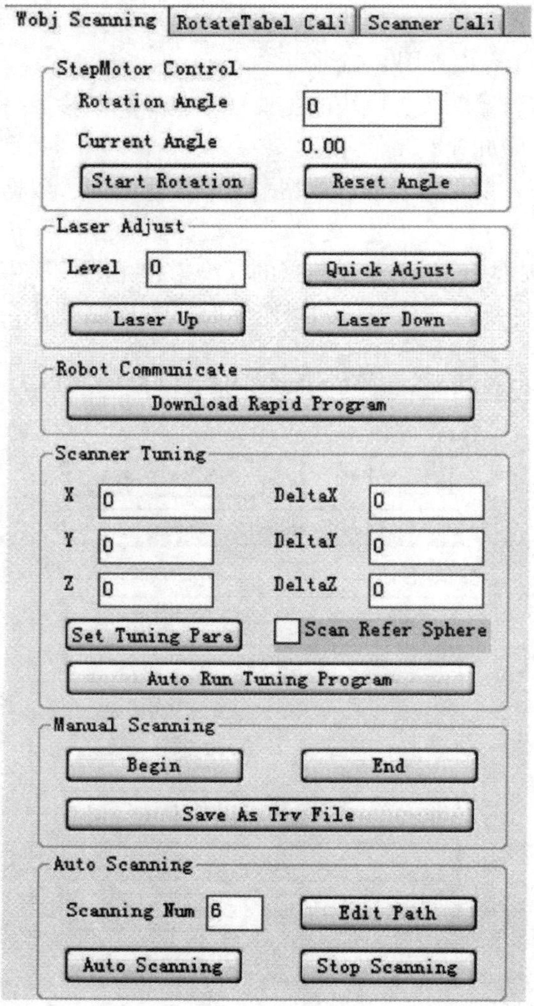

图 8-12 零件扫描测量模块操作界面

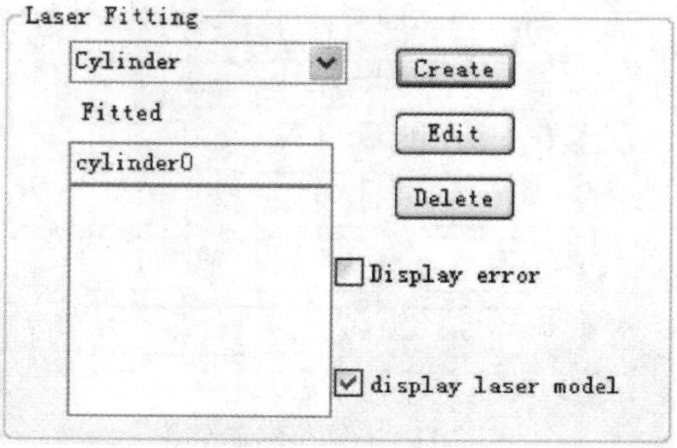

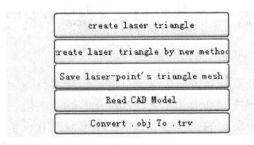

图 8-13 缺损模型重构模块操作界面

（5）再制造成形路径的规划模块。图 8-14 为再制造成形路径规划模块的操作界面；该模块主要是根据零件缺损情况和焊道的尺寸进行熔覆成形路径规划，自动生成熔覆成形程序。

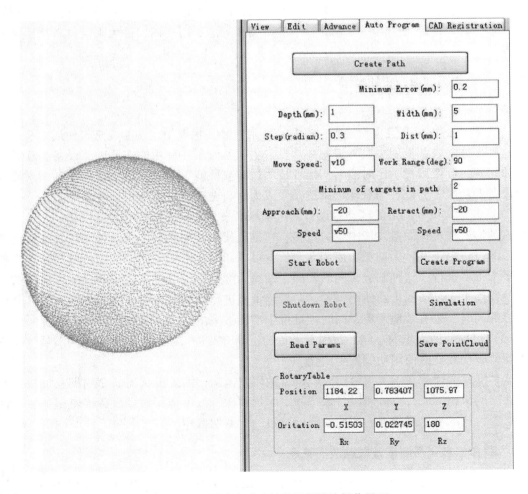

图 8-14 再制造成形路径的规划模块操作界面

8.6 信息化再制造升级及其方法

8.6.1 概述

信息化再制造升级主要指在对废旧机电产品进行再制造过程中利用以信息化技术为特点的高新技术，通过模块替换、结构改造、性能优化等综合手段，实现产品在性能或功能上信息化程度的提升，满足用户的更高需求。信息化再制造升级是产品再制造过程中最有生命力的组成部分，其显著区别于传统的恢复性再制造。恢复性再制造只是将废旧产品恢复到原产品的性能，并没有实现产品的性能随时代的增长，而信息化再制造升级可以使原产品的性能得到巨大提升，达到甚至超过当前产品的技术水平，对实现产品的机械化向信息化转变具有重要意义。

产品信息化再制造升级与普通信息化升级的区别在于其操作的规模性、规范性及技术的综合性、先进性。通过信息化再制造升级，不但能恢复、升级或改造原产品的技术性能，保存原产品在制造过程中注入的附加值，而且注入的信息化新技术可以高质量地增加产品功能，延长产品使用寿命，建立科学的产品多寿命使用周期，最大限度发挥产品的资源效益。

8.6.2 信息化再制造升级的类型

设备的信息化再制造升级可分为以下 3 种形式：

（1）利用新技术升级现役设备，提升其技术性能，扩展使用功能或延长使用寿命。

这种形式在设备发展中最为普遍和常见。主要是由于在使用的实践中，设备会逐步显现出原始不足；或服役一定时期后，出现技术过时或性能下降；或新出现的使用需求要求改变设备的功能。为此，信息化再制造升级成为设备全寿期内的一种必然选择。

（2）分批次设计制造的同型号设备，可采用新技术不断完善和改进其性能。

这种形式在现代设备发展中日益增多，它是现代设备生产制度发展的结果。特别是某一型号的设备由于设计周期长，使用寿命长，可以长期在市场上保持应用，则其制造必然分为多个批次进行，这种制造时间的不同，使得后续设备可以根据技术的发展、需求的变化以及以前批次反馈回来的使用经验，对后续批次进行技术改进和完善，在不断提升其服役性能的同时，也有效地避免了同时大批量生产所带来的技术风险和使用时的滞后。

（3）根据使用需求的不同，对现有设备的设计方案进行改进，派生出新的型号，使其具备新的服役性能或使用功能发生变化。

这种形式的优势在于不仅可以降低设备的研发风险，缩短设备的研制周期，加快设备使用性能的快速形成，也可使设备保持一定的延续性，减少全新型号设备给使用单位的训练、使用、技术与保障带来的不便，降低设备的全寿期费用。

8.6.3 装备信息化再制造升级改造的特点

（1）提高信息化程度是装备再制造升级改造的一项核心内容。1991 年海湾战争之后，信息技术对武器装备作战能力的"倍增"效果不断增强。提高武器装备的信息化程度成为联合作战的必然要求。信息化联合作战不仅要求装备具备强大的态势感知、通信能力，还要求装备之间具备互联互通能力，实现装备实时信息交流和共享。而现役武器装备还大多为机械化时代的产物，信息化程度普遍不高。为此，提高装备的信息化程度就成为外军装备升级改造的一项核心内容。外军很多装备的升级改造都主要围绕信息化再制造展开。

（2）实现以网络为中心的一体化改造是装备再制造升级改造的重要方向。装备正在从以平台为中心向以网络为中心发展。网络化改造可以提高工业生产的效率和智能化水平。在工业 4.0 时代，智能制造成为主流，通过网络化改造，可以实现生产线的自动化、智能化升级，提高生产效率和产品质量。同时，网络化改造还可以实现远程监控和维护，降低运维成本。实现以网络为中心的一体化改造，成为升级改造的重要方向。

（3）采用开放式体系结构是保障持续再制造升级改造的主要技术途径。开放式体系结构主要体现在电子信息系统方面。由于电子信息系统更新换代速度快，成为装备升级改造的重点内容。开放式体系结构可以只需修改或者变换某个系统模块，在不需要对系统的整体构架进行重新设计时情况下，迅速植入标准或通用的设备和技术，具备良好的可扩展性，升级改造更加容易，费用更低，从而使装备具备了几乎可以与技术发展节奏同步的螺旋式发展的潜力。基于此，美、欧已经将开放式体系结构视为解决装备特别是电子信息系统持续发展问题的主要技术途径。一方面，在新一代电子信息系统上大力推行开放式体系结构，以便于武器装备具备持续升级能力。另一方面，不惜耗费巨资对现役电子信息系统进行大刀阔斧的改造，将以前封闭式的体系结构改造为开放式体系结构，节省装备全寿命周期再制造升级改造费用。

（4）模块化、通用化是促进装备再制造升级改造的基本要求。模块化、通用化是指按照统一的规格和接口，将装备系统的构成部分设计为标准化的模块，使它们适于不同平台和系统。以此为前提，一方面促进了装备分系统、设备、软件等得以不依赖特定的装备独立发展，加速了新技术、新概念向装备转化的进程，有利于缩短特定的装备研制周期，降低研制费用；另一方面便于升级改造，使得升级改造时，只需对特定的模块进行更新、替换，从而使升级改造具有最大限度的灵活性，有利于新技术的植入。

8.6.4 信息化再制造升级方法

8.6.4.1 信息化再制造升级的主要方式

因为信息化再制造升级所加工的对象是具有固定结构的过时产品，对其加工有更大的约束度，是一个对技术要求更高的过程。通常信息化再制造升级技术是采用新的信息化技术和新的产品设计思想，来提高产品的信息化性能或功能，主要再制造方式有以下几类：

（1）以采用最新信息化功能模块替换旧模块为特点的替换法。主要是直接用最新产品上安装的信息化功能新模块替换废旧产品中的旧模块，用于提高再制造后产品的信息化功能，满足当前对产品的信息化功能要求。

（2）以局部结构改造或增加新模块为特点的改造法。主要用于增加产品新的信息化功能以满足功能要求。

（3）以信息化功能重新设计为特点的重构法。主要是以最新产品的信息化功能及人们的最新需求为出发点，重新设计出再制造后的产品结构及性能标准，综合优化信息化再制造升级方案，使得再制造后产品性能超过当前新品性能。

因为制造商是原产品信息和最新产品性能等信息的拥有者，所以对废旧产品的信息化再制造升级主要应由原产品制造商来完成再制造方案的设计，并亲自或者授权具有能力的再制造单位进行废旧产品的信息化再制造升级。

8.6.4.2   信息化再制造升级的工艺路线

废旧产品被送达再制造工厂后，首次进行信息化再制造升级，包括以下主要步骤（图 8-15）：

（1）首先需要进行产品的完全分解并对零部件工况进行分析。

（2）综合新产品市场需求信息和新产品结构及信息化情况等信息，明确再制造后产品的性能要求，对本产品的信息化再制造升级可行性进行评估。

（3）对适合信息化再制造升级的产品进行工艺方案设计，确定具体升级方案，明确需要增加的信息化功能模块。

（4）依据方案，采用相关高新技术进行产品的信息化再制造升级加工，并对加工后的产品进行装配。

（5）对信息化升级后的再制造产品进行性能和功能的综合检测，保证产品质量。

（6）信息化再制造升级后的产品投入市场进行更高层次的使用。

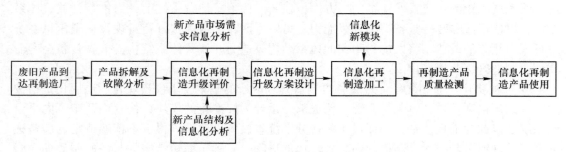

图 8-15   产品信息化再制造升级工艺路线

8.6.4.3   影响因素

废旧机电产品信息化再制造升级活动作为产品全生命周期的一个重要组成部分，也与产品生命周期中其他各个阶段具有重要的相互作用，尤其在产品设计阶段，如果能够考虑产品的信息化再制造升级性，则能够明显地提高产品在末端的再制造升级能力。目前可以从定性角度考虑利于信息化再制造升级的设计，例如在产品设计阶段考虑产品的结构，预测产品性能生长趋势，采用模块化、标准化、开放式、易拆解式的结构设计等都可以促进信息化再制造升级。

———— **本 章 小 结** ————

虚拟再制造是通过计算机仿真和虚拟现实技术实现再制造过程的一种新技术。它可以预测产品再制造的性能，节约成本，缩短生产周期，并提高产品质量。虚拟再制造与虚拟制造不同，虚拟再制造的初始对象是废旧产品，虚拟制造则是原材料。虚拟再制造的系统由数据层、活动层、应用层、控制层和界面层组成。虚拟再制造的关键技术包括信息挖掘、加工建模、决策控制、加工技术、质量控制和可视化等。虚拟再制造的应用涉及企业管理、产品设计、生产过程和控制等领域。

柔性再制造是利用先进的信息技术、再制造技术和管理技术，通过柔性再制造系统的柔性、可预测性和优化控制，对多种产品进行个性化再制造的一种方法。柔性再制造系统包括再制造加工系统、物流系统和控制与管理系统。关键技术包括人工智能、计算机辅助设计、模糊控制、人工神经网络、机电一体化和虚拟现实与多媒体技术。柔性再制造系统的应用范围包括再制造企业、再制造产品设计、再制造生产过程和再制造控制过程。实现柔性再制造系统的设备柔性化、技术柔性化和产品柔性化是一个复杂的系统工程。

网络化再制造是一个基于网络技术的先进再制造模式，通过政府调控、产学研相结合的组织模式，在计算机网络和数据库的支持下，实现再制造企业、高校、研究院所及其资源的动态集成。网络化再制造系统包括网络化再制造制造信息系统、网络化再制造资源系统、虚拟仓库、网络化再制造产品销售系统等分系统和技术支持中心。它具有快速响应市场、突破地域限制、强调企业间协作和资源共享的特点。网络化再制造涉及协同性、敏捷性、数字化、远程化和多样性等重要特性。关键技术包括组织、控制、平台、工具和应用实施技术等。网络化再制造的研究与应用对再制造产业的发展具有重要作用。

快速响应再制造是基于市场需求和潜在需求的再制造技术集成。它利用信息技术、快速再制造成形技术、虚拟再制造技术和管理科学等，结合再制造设计理论和方法，实现对市场个性化需求的快速响应。快速响应再制造可以提高产品的功能水平和适应环境要求，延长产品的寿命。它还能应对特殊条件下的产品需求，解决备件采购问题。快速响应再制造需要建立柔性化的生产线，实现快速再制造的能力，节约时间、提高效率和减少成本。快速响应再制造的关键技术包括快速再制造设计技术、快速再制造成形技术、快速再制造升级技术、可重组制造系统和客户化生产。快速响应再制造对产品保持性能更新、适应特殊环境要求和恢复产品功能具有重要作用。

发展快速成形技术能实现快速生成损毁零件，并提高装备维修保障能力。快速成形技术能将 CAD 设计的数字模型物化为原型或直接制造零件。快速再制造成形技术是基于离散−堆积成形原理，利用高速电弧喷涂、激光成形等技术，通过定点堆积实现损毁零件的再制造。快速再制造成形平台包括零部件再制造数据库、三维扫描及建模系统、再制造快速成形系统和数控加工系统等。快速再制造成形系统通过反求测量、三维数据扫描和堆焊技术实现零件的修复和再制造，达到或超过原始件性能要求。机器人 MIG 堆焊再制造成形系统的硬件包括机器人系统、三维激光扫描仪系统、MIG 焊接电源系统和台式计算机。系统软件包括反求系统标定、零件扫描测量、数据处理、缺损模型重构和焊接路径规划等功能模块。快速再制造成形技术在应急零部件制造和再制造领域具有重要意义。

信息化再制造升级是利用信息化技术，在对废旧机电产品进行再制造的过程中，通过模块替换、结构改造和性能优化等手段，提升产品的性能和功能，以满足用户的更高需求。它与传统的恢复性再制造有所不同，可以使原产品的性能得到巨大提升，甚至超过当前产品的技术水平。信息化再制造升级可以恢复、升级或改造原产品的技术性能，延长使用寿命，并注入信息化新技术以提高产品功能。装备的信息化再制造升级可分为利用新技术升级现役设备、不断完善和改进同型号设备、改进设计方案派生新型号这三种形式。信息化再制造升级的核心内容是提高信息化程度、实现网络中心的一体化作战、采用开放式体系结构和模块化、通用化。信息化再制造升级的方法包括替换法、改造法和重构法。在废旧产品的信息化再制造升级过程中，需要进行产品分解、工况分析、方案设计、加工和装配、检测等步骤。产品设计阶段的设计结构、预测性能增长趋势、模块化、标准化、开放式和易拆解式结构设计都会促进信息化再制造升级的能力。

习　题

8-1　什么是虚拟再制造？其特点是什么，其关键技术包括哪些？

8-2　什么是柔性再制造？其特点是什么，其模块包括哪些？

8-3　简述柔性再制造的关键技术。

8-4　什么是网络化再制造？其基本特征是什么，其关键技术包括哪些？

8-5　简述区域性网络化再制造系统的构成和层次关系。

8-6　什么是快速响应再制造技术？快速再制造成形的定义是什么，其关键技术包括哪些？

8-7　快速再制造成形主要功能是实现损毁零件的快速生成，基本工作步骤包括哪些？

8-8　什么是信息化再制造升级，有几种形式？

8-9　装备信息化再制造升级改造的特点是什么？

8-10　信息化再制造升级的主要方式有哪几类？首次进行的步骤包括哪些？

9 绿色再制造工程典型应用

本章提要： 概述高端再制造的典型应用——隧道掘进机再制造和重载车辆再制造的具体内容；介绍在役再制造的典型应用——油田储罐再制造、发酵罐内壁再制造和绞吸挖泥船铰刀片再制造的情况；介绍智能再制造的典型应用——复印机再制造和计算机再制造与资源化的流程和内容；介绍恢复再制造的典型应用——发动机再制造和齿轮变速箱再制造的内容。

9.1 高端再制造典型应用

高端再制造是再制造产业发展的方向，再制造产业发展过程中，高端化、智能化技术如激光熔覆、3D 打印等不断涌现，并在再制造领域广泛应用，聚焦具有重要战略意义和巨大潜力的关键装备，以高技术含量、高可靠性要求和高附加值为核心特性，提高能源资源水平，提升新产品的设计，并实现经济效益和环境保护的双赢，进一步推动高端智能再制造产业。工业和信息化部实施了一批高端再制造重点工程和项目，推动我国再制造产业做大做强，在工业装备再制造领域取得积极的效果。例如，航空发动机领域已实现叶片规模化再制造；医疗影像设备关键件再制造技术取得积极进展；首台再制造盾构机完成首段掘进任务后已顺利出洞；解放军 5719 工厂已累计再制造航空发动机叶片超过 4 万件，装在 1000 多台次发动机上安全飞行 33 万小时。再制造生产还与新品设计制造积极反哺互动，起到了显著的技术进步促进作用。宝山钢铁股份有限公司应用激光熔覆等增材再制造技术对破损的轧钢机架牌坊开展现场再制造，使牌坊功能面使用寿命延长约 10 倍，所用材料仅为原机重量的 0.01%，再制造价格仅为购置新品的 0.2%；宝山钢铁股份有限公司投入激光再制造费用约 3000 万元，直接经济效益达 3 亿元，间接经济效益已超 10 亿元。此外，国内首台再制造盾构机在完成首段掘进任务后已安全出洞，再制造盾构机的质量、性能、可靠性及节能效果广受赞誉。中国电子科技集团公司第十二研究所在医疗影像设备关键件的再制造技术研发与应用方面也取得积极进展。这些再制造领域的新发展态势呈现一个共性特点，就是聚焦具有重要战略意义和巨大经济带动潜力的关键装备，以高技术含量、高可靠性要求和高附加值为核心特性，在提升能源节约和资源循环利用水平的同时，可反哺新品设计制造，推动加快突破尖端装备技术。

9.1.1 隧道掘进机再制造

9.1.1.1 概述

隧道掘进机（Tunnel Boring Machine，TBM）又称盾构机，是集机、光、电、液、传感以及信息技术于一身，具有开发切削土体、输送土渣、拼装隧道衬砌和测量导向纠偏等功能，涉及地质、土木、机械、力学、液压、电气、控制以及测量等多门学科技术，具有产品结构复杂、技术含量高、可靠性要求高和单台设备价值高等特点，是装备制造业的标志性产品。TBM 已经成为当今地铁、隧道、引水工程、公路（越江）隧道、城市管道工程施工的主力机型。

　　TBM 作为工程机械领域的高端成套装备，具有研发周期长、技术工艺复杂、产品附加值高以及施工风险大等特点，广泛应用于地铁、铁路、水利、公路以及城市管道等工程。TBM 产品的整机设计寿命一般为 10 km，市场上现存的近 30%。TBM 产品即将进入大修及报废时段，但由于各个零部件的使用寿命不相同，TBM 在完成一定量的施工任务并且设备达到设计寿命，或者在没有后续工程的情况下，尽管有些结构存在不同程度的损坏，但很多零部件仍然可以继续使用，如果将其报废则会造成极大的经济损失和资源浪费。通过再制造，可赋予废旧 TBM 新的使用寿命，TBM 再制造技术符合国家可持续发展、构建循环经济的战略需求。因此，TBM 再制造潜力巨大，TBM 再制造产业将逐步成为 TBM 行业发展的重要组成部分。

　　国外 TBM 制造和应用单位都有对 TBM 进行成功再制造的案例。例如，国外 TBM 制造企业罗宾斯（Robbins）公司每年生产的 35~50 台 TBM 中将近 70% 通过恢复性再制造实现翻新；海瑞克（Herrenknecht）公司也有大量 TBM 再制造后使用。经粗略调查，全世界再制造 TBM 的应用比例为 60%~75%。一台 TBM 可以经过多次再制造设计及再制造，应用于多项工程施工。例如某台主梁式 TBM 最初出厂时开挖直径为 7.63 m，于 2004—2006 年完成冰岛 Karahnjukar 水电项目 1 号隧道 14.3 km 的掘进施工，经再制造后其开挖直径变为 9.73 m，于 2008 年完成瑞士 Ceneri Sigirino 基线隧道工程 2.4km 的掘进施工。又如另一台主梁式 TBM 最初出厂时开挖直径为 3.52 m，后经第 1 次再制造开挖直径变为 3.6 m，经第 2 次再制造开挖直径变为 4.2 m，经第 3 次再制造开挖直径变为 3.9 m。

　　目前，我国的隧道工程及 TBM 产业规模已跃居全球首位。截至 2022 年底，国内盾构机和 TBM 的保有量已经超过 3000 台，每年还在以 300 台左右的速度增加。为了打破国外长期垄断 TBM 市场的局面，掌握自主设计、制造 TBM 的能力，国家出台了系列重点振兴 TBM 国产化的相关政策，国家对 TBM 的发展日益重视，与之相关的 TBM 技术研究和专利数量逐年增加。2016 年，中国铁建重工集团股份有限公司、中铁工程装备集团有限公司和中铁隧道局集团有限公司三家 TBM 制造和施工单位以及安徽博一流体传动股份有限公司、蚌埠市行星工程机械有限公司等 TBM 关键配套件单位被列入工业和信息化部机电产品第二批再制造试点单位。2017—2022 年，中铁工程装备集团有限公司、秦皇岛天业通联重工股份有限公司、中铁隧道局集团有限公司、山东新创传动机械有限公司的再制造盾构机经过现场审核、产品检验与综合技术评定以及专家论证等程序，符合《再制造产品认定管理暂行办法》及《再制造产品认定实施指南》的要求，分别被列入《再制造产品目录》（表9-1）。

表 9-1　工业和信息化部盾构机再制造产品目录

制 造 商	产品名称	产 品 型 号		目录批次
中铁工程装备 集团有限公司	土压平衡盾构机	4 m≤φ<6 m		第六批
		6 m≤φ<7 m		
		9 m≤φ<12 m		
	泥水平衡盾构机	6 m≤φ<7 m		
	硬岩掘进机	6 m≤φ<7 m		
秦皇岛天业通联 重工股份有限 公司	土压平衡盾构机	4 m≤φ<6 m		第七批
		6 m≤φ<7 m		
	泥水平衡盾构机	6 m≤φ<7 m		
	硬岩掘进机	4 m≤φ<8 m		
中铁隧道局集团 有限公司	土压平衡盾构机	6 m≤φ<7 m		
山东新创传动 机械有限公司	盾构机减速机	MRP1703SC-500H		第八批
中铁隧道局集团 有限公司	硬岩掘进机	CT007R（φ=6.39）		
山东新创传动 机械有限公司	盾构机	ZT4130、ZT4160、ZT4310、ZT6250、ZT6270、ZT6280、ZT6340、 ZT6410、ZT6440、ZT6450、ZT6480、ZT6610、ZT6650、ZT6660、 ZT6670、ZT6810、ZT6850、ZT6900、ZT6950、ZT7690、ZT8600、 ZT8800、ZT8830、ZT9090、ZT9130、ZT10090、ZT11060、ZT11130、 ZT12140、ZT12510、ZT13460、ZT15030、ZT15800		第九批
	硬岩掘进机	ZT3530、ZT4330、ZT5200、ZT5480、ZT8030、ZT9030、ZT9860		

注：截至 2022 年 9 月。

9.1.1.2　TBM 再制造技术

A　TBM 再制造技术的概念

TBM 再制造是指在隧道施工中，对于完成了规定施工里程或达到了规定使用期限的 TBM，以全寿命理论为指导，以优质、高效、节能、节材、环保为目标，以先进的设计方法和先进的制造技术为手段，对 TBM 进行修复、改造，修复后 TBM 的性能和寿命的预期值达到或超过原设备的性能与寿命，其过程如图 9-1 所示。

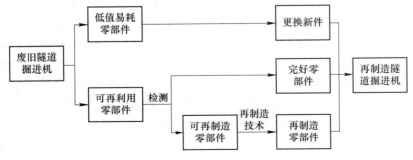

图 9-1　TBM 再制造过程

B　TBM 再制造技术的特征

TBM 再制造技术是面向整个设备生命周期的系统工程，具备以下几个鲜明特征：

（1）TBM 再制造技术是实现废旧设备重新获得使用功能的创新技术，具有充分利用资源、降低生产成本、减小对环境危害和提高经济效益的特征。

（2）TBM 再制造技术所针对的零部件有个体性、多样性，以及质量和数量的差异性等特点。

（3）TBM 再制造技术符合国家可持续发展战略。

TBM 再制造技术具有广阔的市场前景，主要表现在以下几个方面：

（1）再制造 TBM 成本约为新机成本的 70%，降低了工程成本，可实现资源的持续利用。

（2）再制造 TBM 的使用性能不低于新机，并可以根据下一个工程的建设环境和地质条件等因素对再制造 TBM 进行适当调整，以满足市场需求。

（3）旧 TBM 再制造时，如果不是最后一次再制造，则可为下一次再制造留下寿命空间，符合施工方利益，容易在市场应用推广。需说明的是，再制造厂家要对再制造的设备负责，做好再制造设备的售后服务，为用户和业主提供可靠性应用保证，这也是相关企业及产品拥有广阔市场的前提。

9.1.1.3　TBM 部件修复对象分析

从零部件的磨损量看，大多数 TBM 主结构件相对运动副虽然有一定的磨损和损坏，但磨损量与整体零件的重量相比显得微不足道。假如采用先进的修复技术，恢复其原有的形状和尺寸，成本不高。而且采用先进修复技术恢复的表层比原有表层更为耐磨、耐蚀和耐用。

（1）后配套台架结构（包括各类工作平台）。后配套台架主要承载为主机掘进服务用配套设备，掘进的振动和负载对结构件使用寿命的影响不大，只需修正台架结构的变形和锈蚀即可重复投入使用。

（2）TBM 主机结构件。TBM 前部主梁、后支腿、鞍架、轴承驱动组件和撑靴等主要结构件，多为焊接结构件，使用中承受交变载荷和高频振动，长期运行过程中，焊缝容易开裂，结构产生变形和疲劳，相对运动产生的磨损相对较少，磨损量不大，因此设备下场后具备修复价值。

（3）主驱动机构和减速机构。主电动机通过拆卸、检查，更换破损的密封、轴承和齿轮，彻底清除残存积垢，转子重新绝缘处理，依然可以继续运行使用。

（4）封后配套电气设备。如果 TBM 的工作环境保持干燥，绝缘良好，则后配套电气设备应该不会有大的损伤，假如电缆及各类缆线包裹良好，只要橡胶材料没有超过老化期，完全可以修复利用。

（5）刀盘。刀盘主要承受掌子面坚硬岩石的磨砺，钢板框架结构长期处于拉、压、弯、剪和扭组合荷载的作用下，属于磨损严重构件，而且掘进过程中主焊缝结构的开裂现象比较严重，长期运行还伴随疲劳现象，耐磨板丢损、脱落，刀具座孔磨损、变形较多，刀盘外形轮廓的几何形状难以维持，修复的难度比较大，是再生修复的重点攻关项目。

（6）主轴承。由于主轴承价值昂贵，对隧道掘进的影响重大，加之内部配合零件加工工艺精良，目前对其工作荷载的相应分析尚不透彻，对于滚道、滚子和保持架的磨损修复还不具备条件。需要进一步加大对修复技术和装备的投入，重点对材质和加工工艺进行研究、攻关。

（7）液压元件和胶管液压元件的修复价值。液压元件和胶管液压元件的修复价值完全取决于使用过程对其维护保养的程度，如果管理得当，油液污染始终控制在合理的水平，则液压元件的工作寿命将大大延长。再生过程中，经过仔细的检查和测试，可以发现损坏的零件，通常通过成组更换损坏的密封件，按照正确的装配关系进行组合，仍然可以继续使用相当长一段时期。

（8）独立设备的检修。独立设备的检修如同发动机再生一样，根据拆检结果进行相应更换和修复，完全可以达到新机的使用效果。

（9）刀具。通常 TBM 的刀具磨损后，只是更换新刀圈和刀体内部分损坏件，用量特别大，通过多年的探索和研究试验，目前完全可以实现部分刀具的国产化。由于刀圈的磨损量大，采用特殊表面工程技术进行修复的厚度尚不能满足要求，目前可以通过研究试验进行一些探索。

9.1.1.4　TBM 各系统的再制造

TBM 再制造工程首先采用高附加值再制造深度拆解技术和高效化学清洗技术，对废旧 TBM 进行拆分、清洗，拆分出易损零件（易损零件直接报废）和可再利用零件，对可再利用零件进行检测，再次拆分出完好零件、可再制造零件，对可再制造零件进行再制造加工并检测合格，将完好零件、再制造零件和原厂新零件通过新技术和新工艺进行组装升级，最后将装配好的 TBM 进行调试用于隧道工程，以下列几个系统为例探讨 TBM 各系统的再制造。

（1）切削系统。

1）刀盘。刀盘是 TBM 的核心部件之一。刀盘的地质适应能力决定着工程施工的成败，刀盘的再制造是 TBM 再制造的重点之一。刀盘结构长期处于拉、压、弯、剪和扭组合荷载的作用下，掘进过程中变形、开裂、磨损和刀具脱落等问题极易发生，刀盘外形轮廓的几何形状难以维持，修复难度大。刀盘再制造的关键问题是解决其工程地质适用性和结构强度，应根据下一个工程的地质和水文条件具体情况对刀盘的强度、刚度、开口率、刀间距、耐磨性，以及搅拌棒、刀具座及泡沫注入口等性能和结构进行再制造。

2）刀具。刀具的类别和布置方式是顺利掘进的重要保证，TBM 刀具包括滚刀和切削刀。滚刀的再制造，包括刀圈、刀体、刀轴和轴承等的修复。其主要破坏形式是刀具的磨损，当刀具损坏后一般是更换新的刀圈、刀体等。切削刀的破坏形式主要为冲击破坏和磨粒磨损，切削刀的再制造是在磨损后的刀具上堆焊硬质合金球齿，并根据施工工况和制造环境来确定其焊接工艺、热处理工艺。例如，在北京地铁 5 号线砂卵石地层中，再制造的周边刮刀比进口刀具的掘进距离增加 20%，其寿命优于进口刀具。

（2）主驱动系统。

1）主轴承。作为 TBM 的核心部件，主轴承的失效形式主要是滚道、滚子及保持架的变形和磨损。再制造过程首先是检查与检测，例如：对内、外圈进行探伤检查；对内、外圈的滚动体、滚道面及外圈齿面进行硬度检测；对全部滚道面进行端面跳动及圆度检测等。其次，制订主轴承的修复方案，例如：内圈滚道面采用磨削、外圈滚道面采用车削方式修复；对滚道面重点位置进行硬度检测；对车削的滚道面进行磁粉探伤；滚动体需要全部更换；保持架需要表面清理与修复。

2）减速器。减速器的再制造，首先将其进行拆卸、检查。检查内部零部件的磨损状态，对于减速器的齿轮、轴及箱体等采用表面修复或机械加工进行再制造，对其中的轴承、密封进行更换，对转子的绝缘进行再处理，以使再制造设备性能完全满足使用要求。

（3）壳体结构。以盾构壳体为例，盾构的壳体结构主要包括前盾、中盾和尾盾。壳体结构件易变形和磨损，应对其进行圆柱度、轴方向弯曲、本体长度及外周长度检查，保证各项指标在允许误差范围之内，对于磨损部位利用表面工程进行修复。

（4）电气系统。电气系统的再制造包括检查电气柜及所有电动机和仪器仪表，检查电路板是否干净；检查主电源变压器、各电动机绝缘电路绝缘是否良好等。对控制系统的电路板进行检测，修复后满足使用条件，更换老化的控制线；对于不适合新工程的控制系统进行重新设计，使电气控制系统的性能达到甚至超过新的TBM。

（5）液压系统。对TBM液压系统中的零部件进行拆解、清洗，并进行试验检测，根据试验检测结果确定液压系统的损坏部位并进行修复或更换。检查液压泵的输出压力能否达到设计压力；检查活塞杆和缸体内壁是否有磨损，对于出现磨损处重新镀铬；检查液压泵、液压缸、油管、接头、控制阀块、密封部位及配合件等部位是否泄漏，检查液压油管是否出现损伤、老化，检查散热器和过滤器是否正常，对于出现故障的零部件进行修复或更换。

（6）独立设备。对于TBM的独立设备，首先进行拆装检查，根据拆装检查结果对损坏部分进行修复或更换。对再制造设备拆分出的完好零件直接进行清洗、喷涂等防护工艺；结构上完整的磨损零部件可以采用热喷涂技术进行再制造，热喷涂材料需要根据再制造的零件材料和硬度要求进行选择，并确定再制造零部件的修复技术及工艺，以满足设备使用要求。

9.1.1.5　再制造TBM质量保证措施

推广应用再制造TBM意义重大，首要的问题是采取一系列措施确保再制造TBM具有可靠的质量和优良的性能。只有这样，才能为再制造TBM在工程实践中顺利施工创造条件，才能促进再制造TBM的合理推广。

（1）分析再制造的可行性和工程适应性。TBM属于定制大型施工设备，在选用再制造TBM之前，首先需要根据开挖直径、支护类型筛选可供选择的旧机；对于筛选入围的设备，需分别充分调查其在前续工程的设备性能、制造标准、工程对象、地质条件、施工业绩、施工中存在的问题以及现状等。结合后续工程的地质条件、施工环境、开挖直径、初期支护或管片衬砌要求、施工图、施工组织、进度计划等进行专业分析、对比论证，分析TBM原设计功能与性能、设备配置等与新工程需求的匹配程度，初步估算再制造工作量、时间和成本等，进行再制造TBM可行性以及工程适应性评估，选定原型机。

（2）制订合理的再制造方案。经可行性和工程适应性论证、确认采用再制造TBM并选定原型机后，进一步对选定TBM原型机的现状进行深入调查，组织专家和专业人士对各个系统和关键部件的现有性能进行综合评价，明确关键系统和部件的状态，结合新工程的条件和要求，拟定再制造TBM的功能需求与技术性能，针对不同系统和部件分别选用维护、维修、改造、改进或更新等措施，系统制订再制造技术方案，测算再制造工期，核算再制造成本，反复论证优化，最终确定合理的再制造方案。

方案的合理性控制至关重要，一定要充分结合设备现状、新项目的工程地质条件和工程量。例如，中天山隧道采用的 TBM 已经承担过两项隧道工程施工任务，由于工期、成本方面的影响，刀盘仅进行了恢复性维修和部分改进，加之后期围岩条件恶劣，导致刀盘质量明显下降，在一定程度上影响了 TBM 的顺利掘进。事后总结分析，当初如果投入更多的工期和成本，对刀盘进行彻底更新，设计制造全新刀盘，从刀盘主体、刀座、刀具、刮渣板和耐磨层等方面全面提升刀盘性能，使结构与配置更合理、质量更可靠，估算施工工期能缩短一半以上，经济效益和社会效益将非常显著。因此，TBM 再制造技术方案合理、工期科学、投入成本匹配，结合良好的过程控制，保证再制造 TBM 的质量，才能达到顺利施工的目标。

当然，设备的性能要求以满足工程施工需要为前提，并预留一定的余量，这就要求在设定设备性能和质量标准时，必须由经验丰富的专家和专业技术人员对工程的复杂性做出正确的预判，并提出合理标准。

（3）做好再制造过程中的质量控制。产品质量是发展再制造业的关键所在，也是再制造 TBM 能否获得成功的关键。再制造过程中质量控制的内容主要包括工艺控制、措施控制、执行力控制和过程中的质检等。在 TBM 再制造过程中应建立合理严格的组织机构和制度、制订质量控制管理办法和检验标准、明确人员分工和职责，并严格落实于再制造全过程，同时对再制造过程中发现的不合理方案，及时提出并整改。

TBM 再制造过程中的质量控制主要包括以下几个方面：

1）建立完善的质量保证体系。

2）以自检自控为主，参与再制造的作业人员精细操作，严格执行工序标准，并结合具体工作内容提出改进意见和建议，经设计部门同意后实施。

3）专业质检，指定专门的质量检验监督工程师，对每一道工序进行质量控制，按检验标准进行检验，若发现整修质量问题，则强令返工，直至达到整修质量标准。

4）原材料质量控制，对板材、型材、配件和单项设备等，严把进厂质量控制关，必须经检验合格后方可投入使用，严禁使用不适用、不合格的配件。

（4）制订严格、精细的监造和验收标准设备。监造是一个监督过程，涉及整个设备的设计和制造过程。因此，TBM 再制造之前首先应该制订详细的监造计划及进行控制和管理的措施，明确监造单位、监造过程和监造人员，如果本单位无法胜任监造工作的，则可以委托专业的第三方进行监造。

监造人员必须具有相应专业技术和丰富的经验，熟悉监造的任务和监造重点，熟练掌握监造设备合同技术规范、生产技术标准和工艺流程等，具备质量管理方面的基本知识，并严格执行相关标准和要求，严格控制工序质量，质检到位。

监造内容主要包括设计方案审查与生产过程监督两个方面，需要制订详细的验收标准和要求。对设备的性能和质量，尽可能地采取可量化的标准进行规定，可以根据工程需要和技术可行性规定具体工况下应该达到的标准。在工厂预组装、调试与试运转过程中进行检验，无法完成的可以在试掘进和掘进过程中进行验证。

（5）再制造模式的选择。目前再制造的模式主要有施工单位独立制造、TBM 制造商制造和施工单位与制造商联合制造等几种模式。根据 TBM 原型机来源、维修改造范围和深度、改造难度、后续工程需求及再制造经济指标等因素，综合评估确定再制造模式。如果施工单位技术能力较强、经验较丰富且配套设施完善，则可以独立完成；否则应委托或联合制造商共同实施。如果委托制造商实施 TBM 再制造，则事先要考察其信誉、技术能力、业绩、地理位置和技术人员的素质等综合因素，确保再制造的质量和现场服务的质量。

9.1.2　重载车辆再制造

9.1.2.1　重载车辆再制造工艺过程

随着重载车辆的类别、型号、再制造方式（恢复性再制造、升级性再制造和应急性再制造等）、生产条件和组织等不同，其再制造的工艺过程有着较大的差别。下面主要以中型重载车辆为代表，介绍其恢复性再制造的一般工艺过程。

图 9-2 为以车体修复为主流水线的重载车辆恢复性再制造的一般工艺过程。对废旧重载车辆先拆部分武器、光学和通信设备，进行外部清洗，然后拆成总成、部件及零件，零件经清洗、检测、鉴定后分为可用件、修复强化件及报废件三种类型。可用件按规定工艺保养后入库待用或参加装配；修复强化件送入指定场地进行修复强化，并按不低于新品零件标准检验合格后，入库待用或参与装配；报废件应进行更换，对不能或不宜进行修复的报废件，根据具体情况或做材料级的循环利用，或做环保处理。所有合格零件经过配套后装配成总成，而后送到车体上进行总装。

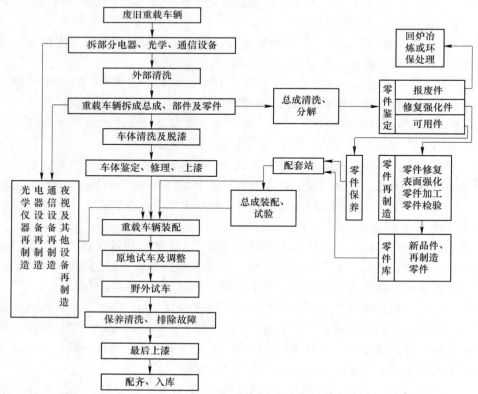

图 9-2　以车体修复为主流水线的重载车辆恢复性再制造的一般工艺过程

　　工厂条件下的重载车辆恢复性再制造通常以流水作业方式进行。流水作业法是按工艺过程的顺序、工序间的衔接关系和大致相同或互成倍数的时间节奏，把整个重载车辆再制造过程分成若干站（组），每一站完成一定的工作内容。流水作业法通常是重载车辆车体按时间节奏沿主流水线移动，各个站上配有专用设备及相应的操作人员，其生产率较高，便于实现机械化。重载车辆各个总成及光、电、通信等设备的再制造多在专门车间完成，图9-3为按网络计划法组织的重载车辆变速箱装配工艺流程。重载车辆恢复性再制造的性能和质量应达到新品标准。

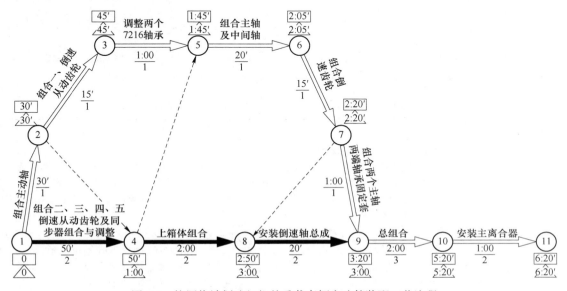

图9-3　按网络计划法组织的重载车辆变速箱装配工艺流程

　　现场条件下的重载车辆应急性再制造通常以包修法进行。包修法是由一个作业组来完成一台重载车辆自拆卸、修复到装配的全过程，多采用换件修复。包修法对操作人员的技能要求较高。由于现场要求以最短的时间使重载车辆能够完成给定的任务，因此允许仅恢复其主要功能。

9.1.2.2　重载车辆零件的再制造

A　零件再制造的重要性

　　零件的再制造即对失效零件的修复与强化，和必要时的结构、材料及性能等改进。由图9-2可见，零件修复强化在重载车辆再制造过程中占有极其重要的地位。再制造可以认为是在零件及由零件构成的部件、装备而非材料水平的再循环。大而言之，主流水线中重载车辆车体的修复就是一个大零件（各钢板及一些支架、支座等组成的焊接合件）的修复，包括对诱导轮支架齿盘及损伤的支座、支架等部分的切割与焊接，车体及焊缝裂纹的焊修，侧减速器基准孔等配合表面的修复强化与加工；小而言之，各总成分解鉴定后的很多失效零件均需进行修复强化，并经检验合格后才能投入装配。

　　重载车辆零件再制造具有很高的资源、环境、社会与经济效益。如用等离子喷涂法修复强化重载车辆转向机行星框架，其成本仅为新品的10%，材料消耗（热喷涂粉末）不到毛坯用钢的1%，而使用寿命却提高1倍以上。重载车辆零件使用优质合金钢材较多，其零件再制造所占的比例越大，节约效果越明显。随着表面工程技术的发展及零件修复强化工艺和质量的不断提高，应尽量扩大修复强化零件的范围，尽量减少作为废钢回炉冶炼等材料循环，或填埋等环保处理部分的数量，以便节约资源和能源，降低再制造的成本。

由于在再制造中，更换零件（再制造零件或新品零件）的失效密度函数及其平均寿命直接决定着再制造装备的可靠性，因此零件再制造的质量对重载车辆技术性能的发挥和维修间隔期的长短有着直接的影响。应充分利用各种高新表面技术和复合表面技术，高质量地修复强化失效零件，成倍地延长其使用寿命，从局部到整体保证再制造装备的质量不低于原始装备。

B　重载车辆零件修复强化方法

选择在重载车辆零件修复强化中，使用较多的是堆焊、热喷涂、槽镀、电刷镀等技术。重载车辆零件失效表面类型及其修复强化方法见表9-2。

表9-2　重载车辆零件失效表面类型及其修复强化方法

零件失效表面类型	特点及举例	常用修复强化方法
密封环配合面	重载车辆的传动部分零件带有这类表面的就有10项14件，全部为内圆柱面。材料是中碳钢或中碳合金钢，硬度分别为 HBW 229~285 和 HBW 255~302。该类表面常因磨出沟槽造成甩油，严重时甚至烧坏零件。密封环配合面的壁体一般较薄，应防止变形	《零件表面强化（工艺规程）》中，明确选用热喷涂（氧-乙炔焰喷涂、等离子喷涂）法；磨损量较小时可用电刷镀法；以前曾用尺寸修理法
自压油档配合面和油封毡垫配合面	重载车辆行动部分的这类表面大多用于润滑脂的密封，防止泥沙的进入，属于易损表面。多为低应力磨粒磨损，如曲臂 $\phi 160$ mm 自压油档配合面只能使用一个中修期	对于不怕变形的零件，如平衡肘、曲臂和侧减速器从动轴等可选用堆焊、喷熔、热喷涂及槽镀等方法；对于防变形要求较高的零件，宜用槽镀、电刷镀、喷涂、粘涂等方法
轴承内外圈配合面	这类表面较多，表面损伤主要是拆装时的划伤及使用中的磨损，磨损量不大。与轴承外圈相配合的孔壁一般较薄，应防止变形	可选用槽镀、电刷镀、热喷涂、粘涂等方法
衬套或器体滑动配合面	重载车辆的传动、行动部分的这类表面与配副间的相对运动速度不高，且多在一定转角范围内做往复摆动，经常发生偏磨。如平衡肘上与铜套相配的 $\phi 105$ mm、$\phi 90$ mm 表面运行一个中修期，偏磨量可达 3 mm。操纵装置中与衬套相配合的零件一般细而长，应防止变形	对于磨损量不大的（如减振器体和减振器叶片）或防变形要求较高的（如操纵部分的细长轴）可用等离子喷涂、电刷镀、槽镀和粘涂等方法；对于磨损量较大且对变形要求不高的可用手工电弧堆焊、等离子堆焊和喷熔等方法；变速箱滑块一类的小零件可用低真空熔结或氧-乙炔喷熔法
环槽面	重载车辆零件的环槽面多与密封环侧面接触，其磨损后槽宽加大，修理较困难	与滑块相配的拨叉环内侧面可用热喷涂法；07、09组的活动盘可用镶套法（套与体之间用过盈配合，端面点焊或黏结）；也可用尺寸修理法
箱体上的配合面	重载车辆的箱体类零件多用铝合金铸造，损坏部位有与轴承座配合的内孔，上、下箱体结合面等	变速箱等铝箱体主轴孔可用电刷镀法（以前无法修复）；中型坦克车体后桥孔用电刷镀法效果良好
弹子轨道面	这类表面包括与弹子、滚柱和滚针接触的轨道面及弹子定位槽面，其中有些是渗碳表面	变速箱滚针衬套等渗碳表面可用尺寸修理法；扭力轴头或扭力轴支座 $\phi 90$ mm 内孔可用电弧堆焊法（选自强化合金焊条等）

零件失效表面类型	特点及举例	常用修复强化方法
键齿表面	重载车辆上有渗碳齿轮 28 项 33 件,都是优质合金钢制造,损坏后因无法修复而报废;曲轴、变速箱主轴等传动轴上的花键磨损后也造成整个零件报废。动力传动装置的键齿表面是修复难点	对磨损量不大的变速箱主轴花键等曾试验用电刷镀法,使用了一个大修期,侧减速器主动轴齿轮曾试验用自强化合金堆焊修复效果良好;无相对运动的连接齿套、连接齿轮齿面可用堆焊法
螺孔	包括车辆各类构件上不同类型的螺孔	根据情况分别采用堵焊后加工、镶套和转角移位等方法
裂纹	不同零部件上出现的裂纹	毂类零件、装甲车体等出现裂纹可用电弧焊接等方法

a 等离子喷涂修复强化重载车辆零件

为了延长重载车辆易损零件的使用寿命,再制造技术国家重点实验室承担了用等离子喷涂工艺修复强化部分零件并进行试车考核的试验任务。使用了两轮各 3 辆重载车辆,在其传动、行动、操纵部分共装喷涂件 68 项 242 件,重载车辆一侧装喷涂件,另一侧装对比件进行了一年的实车考核试验。试验重载车辆在各种路面及温带、寒区(−36℃)等环境中行驶一个大修期,中间进行了多次检测。

大修期的试车考核表明,容易损坏的密封环配合面、衬套配合面、自压油档配合面等零件表面经等离子喷涂后,其耐磨性为相应新品表面的 1.4~8.3 倍。三类零件表面的耐磨性数据见表 9-3。

表 9-3 三类零件表面的耐磨性数据

零件类别	试件及数量	平均磨损量/10^{-4} mm·100 km^{-1}	平均相对耐磨性
密封环配合面	新品 18 件	24.19	1
	喷涂件 25 件	2.90	8.3
衬套配合面	新品 14 件	12.31	1
	喷涂件 21 件	3.02	4.07
自压油档配合面	新品 8 件	12.63	1
	喷涂件 23 件	9.11	1.4

车辆运行到一个大修期后,传动装置中新品件大多数都已超过中修技术条件,而等离子喷涂件的大多数仍符合技术条件,还可以继续使用。在已经定型用等离子喷涂修复强化的 50 项零件中,有 12 项 24 件过去只能使用 1~2 个中修期,现在用喷涂强化后可以使用到一个大修期以上。重载车辆传动装置中的所有密封面使用中不再出现甩油故障,从而减轻了维修工作量。

试验中使用了 7 种国产粉末,试验粉末的主要规范参数及涂层性能见表 9-4。以承受低应力磨损的回绕挡油盖各类涂层为例,第一轮试车采用的 NiO_4、FeO_3、FeO_4 涂层的抗磨粒磨损性能较差,相对耐磨性为新品(镀铬面)的 53%~75%。第二轮试车时,喷涂 WC-Co 涂层的相对耐磨性为新品的 3.2 倍,喷涂 115Fe 涂层的相对耐磨性高达 8.3,表明 115Fe 的抗低应力磨损的效果最好。

表 9-4   试验粉末的主要规范参数及涂层性能

粉末牌号	粉末粒度/目	送粉量/g·min⁻¹	实用电功率/kW	最高沉积效率/%	弯板实验临界厚度/mm	实用电功率时结合强度/N·mm⁻²	涂层硬度（HV）
NiO₄	−140~+300	23±2	20~24	74.2	0.29~0.04	2.85~2.90	538
FeO₃		23±2	23~27	70.5	0.24~0.04	2.51~2.66	396
FeO₄		20±2	20~26	78.5	0.24~0.04	3.01~3.88	474
WF-311		20±2	24~26	68.3	0.25~0.04	4.05~4.30	373
WF-315		22±2	24~26	68.9	0.25~0.04	2.61~2.88	474
115Fe		20±2	21~24	77.6	0.45~0.04	3.16~3.68	461
NiAl	−140~+240	21±2	22~25	65.5	一般不做弯曲试验	4.40~4.50	231

$\qquad$ 图 9-4 为等离子喷涂法修复强化行星框架密封环配合面与新品的磨损曲线。曲线各点分别对应在 600 km、7000 km、11000 km 分解鉴定时的磨损量。

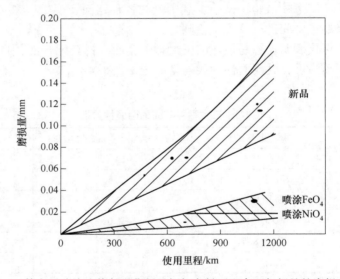

图 9-4   等离子喷涂法修复强化行星框架密封环配合面与新品的磨损曲线

$\qquad$ 等离子喷涂修复强化重载车辆零件节约钢材和资金示例见表 9-5。

表 9-5   等离子喷涂修复强化重载车辆零件节约钢材和资金示例

零件名称	新品价/元	新品毛坯重/kg	旧件喷涂后的使用效果	节省钢材重/kg	修复强化成本/元
行星框架	293	71.3	1 件顶 2 件新品	合金钢 71.3	14
轮盘	22	9.7	1 件顶 3 件新品	碳钢 19.4	14
密封盖	71	42	1 件顶 3 件新品	碳钢 84	19

$\qquad$ 等离子喷涂修复强化重载车辆零件试车考核证明，使用该工艺能够显著提高零件的耐磨性，延长零件的使用寿命，可以防止零件的变形（与堆焊等工艺相比），扩大失效零件

的再制造范围（如铝箱体等零件），节约资源、能源和成本。

在上述考核试验的基础上，热喷涂工艺已在重载车辆零件再制造中得到了进一步的推广应用。

b 电刷镀修复强化重载车辆零件

再制造技术国家重点实验室运用电刷镀技术对 6 种工作条件的 18 项重载车辆零件（共 21 件 71 个表面）进行了修复强化，并做了 1180 km 摸底性试车考核；而后又对 6 种工作条件的 29 项 51 个零件进行修复强化，并做了接近大修期的试车考核。考核后的分解鉴定证实，镀层质量全部符合要求，修复强化表面的磨损量平均为新品相应表面的 1/3~1/2，零件使用寿命得到明显提高。

电刷镀技术的独特工艺优点为车辆零件的再制造带来了很大的方便。如重载车辆车体后桥两侧各有一个轴承孔，即全车传动装置安装基准孔。由于承受的负荷大，精度要求较高，加上车体太大（长 6 m 多，宽 2 m 多，重约 20 t），过去很难对两个孔产生的磨损、变形进行修复。采用堆焊法修复会产生变形，其后的加工、测量等工序较为烦琐，需要配备一些大型专用设备。而采用电刷镀修复强化这两个孔，以特殊镍打底，用快速镍恢复尺寸并作为工作镀层，一般镀层厚度在 0.2 mm 以内即可达到标准尺寸。刷镀中可以方便较正孔的圆度，镀后也不需镗孔，作业时间大大缩短。

车辆上各种传动轴上的花键磨损后，过去曾用电弧堆焊法修复。为了增补 0.1~0.2 mm 的金属，要把整个键槽焊满，然后进行车削、铣削和磨削，非常费工费料。对一些高精度的细长外花键，由于很难解决堆焊变形问题，只得报废。而根据矩形花键电刷镀工艺流程（表 9-6）修复强化磨损的花键表面，既简便、经济、不产生变形，使用效果又好。如修复强化负荷最大的侧减速器主动轴花键，以特殊镍起镀，快速镍增补尺寸，镍钨合金做耐磨工作层，镀层厚度平均 0.08 mm，不需加工就将键宽镀到标准尺寸。试车后平均磨损量为 0.035 mm，距离大修允许磨损量 0.19 mm，尚有 0.155 mm 的尺寸储备。修复强化后的变速箱主轴经 6725 km 的行驶，10 条花键 20 个侧面的平均磨损量为 0.029 mm，修复强化层的相对耐磨性是新品的 1.9 倍。该主轴的新品价格为 361 元，修复强化费用仅 22.8 元，约占新品的 6.3%。

表 9-6 矩形花键电刷镀工艺流程

序号	工 步	溶 液	电极接法	工作电压及处理要求
1	清洗	清洗剂或丙酮	—	被镀表面无油污、杂质
2	非镀表面保护	绝缘胶带	—	
3	电净	电净液	工件接负极	电压 12~15 V
4	清洗	自来水	—	被镀表面润湿好、不挂水珠
5	活化	2 号活化剂	工件接正极	电压 10~14 V
		自来水清洗	—	被镀表面呈均匀的暗灰色
		3 号活化剂	工件接正极	电压 18~25 V
6	清洗	自来水	—	被镀表面呈均匀的银灰色，不挂水珠
7	镀底层	特殊镍	工件接负极	先不通电擦拭 3~5 s，后用电压 18~20 V，镀 3~5 s，再降至 12~15 V 施镀

序号	工　步	溶　液	电极接法	工作电压及处理要求
8	清洗	自来水	—	被镀表面无残留镀液
9	镀工作层	镍-钨（D）	工件接负极	镀层厚度根据磨损量确定
10	清洗	自来水	—	被镀表面及周围无残留镀液
11	镀后处理	—	—	将零件表面的水珠擦干后涂油保护

纳米复合电刷镀技术的开发和应用已取得了较大的进展。再制造技术国家重点实验室利用自己研制的系列纳米复合电刷镀溶液进行了大量的试验，并在重载车辆零件修复强化中取得了明显效果。

9.2　在役再制造典型应用

在役再制造，就是运用先进技术与材料，对在线运行的装备进行技术性能恢复或改造。装备在役再制造一般要能够保证装备的安全、健康运行，促进装备与生产工艺匹配，实现系统的高效运行，促进冶金生产节能减排，适应钢铁等产业的转型，即由规模化向定制化转型。近年来，我国钢铁企业和相关装备制造企业合作，在装备在役再制造方面取得了不错的成绩。

9.2.1　油田储罐再制造

据统计，全世界发达国家每年因腐蚀造成的损失价值占这些国家国民生产总值的1%~4%。在石油化工行业中，腐蚀介质对生产储罐的破坏很大。由于储存的油品中含有机酸、无机盐、硫化物及微生物等杂质，使储罐因腐蚀而缩短了使用寿命，严重者一年左右就报废，如某油田的579座储罐，仅1986年一年就有215座出现穿孔现象。这种腐蚀穿孔不仅泄漏油品，造成能源浪费和环境污染，甚至可能引起火灾、爆炸等事故。因此，必须采取有效的防护措施对储罐加强防腐处理，确保油田安全生产。与此同时，也需要将很多失效报废储罐进行再制造处理以恢复其功能，做到不破坏生态环境，减少资源浪费，减少停产，同时又能对服役期满的储罐进行再制造利用。

采用金属罐薄壁不锈钢衬里技术对油田储罐进行再制造修复延寿，增强了其防腐性能，延长了使用寿命，通过近几年在油田中实际应用，取得了良好的经济和社会效益。薄壁不锈钢衬里技术根据储罐存储介质的腐蚀性、承受的压力温度和储罐的容积，选择衬里的不锈钢型号与规格，针对不同储罐的结构附件及储罐壁材质，通过设计与计算，确定在储罐内壁上特殊接头的型式与分布位置，利用特殊接头将衬里固定在储罐的内壁上形成不锈钢防腐层。

9.2.1.1　储罐不锈钢衬里结构

金属罐与非金属罐衬里采用厚度为 0.21~1 mm 的薄壁不锈钢板，用焊接工艺方法将其周边固定在罐体内壁预先布置的特殊接头上，由特殊接头将各部分衬里连成一个全封闭的、非紧贴式的、长效的薄壁不锈钢防腐空间，使储罐防腐层的附着力、物理性能、机械性能和施工性能得到了提高。储罐不锈钢衬里结构如图 9-5 所示。

图 9-5 储罐不锈钢衬里结构

9.2.1.2 薄壁不锈钢衬里特点

利用金属防腐材料防腐，其寿命长、价格适宜、性价比高、维护费用低，属于对介质无环境污染的绿色防腐工程。

用焊接工艺技术完成防腐工程施工。直接把不锈钢焊接到罐体上，不老化、不脱落，防腐寿命长达 20~30 年。

薄壁不锈钢衬里防腐质量可靠，防腐层厚度易检验，薄壁不锈钢厚度规范（0.2~0.4 mm）、均匀一致。只要焊缝严密就能防腐，焊接工艺可靠，防腐质量有保证。

薄壁不锈钢衬里防腐性价比高，经济上合理。衬里罐比纯不锈钢罐的价格低 70%，可节约基建投资。比涂料防腐一次性投资大，但长期运行费用低。

金属罐薄壁不锈钢衬里适用于油、气和水储罐的内衬防腐。用于油田三元复合介质储罐可节约 70% 建罐投资；用于水罐可防止水质污染，提供无二次污染的水；用于旧罐维修节约投资 50%，只要在金属罐报废前，就可用不锈钢衬里修复，比厚碳钢罐还耐用。

9.2.1.3 薄壁不锈钢衬里技术的应用

金属罐与非金属罐薄壁不锈钢衬里技术是一种新型储罐再制造技术。通过对旧罐实施薄壁不锈钢衬里技术，提高了原储罐的表面工程标准和再制造产品质量，提高储罐防腐等级。因此，它使旧罐恢复原有功能，并延长了使用寿命，从而形成再制造产品。在对新、旧罐进行衬里的施工及存储介质时，对环境和介质均达到几乎零污染的程度，优化了资源配置，提高了资源利用率，投入少（50%左右），产出高（新罐的水平和利用价值）。

9.2.2 发酵罐内壁再制造

某葡萄酒厂低温发酵车间的 16 个发酵罐是采用一般不锈钢板焊接而成的，使用后发现发酵罐内壁出现点状腐蚀，并导致酒中铁离子超标，影响了产品的质量，只能存放中、低档葡萄酒。为了解决内壁腐蚀问题，该厂曾采用环氧树脂涂料涂刷工艺，但使用一年后，涂层大片脱落，尤其罐底部，涂层几乎全部脱落。在该车间进行技术改造时，为了防止出现酒罐内壁继续腐蚀及铁离子渗出问题，采用现场火焰喷涂塑料涂层对葡萄酒罐进行保护，取得了良好的效果。

葡萄酒发酵罐要求内壁涂层材料无毒、无味且不影响葡萄酒质量，应具有一定的耐酸性和耐碱性，涂层与罐壁结合良好，使用中不得脱落。涂层最好与酒石酸不粘或粘后易于清除，表面光滑，具有一定的耐磨性。根据以上工况要求，特做以下材料及工艺再制造工程设计。

9.2.2.1 涂层材料的选择

根据低温发酵罐工作情况及厂方的要求，选择了白色聚乙烯粉末作为葡萄酒发酵罐内壁涂层材料。

9.2.2.2　火焰喷涂工艺

（1）喷涂设备及工艺流程。聚乙烯粉末火焰喷涂使用塑料喷涂装置，包括喷枪、送粉装置等。工艺流程：喷砂—预热—喷涂—加热塑化—检查。

（2）喷砂预处理。在喷涂塑料前，采用压力式喷砂设备，使用刚玉砂处理。

（3）表面预热。基体表面预热的目的是除去表面潮气，使熔融塑料完全浸润基体表面，从而得到与基体的最佳结合。通常将基体预热至接近粉末材料的熔点。

（4）喷涂葡萄酒发酵罐内壁。火焰喷涂施工采用由上到下的顺序，即顶部→柱面→底部。在经预热使基体表面温度达到要求后，即可送粉喷涂。喷涂时，应保持喷枪移动速度均匀、一致，时刻注意涂层表面状态，使喷涂涂层出现类似于火焰喷熔时出现的镜面反光现象，与基体表面浸润并保持完全熔化。葡萄酒发酵罐内壁喷涂参数见表9-7。

表 9-7　葡萄酒发酵罐内壁喷涂参数

喷涂材料	氧气压力/MPa	乙炔压力/MPa	空气压力/MPa	距离/mm
聚乙烯	1~2	0.5~0.8	1	150~250

（5）加热塑化。喷涂聚乙烯涂层时，由于聚乙烯熔化缓慢，涂层流平性略差，因此在喷涂后，需用喷枪重新加热处理或者喷涂后停止送粉使涂层完全熔化，流平后再继续喷涂。加热时，应防止涂层过热变黄。

（6）涂层检查。在喷涂过程中及喷涂完一个罐后，对全部涂层进行检查，主要检查有否漏喷，表面是否平整光滑，是否存在机械损伤等可见缺陷，然后进行修补。葡萄酒发酵罐装酒前经酸液和碱液消毒清洗，再进行检查，对查出结合不良的部位进行修补。

9.2.3　绞吸挖泥船绞刀片再制造

9.2.3.1　基本情况

绞吸挖泥船是我国河道疏浚作业的主要船型，绞刀片是其主要的易损部件之一。绞吸挖泥船绞刀片通常焊接于刀架上，分为前、中、后三段，材质为ZG35Mn，质量为104 kg。由于焊接性的要求，其耐磨性能受到限制。调研表明：前、中、后三段绞刀片磨损程度基本上为3:2:1，前段绞刀片磨损最为严重，在某工地土质主要为粗砂、板结黏土工况下，ZG35Mn前段绞刀片磨损至刀齿根部（剩余质量17 kg左右），其疏浚方量为119631 m^3（全寿命为266.15 h）。更换绞刀片一般需2~3天时间，且安装过程危险性高，劳动强度大。其间，绞吸挖泥船主机处于空耗状态。可见，绞刀片在疏浚挖泥时受到严重的泥沙磨粒磨损作用，寿命短、更换频率高、工作效率低，严重制约了绞吸挖泥船整体效益的发挥。

绞刀片再制造技术是采用新设计、新材料和新工艺的特殊制造技术，解决原绞刀片耐磨性与焊接性的矛盾，在延长绞刀片寿命的同时，又利于绞刀片的再制造，可充分发挥资源效益。绞刀片的再制造过程从绞刀片的全寿命周期费用最小，具有可再制造性，再制造的成本、环境及资源负荷最小等易损件再制造的基本原则出发，对位于绞吸挖泥船绞刀架前端、工作时首先接触泥沙、吃泥深度及工作负荷最大、磨损最为严重的前段绞刀片进行了再制造研究。

9.2.3.2　绞刀片再制造设计

提高绞刀片刀齿的耐磨性和使用寿命是绞刀片再制造技术的关键。再制造设计时既要考虑绞刀片所用材料的耐磨性等使用性能，还要考虑其再制造工艺性。根据绞刀片不同的工况条件及性能要求，可对绞刀片的刀齿与刀体采用不同材料和工艺分别设计和制造，通过焊接的方法将刀齿和刀体连接成一体。刀齿磨完后仅更换新刀齿而无须更换整个绞刀片，使其再制造性能得以改善。

（1）绞刀片刀齿再制造设计综合绞刀片的工作环境、再制造性、耐磨性、工作效率及制造成本费用等因素，刀齿基体选用 ZG35Mn 材料铸造成形，该材料可满足对刀齿焊接性能、力学性能及制造工艺性能的要求。在刀齿基体上采用焊接的方法制备特种耐磨层，提高其抗磨粒磨损能力和使用寿命。刀齿由基体和耐磨层组成，按刀齿基体形状特征可划分为四种基本结构型式，每种结构形式各有其特点。再制造绞刀片刀齿头部结构如图 9-6 所示。

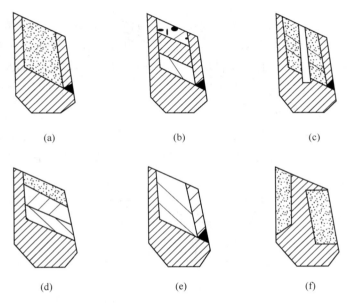

(a)　　　　　　　　(b)　　　　　　　　(c)

(d)　　　　　　　　(e)　　　　　　　　(f)

图 9-6　再制造绞刀片刀齿头部结构

（a）金属基陶瓷复合材料 U 形结构；（b）梯度耐磨堆焊 U 形结构；（c）金属基陶瓷复合材料 E 形结构；（d）梯度耐磨堆焊 L 形结构；（e）均匀耐磨堆焊 U 形结构；（f）金属基陶瓷复合材料 T 形结构

针对 $1750 \text{ m}^3/\text{h}$ 绞吸挖泥船工地工况特点，选用 U 形结构，采用梯度耐磨堆焊的再制造方法。刀齿部位的成分和性能具有一定的梯度变化，大大降低了刀体和刀齿间的成分和性能突变产生的焊接应力和相变应力，同时保证了刀齿兼有强韧性、较高的耐磨性及刀齿工作的可靠性。采用梯度堆焊的再制造方法工艺简单、成本低，刀体与刀齿整体性强，刀齿性能易于保证，使传统绞刀片整体更换转化为局部刀齿更换，节约了资源，并且刀齿的更换过程更加快捷、方便和安全。刀齿设计采用了适当的耐磨层厚度以提高刀齿的使用寿命及抗折断能力。刀齿前端耐磨堆焊层总厚度设计为 50 mm，采用三种成分和性能不同的耐磨堆焊材料进行梯度化堆焊，即过渡耐磨堆焊层（厚度为 10 mm）、高耐磨堆焊层（厚度为 20 mm）和陶瓷复合耐磨堆焊层（厚度为 20 mm）。再制造绞刀片刀齿如图 9-7 所示。

（2）绞刀片刀体再制造设计。绞刀片刀体是焊接在刀架上使用的，绞刀挖泥时，刀体

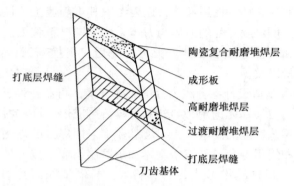

图 9-7　再制造绞刀片刀齿

受到较大应力作用，且在泥流中运行，因此要求刀体材料具有良好的焊接性、强度和韧性，又具有一定的耐磨性。综合对刀体的性能要求以及刀体不规则曲面难以机加工的特点，选用 ZG35Mn 作为绞刀片的刀体材料，铸造成形。该材料综合力学性能良好，具有良好的铸造工艺性能且成本低廉。

9.2.3.3　绞刀片再制造工艺及组织性能

刀齿耐磨层堆焊时考虑到稀释率的影响，采用多层多道堆焊以减小焊缝的熔合比和焊接应力。绞刀片刀齿再制造工艺流程如图 9-8 所示。待再制造刀齿基本磨完时，清理其残余部分，更换新的再制造刀齿。

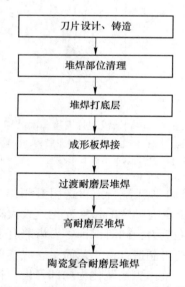

图 9-8　绞刀片刀齿再制造工艺流程

9.2.3.4　再制造绞刀片的工程应用效果

目前国内普遍采用的是 ZG35Mn 刀片，正火态使用，硬度为 HBW170~220。根据吸扬 14 号绞吸挖泥船提供的 ZG35Mn 绞刀片使用数据和研制的再制造绞刀片同一工地应用实测数据，得出再制造刀片与原 ZG35Mn 绞刀片性能对比分析结果（表 9-8）。

表9-8 再制造刀片与原 ZG35Mn 绞刀片性能对比分析结果

性 能 指 标	研制再制造绞刀片	原 ZG35Mn 绞刀片
刀片质量/kg	78.6	104
平均疏浚效率/$m^3 \cdot h^{-1}$	691.9	449.5
平均质量磨损率/$kg \cdot h^{-1}$	0.024	0.327
单位方量质量磨损率/$kg \cdot m^{-3}$	0.35×10^{-4}	7.27×10^{-4}
平均刀齿单位质量疏浚方量/$m^3 \cdot kg^{-1}$	28307	1375
刀齿比磨损质量/$kg \cdot (m^3 \cdot h)^{-1}$	0.352×10^{-4}	7.725×10^{-4}

表9-8表明：再制造绞刀片质量减小24.4%，平均疏浚效率提高53.9%；原 ZG35Mn 绞刀片刀齿平均质量磨损率是再制造绞刀片刀齿的13.6倍；再制造绞刀片平均刀齿单位质量疏浚方量是原 ZG35Mn 绞刀片的20.6倍。

刀齿比磨损质量（单位时间单位疏浚方量刀齿的磨损质量）是反映绞刀片耐磨性与疏浚效率综合性能的重要指标，刀齿比磨损质量越小，其综合性能越优异。再制造绞刀片刀齿比磨损质量是 ZG35Mn 绞刀片的4.56%，具有优异的综合性能，能够显著延长使用寿命。

9.3 智能再制造典型应用

智能再制造是与智能制造深度融合的再制造。互联网、物联网、大数据、云计算和人工智能等新一代信息技术与再制造回收、生产、管理和服务等各环节融合，通过人技结合、人机交互等集成方式来实现。智能再制造的特征包括再制造产品在产品功能、技术性能、绿色性和经济性等方面不低于原型新品，其经济效益、社会效益和生态效益显著。智能再制造在优先考虑产品的可回收性、可拆解性、可再制造性和可维护性等属性的同时，保证实现产品的优质、节能及节材等目标。

9.3.1 复印机再制造

复印机集机械、光学、电子和计算机等方面的先进技术于一身，是普遍使用的一种办公用具。在国际上，许多国家的政府都把复印机的再制造列为再制造重点发展的行业，并给予政策和税收方面的支持。如日本政府颁布《资源有效利用促进法》把复印机的再制造列为特定再制造行业，即重点再利用零部件和再生利用的行业。政府对废物再生处理设备的固定资产税减收，对复印机部件再制造设备在购置后三年内的固定资产税减收1/3。

随着国际上绿色再制造工程的兴起，复印机巨头之一施乐公司成功地实施了复印机再制造策略，近二十年来的实践表明，该公司从再制造业务中不仅获得了可观的利润，而且在保护环境、节约资源和节省能源方面做出了巨大贡献，其成功的经验对其他产品领域的再制造商来说具有很好的研究和学习价值。

9.3.1.1 复印机再制造的一般过程

通常被回收的废旧复印机在检验后分为四种类型，然后进入不同的再制造方式。

（1）第一类是指使用时间很短的产品（通常只用了两个月），如用于检验和示范的样品，或消费者因反悔而退回的产品。总之，这些产品的状况良好，且在被再次投入市场销售前，它们仅仅只需要进行清理整修工作。必要时对其有缺陷或损坏的部件进行更换。

（2）第二类是指目前仍在生产线生产的复印机产品。这类产品报废回收后，在被拆卸到大约剩50%时，其核心部件和可再利用的部件被清理、检查和检验，然后它们和新部件一起被放回装配生产线。总的来说，这些被移动或替换的部件是那些被认为易磨损的部件，如调色墨盒和输纸辊等。它们的状况和剩余寿命预测决定其他部件是否也被替换。

（3）第三类是指市场上虽有销售但已不被生产的复印机产品。这类产品的再制造价值较小，因此，除了部分作为备用件使用外，这类回收的产品被拆卸成部件和组件，在经过检验和整修后，被出售给维修人员。

（4）第四类是指那些老型号的、市场上已不再销售的产品。这类产品的设计已过时，且回收价值相对更低，它们被拆解后进入材料循环。

大约75%的废旧复印机按第二类进行再制造。再制造时，暴露在外的部分被重新刷漆或仅仅只是进行清洁，一些状况良好的组件经检查、检验，将损坏的部分替换。有些需要特别技术和装备（如直流电动机）进行再制造的部件不会在施乐公司内部被恢复，它们被返回到曾经将这些部件卖给施乐公司及对该部件具有核心竞争力的原始制造厂商。原始制造厂商对其进行再制造后，在和新品具有同样的担保和工艺质量的情况下，以更低的价格卖给施乐公司。

施乐公司面向再制造的商业模式已显著改变了施乐公司与其部件供货商的关系。首先，由于部件的标准化设计，施乐公司减少了部件的数量，而且对原生材料的需求减少，就在最近几年，部件供货商的数量从5000家下降到了400家。这些供货商与施乐公司密切合作，在新品的销售中造成的损失通过对回收的部件进行再制造而得到了补偿。其次，供货商也参与到施乐公司的产品设计程序，这是为了施乐公司提高其产品的再制造潜力。再次，供货商已融入施乐公司的原始部件质量控制和装配环节，在进行装配工作时将不必在施乐公司的制造工厂进行检测。相反，施乐公司与供货商们进行合作，保证了对处于生产线上的产品的质量控制，且产品在被输送到施乐公司前已在供货商处进行质量检测。施乐公司出于对产品质量和环境因素的考虑，要求部件与今后的再制造过程具有和谐一致性，这些在供货商环节就通过严格的质量控制和检验程序得到了保证。

9.3.1.2　复印机再制造工艺流程及内容

复印机再制造工艺流程如图9-9所示。

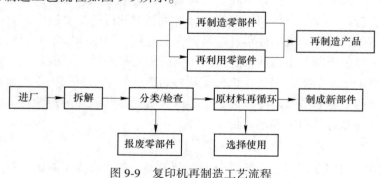

图9-9　复印机再制造工艺流程

对复印机的再制造主要包括以下内容：

（1）墨盒组件。墨盒作为耗材是复印机再制造最发达的产业。美国的再制造耗材企业大概有 10000 家，欧洲大概有 5000 家，亚洲大概有 1000 家。1993—1998 年激光耗材的再制造见表 9-9，1993—1998 年喷墨耗材的再制造见表 9-10。

表 9-9 1993—1998 年激光耗材的再制造

地　域	北美洲	欧洲	亚洲和大洋洲	非洲和中东地区
总耗量/万支	6850	4400	2900	850
再制造耗材/万支	1900	1170	460	94
再制造比例/%	27.7	26.5	16	11

表 9-10 1993—1998 年喷墨耗材的再制造

地　域	北美洲	欧洲	亚洲和大洋洲	非洲和中东地区
总耗量/万支	9600	4800	3100	930
再制造耗材/万支	1050	530	350	35
再制造比例/%	14	11	11	4

（2）光学系统。光学系统主要由曝光灯、镜头、反光镜片和驱动系统组成，其作用是将稿台玻璃上的原稿内容传递到感光鼓上。复印机使用一段时间或达到使用寿命后，曝光灯、反光镜片、镜头和稿台玻璃上会沾灰尘，尤其是稿台玻璃和稿台盖板的白色衬里，更容易受到灰尘和其他脏物的污染，影响复印效果。这些部件的再制造（再利用）可以采用电子快速清洗技术。

（3）鼓组件。鼓组件由感光鼓、电极丝和清洁刮板等组成，主要作用是将光学系统传递到感光鼓上的影像着墨后转印到复印纸上。鼓组件中再制造的部分主要是感光鼓和电极丝。电极丝有两根，一根在感光鼓的上方，另一根在下方，作用是给感光鼓充电和转印分离。由于所处位置的原因，容易受到墨粉的污染。电极丝受污染后容易造成感光鼓充电不均和转印不良，影响复印效果。

（4）定影系统。定影系统主要由上、下定影辊和定影灯等组成，其作用是将墨粉通过加热压固定在复印纸上。复印机使用了一段时间，尤其是在双面复印或定影辊处卡纸时，定影辊会被墨粉污染，时间一长，墨粉就会变成黑色颗粒固定在定影辊上，不仅影响复印效果，还会使定影辊受到磨损而缩短寿命。再制造定影系统时，需要对定影辊上的墨粉污染进行有效清除。

（5）机械装置的减摩自修复。复印机中机械装置所占的比例很大，包括开关支点、离合器、齿轮和辊轴等，这些转动、传动和滑动部件虽然在出厂时加注普通的润滑油或脂，但随着机器使用时间的延长，这些油脂会因为灰尘等原因而失去作用，以致使复印机在运转时噪声变大甚至损坏复印机。复印机的这类零部件在再制造中，一般可以通过使用纳米自修复润滑油来减少磨损。

9.3.2 计算机再制造与资源化

9.3.2.1 计算机再制造与资源化分析

随着技术的快速发展，计算机的平均使用寿命不断缩短，大量废弃的计算机设备逐渐变成"电子垃圾",成为电子废物的主要种类之一。计算机生产厂家制造一台个人计算机需要约700种化学原料,这些原料大约有一半对人体有害。计算机产品中包含了多种重金属、挥发性有机物和颗粒物等有害物质,相较于其他生活类固体废弃物,电子垃圾的回收处理过程比较特殊。当电子废物被填埋或焚烧时,会产生严重的污染问题,有害物质将会释放到环境中,对地下水、土壤等造成污染,也会严重危害到人类的身体健康。同时,填埋或焚烧也会造成资源浪费,不符合社会可持续发展战略。

计算机再制造与资源化技术的研究应用,可将传统模式产品从摇篮到坟墓的开环系统,变为从摇篮到再现的闭环系统,从而可在产品的整个生命周期中,合理利用资源,降低生产成本和用户费用支出,减少环境污染,保护生态环境,实现社会的可持续发展。

许多国家已起草法规,要求制造商面向用户回收老旧计算机。不少计算机制造商已采取积极措施开发材料回收技术。最简单的资源化回收方法就是将整台计算机破碎以便回收黑色金属和有色金属等材料。这种情况对各种机型都用同样的方式来处理,工艺相当简单,但浪费了原零件的附加值,总体效益不高,并存在较大的能源消耗和一定的环境污染。另一方面,可以对计算机进行再制造,对大部分或者全部零部件进行再使用。这种方式需要再制造商根据市场需求和计算机发展,规划设计特定的再制造方案,为满足用户需要,可对老旧计算机在再制造过程中通过新模块升级替换而实现再制造计算机的性能提升。

总体上来看,老旧计算机资源化的最佳方案是根据最后产品所增加的价值和所付出的成本进行回收与再制造决策。总体思路为:首先要根据市场情况及本身状态评判其是否有再制造价值,如果有价值,则采用再制造的方式处理,否则将进一步评判其零部件是否有再制造价值;如果有,则由拆解后回用零部件,否则直接进行材料的资源化回收。

9.3.2.2　元器件的再制造与资源化分析

(1) 计算机拆解分析。通过对计算机进行全面的拆解分析,考虑元件可分离性和可能的拆解技术,对连接方法、零部件层次和拆解顺序进行分析。之后对拆解后的老旧计算机零件进行详细分析,做出相应的回收决策,鉴别出有价值的、可以再使用的材料和元器件。

(2) 元器件再制造与资源化方案。老旧计算机虽然在技术上往往已经过时,但其中一些电子元器件仍可再使用,不能再使用的元器件则进行材料回收。其中硬盘驱动器是一种具有再制造价值的部件,它的元器件很复杂,且材料价值较低,但经过再制造过程却可取得很高的附加值。硬盘驱动器的生产需要具备可控环境的洁净车间,需要开发拆解与回收生产线,以便提供与原件精度相同的再使用部件。

(3) 回收材料的资源化方案。如果计算机太旧,则可以考虑对拆去可用元器件的计算机的剩余部分和没有可用元器件的旧机器进行原材料资源化回收。一台计算机大约40%的质量由塑料组成,40%由金属构成,20%为玻璃、陶瓷和其他材料。

9.3.2.3　计算机再制造流程

(1) 计算机再制造分析。随着技术的更新换代发展,当前计算机退役,大多并不是因为机器损坏或者达到物理寿命,而是由于性能或功能的落后,这些落后的计算机的剩余价值通过再制造升级来开发利用。

与其他设备产品的回收相比，计算机再制造工艺不太复杂，主要包括拆解、清洗、电子模块的检查、新模块的更换与整机装配，最后进行病毒清除和软件安装。第一级的拆解完全由原设计确定，如果采用了面向装配的设计，则通常计算机易于拆解。根据再制造目标要求，可以采用较大的硬盘驱动器，增加内存，基于更高级的模块进行配置更换。这种类型的再制造是以机器的完好性为特征的，除了升级或由于故障进行的更换以外，它的全部零件都要求是如原型新品一样完好的零件。

（2）计算机再制造工艺。图 9-10 为计算机回收与再制造工艺流程。要求每个零部件都需要遵循专门的回收路径。这些路径会随着工艺规划、再制造目标，以及回收开发与最终产品所具有的类型要求而有所变化。在任何情况下，再制造厂商都必须具备环境意识，诸如采用低功耗线路和低辐射显示器等节能、低污染部件，这对于增加市场和客户非常重要。再制造厂要经常进行技术经济分析，确定部件是否值得使用，以及根据市场需要规划再制造升级工艺。总体上来讲，制造商需要在新机中进行再制造性设计，以便于增加计算机末端时再制造的便利性，使得高附加值的元器件、部件都可以进行再制造。

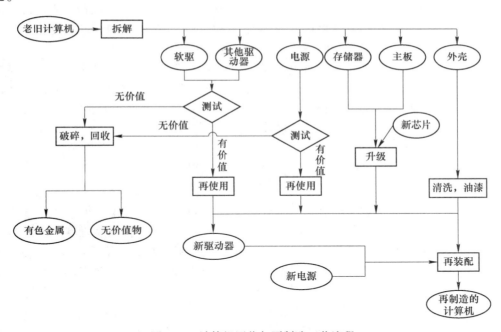

图 9-10　计算机回收与再制造工艺流程

退役计算机可能是由于出现了病毒感染、电源故障和显示器退化等问题。大多数问题随着故障或者老旧模块的更换能够得到解决。但为了满足客户的更高需求，需要考虑是否更换更大的硬盘和显示器，以及再制造升级其他的部件，以便提升再制造计算机功能，使其满足客户的更高需求。但由于输入、输出设备和 CPU 的限制，以及兼容问题，并非所有硬件都可以升级。

（3）再制造计算机市场分析。再制造一台旧计算机的成本比首次制造新产品的成本要低得多，其主要挑战不在于再制造工艺，而在于市场的认同。计算机的主流市场对老旧计算机较为封闭。因此，计算机再制造商要为升级后的再制造计算机选择市场，要根据市场需求变化来进行计算机的再制造升级，满足再制造计算机的市场需求。再制造计算机要充分考虑用户在开放环境中，所面临的软硬件的兼容性限制。为了能在网络中运行，用户必须跟踪所属区域采用的软件升级。软件升级要求硬件更新，这将消耗更多的计算机资源。因此，再制造计算机可能在个人用户中面临着市场的困境，但可以从大量的公用客户中进行选择，如学校或者工商企业，多要求计算机性能稳定、费用较低、满足特定要求，不会追逐当前网络上新兴的软件或者硬件趋势。再制造计算机需要谨慎选择市场及再制造目标，制订合理的再制造升级规划。

9.3.2.4　计算机再制造体系的建立

（1）建立稳定的老旧计算机物流体系。建立以生产厂商为主体的上门回收服务、以零售商为主体的废旧计算机回收服务、以现有个体家电回收者为主体的上门或定点收购服务等老旧计算机的逆向物流回收体系，形成网络化节点及检测站，方便快速收集用户的老旧计算机，使之能够顺利地批量化返回计算机再制造和资源化中心，为再制造和资源化提供生产毛坯。

（2）建立准确的再制造计算机市场分析。反馈模式能够及时对再制造计算机市场进行分析预测，并及时反馈到再制造生产设计部门，科学确定正确的老旧计算机再制造升级方式与目标，使得再制造计算机及时适应多变市场的需求。

（3）加强对再制造计算机的宣传与推销。市场是再制造产品盈利的主要动力，要加强对特定客户群的市场宣传，树立再制造计算机的正面形象，建立稳定的客户群，做好售后保障模式。在营销中要开创新模式，如推销中可以采用销售服务的模式，即针对客户需求，提供必需的计算机服务，而不是提供计算机产品等。

9.4　恢复再制造典型应用

以美国为代表的欧美国家的机械产品再制造主要采用恢复再制造，即以换件修理法和尺寸修理法为技术理念来恢复零部件的尺寸，主要对损伤程度较重或修复难度较大的零件直接更换新件，对损伤程度较轻的零件，以新品在设计制造时就预留的尺寸余量为基础，利用车、磨和镗等冷加工技术，以减小零件尺寸为代价达到恢复零件表面精度的目的，再与大尺寸的新品零件重新配副。例如，英国 Lister Petter 再制造公司每年为英、美军方再制造 3000 多台废旧发动机，再制造时，对于磨损超差的缸套和凸轮轴等关键零件都予以更换新件，并不修复。美国最大的发动机再制造公司康明斯（Cummins）公司，以及中国与欧美合资的再制造企业，如东风康明斯发动机有限公司、上海幸福瑞贝德动力总成有限公司等，均采用这种技术理念。我国再制造生产大多采用的是恢复再制造的方式。

换件修理法和尺寸修理法的工艺流程包含：旧件拆解清洗、分类检测、机械加工（或换件）、再装配和台架试验等，其主要的优点是方法成熟、技术较简单，易为起步阶段的企业采用，有利于企业快速形成再制造能力。但其不足也非常明显：首先是更换新件浪费很大；其次是尺寸修理破坏了零件的互换性，且削弱了零件再一次再制造的能力，降低了产品服役中的维修保障能力；最后是只能对表面轻度损伤零件进行再制造，无法对表面重度损伤零件以及三维体积损伤零件（如掉块、"缺肉"）进行再制造。上述不足导致大量零件报废。目前在欧美国家最成熟的汽车发动机再制造领域，其旧件利用率尚无法达到70%，在其他不太成熟的再制造领域，旧件利用率更低。对于我国来说，要实现深度的节能减排，必须从再制造的技术理念源头实现原始创新。

9.4.1　发动机再制造

9.4.1.1　概述

发动机再制造是将旧发动机按照再制造标准，经严格的再制造工艺后，恢复成各项性能指标达到或超过新机标准的再制造发动机的过程。汽车发动机再制造既不是一般意义上的新发动机制造，也非传统意义上的发动机大修，而是一个全新的概念。

新发动机制造是从新的原材料开始，而发动机再制造则以旧发动机为毛坯，以可修复基础件为加工对象，充分挖掘了旧机的潜在价值。发动机再制造省去了毛坯的制造及加工过程，节约了能源、材料和费用，并减少了污染。统计资料表明，新制造发动机时，制造零件的材料和加工费用占70%～75%，而再制造中，其材料和加工费用仅占6%～10%。

发动机大修大多是以单机为作业对象，采用手工作业方式，修理周期过长，生产效率及修复质量受到了很大局限。再制造汽车发动机则采用了专业化、大批量的流水作业线生产，保证了产品质量和性能。

发动机再制造赋予了发动机第二次生命，这是一种质的转变，具有高质量、高效率、低费用和低污染的优点，这给用户带来了极大实惠，给企业带来了极大利润，给环境带来了极大效益。在人口、资源和环境协调发展的科学发展观指导下，汽车发动机再制造的内涵更加丰富，意义更为重大，尤其是把先进的表面工程技术应用到汽车发动机再制造后，构成了具有中国特色的再制造技术，对节约能源、节省材料和保护环境的贡献更加突出。由于发动机再制造在性价比方面比发动机大修占据明显的优势，因此以发动机再制造取代汽车发动机大修将成为今后的发展趋势。

9.4.1.2　发动机再制造工艺流程

发动机再制造的大致工序是发动机拆解、零件清洗、零件检测、再制造加工、加工后检测、整机再装配、磨合试验、涂装等，如图9-11所示。

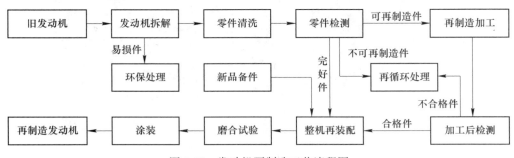

图9-11　发动机再制造工艺流程图

（1）对旧发动机要进行全面拆解，拆解过程中直接淘汰发动机的活塞总成、主轴瓦、油封、橡胶管和气缸垫等易损零件，一般这些零件因磨损、老化等原因不可再制造或者没有再制造价值，装配时直接用新品替换。拆解后的发动机主要零件如图 9-12 所示，无价值的发动机易损件如图 9-13 所示。

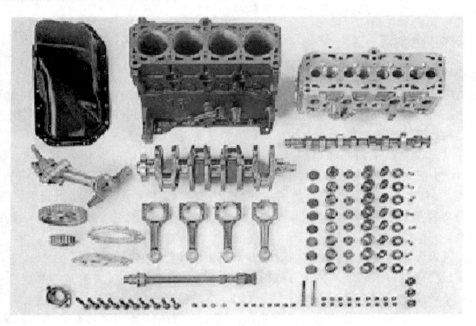

图 9-12　拆解后的发动机主要零件

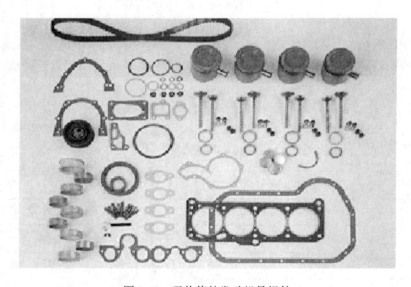

图 9-13　无价值的发动机易损件

（2）清洗拆解后保留的零件。根据零件的用途和材料，选择不同的清洗方法，包括高温分解、化学清洗、超声波清洗、液体喷砂和干式喷砂等。清洗中采用的高温分解清洗设备如图 9-14 所示。

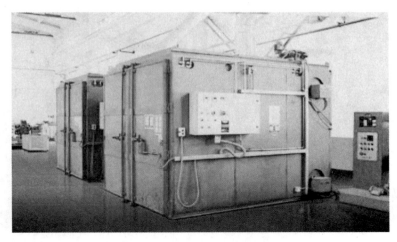

图 9-14 高温分解清洗设备

（3）检测鉴定。对清洗后的零件进行严格的检测鉴定，并对检测后的零件进行分类。可直接使用的完好零件送入仓库，供发动机再制造装配时使用，这类零件主要包括进气管总成、前后排气歧管、油底壳和正时齿轮室等。可进行再制造加工的失效零部件主要包括缸体总成、连杆总成、曲轴总成、喷油泵总成、缸盖总成等，一般这类零件可再制造恢复率达 80% 以上。

（4）对失效零件的再制造加工可以采用多种方法和技术，如利用先进表面技术进行表面尺寸恢复，使表面性能优于原来的零件，或者采用机加工技术重新加工到装配要求的尺寸，使再制造发动机达到标准的配合公差范围。纳米电刷镀技术用于曲轴再制造如图 9-15 所示，采用机械加工法进行零件再制造如图 9-16 所示。

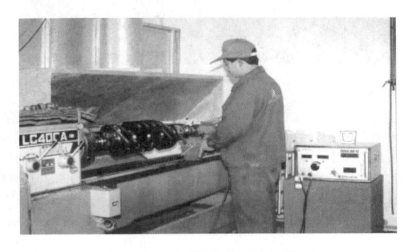

图 9-15 纳米电刷镀技术用于曲轴再制造

（5）将全部检验合格的零部件与直接更换的新零件严格按照新发动机技术标准装配成再制造发动机，如图 9-17 所示。

图 9-16　采用机械加工法进行零件再制造

图 9-17　再制造发动机装配

（6）对再制造发动机按照新机标准进行整机性能指标检测，如图 9-18 所示。

（7）发动机外表的喷漆和包装入库，或发送至用户。废旧斯太尔发动机如图 9-19 所示，再制造后的发动机如图 9-20 所示。

根据和用户签订的协议，如果需要对发动机进行改装或者技术升级，则可以在再制造工序中更换零件或嵌入新模块。

9.4.1.3　再制造发动机的效益分析

（1）废旧斯太尔发动机三种资源化形式所占的比例。废旧机电产品资源化的基本途径是再利用、再制造和再循环。对 3000 台斯太尔 615-67 型发动机的再制造统计结果表明：可直接再利用的零件数占 23.7%，价值占 12.3%；经再制造加工后可使用的零件数占 62%，价值占 77.8%；需要用新品替换的零件数占 14.3%，价值占 9.9%。经清洗后可直

图 9-18 再制造发动机性能检测

图 9-19 废旧斯太尔发动机

接使用的主要零件见表 9-11，再制造加工后可使用的主要零件见表 9-12，需要用新品替换的主要零件见表 9-13。

表 9-11 经清洗后可直接使用的主要零件

序号	名　称	材料	质量/kg	判断标准	可直接使用率/%
1	进气管总成	铸铝	10	原厂标准	95
2	前排气歧管	铸铁	15	原厂标准	95
3	后排气歧管	铸铁	15	原厂标准	95
4	油底壳	钢板	10	原厂标准	90

序号	名　　称	材料	质量/kg	判断标准	可直接使用率/%
5	机油冷却器芯	铜	5	原厂标准	90
6	机油冷却器盖	铸铝	5	原厂标准	80
7	集滤器	钢板	1	原厂标准	95
8	正时齿轮室	铸铁	30	原厂标准	80
9	飞轮壳	铸铁	40	原厂标准	80

图 9-20　再制造后的发动机

表 9-12　再制造加工后可使用的主要零件

序号	名　　称	材料	质量/kg	常见失效形式	再制造时间/h	可再制造率/%
1	缸体总成	铸铁	300	磨损、裂纹、碰伤	15	95
2	缸盖总成	铸铁	100	裂纹、碰伤	8	95
3	连杆总成	合金钢	30	磨损、抱瓦	6	90
4	曲轴总成	合金钢	200	磨损、抱轴	16	80
5	喷油泵总成	铸铝	30	渗漏	10	90
6	气门	合金钢	2	磨损	1	60
7	挺柱	合金钢	2	端面磨损	1	80
8	喷油器总成	合金钢	2	偶件失效	1	70
9	空压机总成	合金钢	30	连杆损坏	4	70
10	增压器总成	铸铁、铸铝	20	密封环失效	4	70

表 9-13　需要用新品替换的主要零件

序号	名称	材料	质量/kg	常见失效原因	判断标准	替换率/%	替换原因
1	活塞总成	硅铝合金	18	磨损	原厂标准	100	无再制造价值
2	活塞环	合金钢	1	磨损	原厂标准	100	无法再制造
3	主轴瓦	巴氏合金	0.5	磨损	原厂标准	100	无再制造价值
4	连杆瓦	巴氏合金	0.5	磨损	原厂标准	100	无再制造价值
5	油封	橡胶	0.5	磨损	原厂标准	100	老化
6	气缸垫	复合材料	0.5	损坏	原厂标准	100	无法再制造
7	橡胶管	橡胶	4	老化	原厂标准	100	老化
8	密封垫片	纸	0.5	损坏	原厂标准	100	无再制造价值
9	气缸套	铸铁	14	磨损	原厂标准	100	无再制造价值
10	螺栓	合金钢	10	价值低	原厂标准	100	无再制造价值

（2）经济效益分析。与新发动机的制造过程相比，再制造发动机生产周期短、成本低，新机制造与旧机再制造的生产周期对比见表 9-14，新机制造与旧机再制造的基本成本对比见表 9-15。

表 9-14　新机制造与旧机再制造的生产周期对比　　　　　（d/台）

项　目	生产周期	拆解时间	清洗时间	加工时间	装配时间
再制造发动机	7	0.5	1	4	1.5
新发动机	15	0	0.5	14	0.5

表 9-15　新机制造与旧机再制造的基本成本对比　　　　　（元/台）

项　目	设备费	材料费	能源费	新加零件费	人力费	管理费	合计
再制造发动机	400	300	300	10000	1600	400	13000
新发动机	1000	18000	1500	12000	3000	2000	37500

（3）环保效益分析。再制造发动机能够有效地回收原发动机在第一次制造过程中注入的各种附加值。据统计，每再制造 1 台斯太尔发动机，仅需要新机生产 20%的能源，可回收原产品中质量 94.5%的材料继续使用，减少了资源浪费，避免了产品因为采用再循环处理时所造成的二次污染，也节省了垃圾存放空间。据估计，每再制造 1 万台斯太尔发动机，可以节电 0.145 亿千瓦时，减少 CO_2 排放量 11.3~15.3 kt。

（4）社会效益分析。每销售 1 万台再制造斯太尔发动机，购买者在获取与新机同样性能发动机的前提下，可以减少投资 2.9 亿元；若年再制造 1 万台斯太尔发动机，则可提供就业岗位 500 个。

（5）综合效益分析。年再制造 1 万台斯太尔发动机的经济环境效益分析见表 9-16，由此可以看出，若年再制造 1 万台斯太尔发动机，则可以回收附加值 3.23 亿元，提供就业岗位 500 个，并可节电 0.145 亿千瓦时，税金 0.29 亿元，减少 CO_2 排放 11.3~15.3 kt。

表 9-16　年再制造 1 万台斯太尔发动机的经济环境效益分析

效益	消费者节约投入/亿元	回收附加值/亿元	直接再用金属/万吨	提供就业岗位/个	税金/亿元	节电能/亿千瓦时	减少 CO_2 排放/kt
再制造	2.9	3.23	0.765（其中钢铁0.575；铝0.15；其他0.04）	500	0.29	0.145	11.3～15.3

9.4.2　齿轮变速箱再制造

9.4.2.1　概述

齿轮变速箱作为一种重要的机械传动部件，是汽车传动系统改变传动比和传动方向的机构，其运行正常与否直接影响整车的工作。在实际的工程应用中，许多报废齿轮变速箱中齿轮、轴承和轴等零部件的磨损、腐蚀、裂纹和变形等失效均发生在表面或从表面开始，变速箱的失效零件及失效比例见表 9-17。可见，废旧齿轮变速箱的失效主要发生在齿轮、轴承和轴等零件上，要对变速箱实施绿色再制造后的重新使用，必须对这三大件运用表面工程技术手段进行修复和性能升级。

表 9-17　变速箱的失效零件及失效比例

失效零件	失效比例/%	失效零件	失效比例/%
齿轮	60	箱体	7
轴承	19	紧固体	3
轴	10	油封	1

因此，适当地运用绿色再制造工程理念，采用先进的表面工程技术手段，对废旧齿轮变速箱实施最佳化的再制造，对解决我国资源与环境问题、推行可持续发展战略有重要影响。

9.4.2.2　变速箱再制造过程

废旧齿轮变速箱产品进入再制造工序后，可采取与发动机再制造相似的工艺方案。

（1）全面拆解。旧机齿轮变速箱按照"变速箱后盖→输入轴后轴承→变速箱轴承支座→输入轴总成→输出轴总成→主传动轴和差速器→变速箱壳体"的步骤进行拆解。拆解中直接淘汰旧机中简单、附加值低的易损零件，一般这些零件因磨损、老化等原因不可再制造或者没有再制造价值，装配时直接用新品替换。

（2）清洗。拆解后保留的零件根据零件的用途和材料，选择不同的清洗方法，如高温分解、超声波清洗、振动研磨、液体喷砂和干式喷砂等对拆解后的零件进行清洗。

（3）对清洗后的零件进行严格的检测判断。采用各种量具，对清洗后的废旧零件进行尺寸及性能的检测。将检测后的零件分为三类：可直接用于再制造变速箱装配的零件、可再制造修复的失效零部件、需用新品替代的淘汰件。

（4）失效零件的再制造加工。对失效零件的再制造加工可利用表面工程技术进行。通常根据废旧零件的失效原因，来选择不同的表面工程技术以达到再制造目的。

1）对于磨损失效类零件，通过增材使零件获得新的加工余量，以便采用机加工技术重新加工，使其达到原设计的尺寸、几何公差和表面质量要求。

2）对于失效形式是腐蚀、划伤、变形或出现裂纹的零件，可以采用先进的表面处理技术进行恢复，如采用高速电弧喷涂技术，在零件表面形成致密的、具有高结合强度的组织以恢复其使用性能。

（5）再制造装配。将全部检验合格的零部件与加入的新零件，严格按照新品生产要求装配成再制造产品。

（6）整机磨合和试验。对再制造产品按照新机的标准进行整机性能指标测试，应满足新机设计的性能要求。

（7）涂装。对新机外表喷漆和包装入库，并根据客户订单发送至用户。

───── **本 章 小 结** ─────

高端再制造在重要战略装备的应用中具有巨大潜力。工业和信息化部在再制造方面实施了一系列重要工程和项目，取得了积极的效果。再制造产业以高技术含量、高可靠性要求和高附加值为核心特点，推动能源资源水平提升，实现经济效益和环境保护的双赢。在实际应用中，再制造与新品设计制造互相反哺，促进技术进步。隧道掘进机再制造是重载车辆再制造的重要领域之一，通过拆解、修复和更新等工艺，可以延长废旧隧道掘进机的使用寿命。重载车辆再制造涉及零件的修复和强化，采用堆焊、热喷涂等技术进行再制造。重载车辆再制造的工艺过程和质量控制措施需要根据不同型号和类型的重载车辆进行对应调整。重载车辆的再制造有助于资源的循环利用和经济效益的提高。

在役再制造是利用先进技术和材料对正在使用的装备进行技术性能恢复或改造。在役再制造能够保证装备的安全运行、促进装备与生产工艺的匹配，实现系统的高效运行，也能够促进冶金生产节能减排，适应产业转型。在油田储罐再制造方面，采用薄壁不锈钢衬里技术可以延长储罐的使用寿命并增强防腐性能。在发酵罐内壁再制造中，使用火焰喷涂塑料涂层可以有效防止内壁腐蚀，并提高产品的质量。绞吸挖泥船绞刀片再制造技术通过改善刀齿的耐磨性提高了绞刀片的寿命。通过在役再制造，装备的性能可以得到提升并延长使用寿命，实现资源的节约和环境保护。

智能再制造是与智能制造深度融合的再制造。通过互联网、物联网、大数据、云计算和人工智能等新一代信息技术，再制造回收、生产、管理和服务等各环节融合。智能再制造的特点是再制造产品在功能、性能、绿色性和经济性等方面不低于原型新品，同时具有显著的经济效益、社会效益和生态效益。智能再制造在重视产品属性的可回收性、可拆解性、可再制造性和可维护性的同时，也要保证产品的优质、节能和节材等目标。复印机再制造是重点发展的再制造行业之一，通过再制造可以实现经济效益和环境保护的双赢。计算机再制造与资源化是针对大量废弃的计算机设备产生的问题，通过再利用和回收计算机的元器件和材料，实现资源的有效利用，降低环境污染，并促进社会可持续发展。在计算机再制造中，可以将过时的计算机进行升级和改造，提升其性能以满足市场需求。再制造计算机需要建立稳定的物流体系、市场分析反馈模式和宣传推销策略来实现成功。

以美国为代表的欧美国家的机械产品再制造主要采用恢复再制造，通过换件修理法和尺寸修理法来恢复零部件的尺寸。对于损伤程度较重或修复难度较大的零件，直接更换新件。对于损伤程度较轻的零件，利用冷加工技术以减小零件尺寸来恢复零件表面精度，然后与大尺寸的新件重新配对。在发动机再制造和齿轮变速箱再制造领域，再制造过程包括拆解、清洗、检测、再制造加工、装配、试验等工序。再制造的优点是方法成熟、技术较简单，可快速形成再制造能力。然而，恢复再制造存在更换新件浪费较大、磨损修理降低了零件的再制造能力等不足。而发动机再制造和齿轮变速箱再制造的再利用率尚有提升的空间。通过再制造，可节约能源、减少资源浪费、保护环境，实现经济、环境和社会效益的综合提升。

习　题

9-1　简述任一高端再制造典型应用案例，包括背景、关键技术和应用效果。

9-2　简述任一在役再制造典型应用案例，包括背景、关键技术和应用效果。

9-3　简述任一智能再制造典型应用案例，包括背景、关键技术和应用效果。

9-4　简述任一恢复再制造典型应用案例，包括背景、关键技术和应用效果。

参 考 文 献

[1] 姚巨坤，朱胜．再制造升级［M］．北京：机械工业出版社，2016.

[2] 徐滨士．激光再制造［M］．北京：国防工业出版社，2016.

[3] 中国机械工程学会．中国机械工程技术路线图［M］．北京：中国科学技术出版社，2016.

[4] 中国机械工程学会再制造工程分会．再制造技术路线图［M］．北京：中国科学技术出版社，2016.

[5] 徐滨士．装备再制造工程［M］．北京：国防工业出版社，2013.

[6] 朱胜，姚巨坤．再制造技术与工艺［M］．北京：机械工业出版社，2010.

[7] 朱胜，姚巨坤．再制造设计理论及应用［M］．北京：机械工业出版社，2009.

[8] 张耀辉．装备维修技术［M］．北京：国防工业出版社，2008.

[9] 徐滨士．再制造与循环经济［M］．北京：科学出版社，2007.

[10] 陈冠国．机械设备维修［M］．北京：机械工业出版社，2005.

[11] 徐滨士，刘世参．再制造工程基础及其应用［M］．哈尔滨：哈尔滨工业大学出版社，2005.

[12] 朱胜，姚巨坤，江志刚．绿色再制造工程［M］．北京：机械工业出版社，2021.

[13] 陈学楚．现代维修理论［M］．北京：国防工业出版社，2003.

[14] 程延海，梁秀兵，周峰．绿色制造与再制造概论［M］．北京：科学出版社，2019.

[15] 席俊杰，吴中，马淑萍．从传统生产到绿色制造及循环经济［J］．中国科技论坛，2005（5）：95-99.

[16] 刘旌．循环经济发展研究［D］．天津：天津大学，2012.

[17] 叶文虎，甘晖．循环经济研究与展望［J］．中国人口资源与环境，2009，19（3）：102-106.

[18] 宋德勇，欧阳强．循环经济的特征及其发展战略［J］．江汉论坛，2005（7）：36-39.

[19] 梁樑，朱明峰．循环经济特征及其与可持续发展的关系［J］．华东经济管理，2005，19（12）：61-64.

[20] 李兆前，齐建国，吴贵生．从3R到5R：现代循环经济基本原则的重构［J］．数量经济技术经济研究，2008（1）：53-59.

[21] 黄贤金．循环经济学［M］．南京：东南大学出版社，2009.

[22] 李公法，孔建益，杨金堂，等．机电产品的绿色设计与制造及其发展趋势［J］．机械设计与制造，2006（6）：170-172.

[23] 刘飞，曹华军，张华，等．绿色制造的理论与技术［M］．北京：科学出版社，2005.

[24] 李聪波，刘飞，曹华军，等．绿色制造运行模式及其实施方法［M］．北京：科学出版社，2011.

[25] 张华，江志刚．绿色制造系统球理论与实践［M］．北京：科学出版社，2013.

[26] 刘飞，张华．绿色制造的内涵及研究意义［J］．中国科学基金，1999（6）：324-327.

[27] 刘飞，曹华军，何乃军．绿色制造的研究现状与发展趋势［J］．中国工程机械，2000，11（1/2）：105-109.

[28] 郑季良．绿色制造系统的集成发展论：基于企业集群视角［M］．昆明：云南人民出版社，2009.

[29] 刘志峰，刘光复．绿色设计［M］．北京：机械工业出版社，1999.

[30] 郭伟祥．绿色产品概念设计过程与方法研究［D］．合肥：合肥工业大学，2005.

[31] CATHERINE M R. Design for environment：A method for formulating product end-of life strategies［D］. Palo Alto：Stanford University，2001.

[32] BREZET H，HEMEL V C. Eco design：A promising approach to sustainable production and consumption ［R］. Netherlands：United Nations Environment Program Bruntland Commission，1997.

[33] 刘光复，刘志峰，李钢．绿色设计与绿色制造［M］．北京：机械工业出版社，1999.

[34] 李方义．机电产品绿色设计若干关键技术的研究［D］．北京：清华大学，2002.

[35] 刘学平. 机电产品拆卸分析基础理论及回收评估方法的研究 [D]. 合肥：合肥工业大学，2000.

[36] 倪俊芳. 面向回收的产品设计 [D]. 上海：上海交通大学，1998.

[37] 曾建春，蔡建国. 面向产品生命周期的环境、成本和性能多指标分析 [J]. 中国机械工程，2000（9）：975-978.

[38] 熊光楞，张和明，李伯虎. 并行工程在中国的研究与应用 [J]. 计算机集成制造系统，2000（6）：1-7.

[39] 刘志峰，刘光复. 绿色产品并行闭环设计研究 [J]. 机电一体化，1996（6）：12-14.

[40] 傅志红，彭玉成. 产品的绿色设计方法 [J]. 机械设计与研究，2000（2）：10-12.

[41] 曹焕亚，祝勇仁. 机电产品并行式绿色设计方法的研究 [J]. 机电工程，2005（11）：67-70.

[42] 陈为. 现代设计 [M]. 合肥：安徽人民出版社，2002.

[43] 唐涛，刘志峰，刘光复，等. 绿色模块化设计方法研究 [J]. 机械工程学报，2003（11）：149-154.

[44] 刘光复，许永华，刘学平，等. 绿色产品评价方法研究 [J]. 中国机械工程，2000（9）：968-971.

[45] 张海秀，刘晓叙. 机电产品绿色度的评价体系 [J]. 机械制造与研究，2007，36（6）：14-16.

[46] 张建华，王述洋，李滨，等. 绿色产品的概念、基本特征及绿色设计理论体系 [J]. 东北林业大学学报，2000，28（4）：84-86.

[47] 汪永超，张根保，向东，等. 绿色产品概念及实施策略 [J]. 现代机械，1999（1）：5-8.